程　杰 曹辛华 王　强 主编

中国花卉审美文化研究丛书

18

中国梧桐审美文化研究

俞香顺 著

北京燕山出版社

图书在版编目（CIP）数据

中国梧桐审美文化研究 / 俞香顺著 . -- 北京 : 北京燕山出版社 , 2018.3

ISBN 978-7-5402-5123-9

Ⅰ . ①中… Ⅱ . ①俞… Ⅲ . ①梧桐－审美文化－研究－中国 Ⅳ . ① S792.37 ② B83-092

中国版本图书馆 CIP 数据核字 (2018) 第 087870 号

中国梧桐审美文化研究

责任编辑： 李涛
封面设计： 王尧
出版发行： 北京燕山出版社
社　　址： 北京市丰台区东铁营苇子坑路 138 号
邮　　编： 100079
电话传真： 86-10-63587071（总编室）
印　　刷： 北京虎彩文化传播有限公司
开　　本： 787×1092 1/16
字　　数： 270 千字
印　　张： 23.5
版　　次： 2018 年 12 月第 1 版
印　　次： 2018 年 12 月第 1 次印刷
ISBN 978-7-5402-5123-9
定　　价： 800.00 元

内容简介

本论著为《中国花卉审美文化研究丛书》之第18种。《中国梧桐审美文化研究》是首部阐发梧桐人文意义的专著，总共包括六章。第一章“梧桐审美文化历程”。梧桐审美文化内涵是一个逐渐生成、逐渐丰富的过程。第二章“梧桐审美文化内涵”。梧桐与“比德”、音乐、爱情、民俗、宗教等有着千丝万缕的联系，内涵丰富。第三章“梧桐‘部件’研究”。桐花、桐叶、桐枝、桐子各个“部件”均为独立的审美对象。第四章“梧桐‘形态’研究”。梧桐有井桐、双桐、孤桐、半死桐、焦桐等名称，“名”既不同，内涵也各有异。第五章“梧桐‘制品’研究”。梳理、介绍梧桐的实用功能。第六章“梧桐‘朋友’研究”。中国文化中，桐梓、桐楸、桐柏、桐竹等是常见的并称，它们有着相似的外部形状、实用功能、文化内涵等。

作者简介

俞香顺，男，1971 年 5 月生，江苏省南京市人。文学博士，南京师范大学新闻与传播学院教授。主要研究方向为中国文学与文化、新闻学，主持国家哲学社会科学基金项目“新闻传媒语言规范化研究”、江苏省哲学社会科学基金项目“新闻低俗化问题研究”。近年来从事花卉审美文化研究，著有《中国荷花审美文化研究》（巴蜀书社，2005 年）、《传媒·语言·社会》（新华出版社，2005 年）。《中国荷花审美文化研究》是国内首部人文意义上的荷花研究专著。另在《文学遗产》《江海学刊》《江苏社会科学》《中国农史》等刊物发表花卉审美文化研究论文四十余篇。

《中国花卉审美文化研究丛书》前言

所谓“花卉”，在园艺学界有广义、狭义之分。狭义只指具有观赏价值的草本植物；广义则是草本、木本兼而言之，指所有观赏植物。其实所谓狭义只在特殊情况下存在，通行的都应为广义概念。我国植物观赏资源以木本居多，这一广义概念古人多称“花木”，明清以来由于绘画中花卉册页流行，“花卉”一词出现渐多，逐步成为观赏植物的通称。

我们这里的“花卉”概念较之广义更有拓展。一般所谓广义的花卉实际仍属观赏园艺的范畴，主要指具有观赏价值，用于各类园林及室内室外各种生活场合配置和装饰，以改善或美化环境的植物。而更为广义的概念是指所有植物，无论自然生长或人类种植，低等或高等，有花或无花，陆生或海产，也无论人们实际喜爱与否，但凡引起人们观看，引发情感反应，即有史以来一切与人类精神活动有关的植物都在其列。从外延上说，包括人类社会感受到的所有植物，但又非指植物世界的全部内容。我们称其为“花卉”或“花卉植物”，意在对其内涵有所限定，表明我们所关注的主要是植物的形状、色彩、气味、姿态、习性等方面的形象资源或审美价值，而不是其经济资源或实用价值。当然，两者之间又不是截然无关的，植物的经济价值及其社会应用又经常对人们相应的形象感受产生影响。

“审美文化”是现代新兴的概念，相关的定义有着不同领域的偏倚和形形色色理论主张的不同价值定位。我们这里所说的“审美文化”不具有这些现代色彩，而是泛指人类精神现象中一切具有审美性的内容，或者是具有审美性的所有人类文化活动及其成果。文化是外延，至大无外，而审美是内涵，表明性质有限。美是人的本质力量的感性显现，性质上是感性的、体验的，相对于理性、科学的“真”而言；价值上则是理想的、超功利的，相对于各种物质利益和社会功利的“善”而言。正是这一内涵规定，使“审美文化”与一般的“文化”概念不同，对植物的经济价值和人类对植物的科学认识、技术作用及其相关的社会应用等“物质文明”方面的内容并不着意，主要关注的是植物形象引发的情绪感受、心灵体验和精神想象等“精神文明”内容。

将两者结合起来，所谓“花卉审美文化”的指称就比较明确。从“审美文化”的立场看“花卉”，花卉植物的食用、药用、材用以及其他经济资源价值都不必关注，而主要考虑的是以下三个层面的形象资源：

一是“植物”，即整个植物层面，包括所有植物的形象，无论是天然野生的还是人类栽培的。植物是地球重要的生命形态，是人类所依赖的最主要的生物资源。其再生性、多样性、独特的光能转换性与自养性，带给人类安全、亲切、轻松和美好的感受。不同品种的植物与人类的关系或直接或间接，或悠久或短暂，或亲切或疏远，或互益或相害，从而引起人们或重视或鄙视，或敬仰或畏惧，或喜爱或厌恶的情感反应。所谓花卉植物的审美文化关注的正是这些植物形象所引起的心理感受、精神体验和人文意义。

二是“花卉”，即前言园艺界所谓的观赏植物。由于人类与植物尤其是高等植物之间与生俱来的生态联系，人类对植物形象的审美意识可以说是自然的或本能的。随着人类社会生产力的不断提高和社会财富的不断积累，人类对植物有了更多优越的、超功利的感觉，对其物色形象的欣赏需求越来越明确，相应的感受、认识和想象越来越丰富。世界各民族对于植物尤其是花卉的欣赏爱好是普遍的、共同的，都有悠久、深厚的历史文化传统，并且逐步形成了各具特色、不断繁荣发展的观赏园艺体系和欣赏文化体系。这是花卉审美文化现象中最主要的部分。

三是“花”，即观花植物，包括可资观赏的各类植物花朵。这其实只是上述“花卉”世界中的一部分，但在整个生物和人类生活史上，却是最为生动、闪亮的环节。开花植物、种子植物的出现是生物进化史的一大盛事，使植物与动物间建立起一种全新的关系。花的一切都是以诱惑为目的的，花的气味、色彩和形状及其对果实的预示，都是为动物而设置的，包括人类在内的动物对于植物的花朵有着各种各样本能的喜爱。正如达尔文所说：“花是自然界最美丽的产物，它们与绿叶相映而惹起注目，同时也使它们显得美观，因此它们就可以容易地被昆虫看到。”可以说，花是人类关于美最原始、最简明、最强烈、最经典的感受和定义。几乎在世界所有语言中，花都代表着美丽、精华、春天、青春和快乐。相应的感受和情趣是人类精神文明发展中一个本能的精神元素、共同的文化基因；相应的社会现象和文化意义是极为普遍和永恒的，也是繁盛和深厚的。这是花卉审美文化中最典型、最神奇、最优美的天然资源和生活景观，值得特别重视。

再从“花卉”角度看“审美文化”，与“花卉”相关的“审美文化”则又可以分为三个形态或层面：

一是“自然物色”，指自然生长和人类种植形成的各类植物形象、风景及其人们的观赏认识。既包括植物生长的各类单株、丛群，也包括大面积的草原、森林和农田庄稼；既包括天然生长的奇花异草，也包括园艺培植的各类植物景观。它们都是由植物实体组成的自然和人工景观，无论是天然资源的发现和认识，还是人类相应的种植活动、观赏情趣，都体现着人类社会生活和人的本质力量不断进步、发展的步伐，是“花卉审美文化”中最为鲜明集中、直观生动的部分。因其侧重于植物实体，我们称作“花卉审美文化”中的“自然美”内容。

二是“社会生活”，指人类社会的园林环境、政治宗教、民俗习惯等各类生活中对花卉实物资源的实际应用，包含着对生物形象资源的环境利用、观赏装饰、仪式应用、符号象征、情感表达等多种生活需求、社会功能和文化情结，是“花卉”形象资源无处不在的审美渗透和社会反应，是“花卉审美文化”中最为实际、普遍和复杂的现象。它们可以说是“花卉审美文化”中的“社会美”或“生活美”内容。

三是“艺术创作”，指以花卉植物为题材和主题的各类文艺创作和所有话语活动，包括文学、音乐、绘画、摄影、雕塑等语言、图像和符号话语乃至于日常语言中对花卉植物及其相应人类情感的各类描写与诉说。这是脱离具体植物实体，指用虚拟的、想象的、象征的、符号化植物形象，包含着更多心理想象、艺术创造和话语符号的活动及成果，统称“花卉审美文化”中的“艺术美”内容。

我们所说的“花卉审美文化”是上述人类主体、生物客体六个层面的有机构成，是一种立体有机、丰富复杂的社会历史文化体系，包含着自然资源、生物机体与人类社会生活、精神活动等广泛方面有机交融的历史文化图景。因此，相关研究无疑是一个跨学科、综合性的工作，需要生物学、园艺学、地理学、历史学、社会学、经济学、美学、文学、艺术学、文化学等众多学科的积极参与。遗憾的是，近数十年相关的正面研究多只局限在园艺、园林等科技专业，着力的主要是园艺园林技术的研发，视角是较为单一和孤立的。相对而言，来自社会、人文学科的专业关注不多，虽然也有偶然的、零星的个案或专题涉及，但远没有足够的重视，更没有专门的、用心的投入，也就缺乏全面、系统、深入的研究成果，相关的认识不免零散和薄弱。这种多科技少人文的研究格局，海内海外大致相同。

我国幅员辽阔、气候多样、地貌复杂，花卉植物资源极为丰富，有“世界园林之母”的美誉，也有着悠久、深厚的观赏园艺传统。我国又是一个文明古国和世界人口、传统农业大国，有着辉煌的历史文化。这些都决定我国的花卉审美文化有着无比繁盛的历史和深厚博大的传统。植物资源较之其他生物资源有更强烈的地域性，我国花卉资源具有温带季风气候主导的东亚大陆鲜明的地域特色。我国传统农耕社会和宗法伦理为核心的历史文化形态引发人们对花卉植物有着独特的审美倾向和文化情趣，形成花卉审美文化鲜明的民族特色。我国花卉审美文化是我国历史文化的有机组成部分，是我国文化传统最为优美、生动的载体，是深入解读我国传统文化的独特视角。而花卉植物又是丰富、生动的生物资源，带给人们生生不息、与时俱新的感官体验和精神享受，相应的社会文化活动是永恒的“现在进行时”，其丰富的历史经验、人文情趣有着直接的现实借鉴和融入意义。正是基于这些历史信念、学术经验和现实感受，我们认为，对中国花卉审美文化的研究不仅是一项十分重要的文化任务，而且是一个前景广阔的学术课题，需要众多学科尤其是社会、人文学科的积极参与和大力投入。

我们团队从事这项工作是从1998年开始的。最初是我本人对宋代咏梅文学的探讨，后来发现这远不是一个咏物题材的问题，也不是一个时代文化符号的问题，而是一个关乎民族经典文化象征酝酿、发展历程的大课题。于是由文学而绘画、音乐等逐步展开，陆续完成了《宋代咏梅文学研究》《梅文化论丛》《中国梅花审美文化研究》《中国梅花名胜考》《梅谱》（校注）等论著，对我国深厚的梅文化进行了较为全面、系统的阐发。从1999年开始，我指导研究生从事类似的花卉审美文化专题研究，俞香顺、石志鸟、渠红岩、张荣东、王三毛、王颖等相继完成了荷、杨柳、桃、菊、竹、松柏等专题的博士学位论文，丁小兵、董丽娜、朱明明、张俊峰、雷铭等20多位学生相继完成了杏花、桂花、水仙、蘋、梨花、海棠、蓬蒿、山茶、芍药、牡丹、芭蕉、荔枝、石榴、芦苇、花朝、落花、蔬菜等专题的硕士学位论文。他们都以此获得相应的学位，在学位论文完成前后，也都发表了不少相关的单篇论文。与此同时，博士生纪永贵从民俗文化的角度，任群从宋代文学的角度参与和支持这项工作，也发表了一些花卉植物文学和文化方面的论文。俞香顺在博士论文之外，发表了不少梧桐和唐代文学、《红楼梦》花卉意象方面的论著。我与王三毛合作点校了古代大型花卉专题类书《全芳备祖》，并正继续从事该书的全面校正工作。目前在读的博士生张晓蕾及硕士生高尚杰、王珏等也都选择花卉植物作为学位论文选题。

以往我们所做的主要是花卉个案的专题研究，这方面的工作仍有许多空白等待填补。而如宗教用花、花事民俗、民间花市，不同品类植物景观的欣赏认识、各时期各地区花卉植物审美文化的不同历史情景，以及我国花卉审美文化的自然基础、历史背景、形态结构、发展规律、民族特色、人文意义、国际交流等中观、宏观问题的研究，花卉植物文献的调查整理等更是涉及无多，这些都有待今后逐步展开，不断深入。“阴阴曲径人稀到，一一名花手自栽”（陆游诗），我们在这一领域寂寞耕耘已近20年了。也许我们每一个人的实际工作及所获都十分有限，但如此络绎走来，随心点检，也踏出一路足迹，种得半畦芬芳。2005年，四川巴蜀书社为我们专辟《中国花卉审美文化研究书系》，陆续出版了我们的荷花、梅花、杨柳、菊花和杏花审美文化研究五种，引起了一定的社会关注。此番由同事曹辛华教授热情倡议、积极联系，北京采薇阁文化公司王强先生鼎力相助，继续操作这一主题学术成果的出版工作。除已经出版的五种和另行单独出版的桃花专题外，我们将其余所有花卉植物主题的学位论文和散见的各类论著一并汇集整理，编为20种，统称《中国花卉审美文化研究丛书》，分别是：

1.《中国牡丹审美文化研究》（付梅）；

2.《梅文化论集》（程杰、程宇静、胥树婷）；

3.《梅文学论集》（程杰）；

4.《杏花文学与文化研究》（纪永贵、丁小兵）；

5.《桃文化论集》（渠红岩）；

6.《水仙、梨花、茉莉文学与文化研究》（朱明明、雷铭、程杰、程宇静、任群、王珏）；

7.《芍药、海棠、茶花文学与文化研究》（王功绢、赵云双、孙培华、付振华）；

8.《芭蕉、石榴文学与文化研究》（徐波、郭慧珍）；

9.《兰、桂、菊的文化研究》（张晓蕾、张荣东、董丽娜）；

10.《花朝节与落花意象的文学研究》（凌帆、周正悦）；

11.《花卉植物的实用情景与文学书写》（胥树婷、王存恒、钟晓璐）；

12.《〈红楼梦〉花卉文化及其他》（俞香顺）；

13.《古代竹文化研究》（王三毛）；

14.《古代文学竹意象研究》（王三毛）；

15.《蘋、蓬蒿、芦苇等草类文学意象研究》（张俊峰、张余、李倩、高尚杰、姚梅）；

16.《槐桑樟枫民俗与文化研究》（纪永贵）；

17.《松柏、杨柳文学与文化论丛》（石志鸟、王颖）；

18.《中国梧桐审美文化研究》（俞香顺）；

19.《唐宋植物文学与文化研究》（石润宏、陈星）；

20.《岭南植物文学与文化研究》（陈灿彬、赵军伟）。

我们如此刈禾聚把，集中摊晒，敛物自是快心，乱花或能迷眼，想必读者诸君总能从中发现自己喜欢的一枝一叶。希望我们的系列成果能为花卉植物文化的学术研究事业增薪助火，为全社会的花卉文化活动加油添彩。

程　杰

2018年5月10日

于南京师范大学随园

自　序

拙著《中国梧桐审美文化研究》即将付梓,聊弁数语,以志研究缘起,亦且“自我吆喝”。

与一般的古典文学研究著作相比,《中国梧桐审美文化研究》的面目在“似”与“非似”之间。相“似”之处在于:谨守古典文学研究“家法”,言必有据,“义理”从“考证”而出,面向传统。“非似”之处在于:通常的古典文学研究对象是作家作品、风格流派、运动思潮、文体特性等,而拙著的研究对象是植物意象或曰植物题材;我姑且称之为“花卉审美文化研究”。

这样的题材和意象研究路径狭小,与作家作品、流派思潮等传统视角相比,较为边缘、另类;然而,小径多通幽、偏师易致胜,小题可大做、一花一世界。中国文学和文化意象系统中,植物意象是颇为丰富的。早期的神话传说和宗教图腾中,天文、气候与动物意象比较重要。随着农耕文明和世俗社会的长足发展,植物意象越来越受重视,人文意义得到开发和彰显。文学领域从“诗骚”比兴到后来的山水田园、写景咏物蔚为大观,绘画中花鸟题材的势头也是愈来愈劲。“花卉审美文化研究”在研究旨趣上庶几近乎文学研究中的“主题学”研究,但是又突破了文学研究范畴,涉及民俗、宗教、音乐、绘画、园林、饮食等诸多领域。所谓“横看成岭侧成峰”,“花卉审美文化研究”就是要从不同的角度、不同的学科去观照一花一木。

“花卉审美文化研究”是对建立在自然科学基础之上的花木之学的补充。唐人崇尚牡丹，宋人崇尚梅花，这不是个体的、纯粹的物色审美行为，而是有着深厚的时代文化心理基础。中国文化中的花木意象往往有着历时性的固定意蕴。张潮《幽梦影》云：“梅令人高，兰令人幽，菊令人野，莲令人淡，春海棠令人艳，牡丹令人豪，蕉与竹令人韵，秋海棠令人媚，松令人逸，桐令人清，柳令人感。”在长期的审美积淀下，中国文化中的花木意象已经与中国文人的品格修养建立了对应的关系。《幽梦影》又云：“天下有一人知己，可以不恨。不独人也，物亦有之。如菊以渊明为知己，梅以和靖为知己，竹以子猷为知己，莲以濂溪为知己。”研究中国文化中的花木意象对于认识民族文化特色与心理、时代文化心理、文人心理结构、个体情感心态都有着至为重要的作用。

南京师范大学文学院的程杰教授在国内首开先河，从事“花卉审美文化研究”，取得了丰硕的成果。他主持了江苏省哲学社会科学基金“十五”“十一五”规划项目“中国花卉题材文学与花卉审美文化研究”，出版了专著《中国梅花名胜考》（中华书局 2014 年）、《中国梅花审美文化研究》（巴蜀书社 2008 年）、《宋代咏梅文学研究》（安徽文艺出版社 2002 年）、《梅文化论丛》（中华书局 2007 年），发表论文五十余篇。此外，他指导的博士生也步武其后，出版了《中国荷花审美文化研究》（俞香顺，巴蜀书社 2005 年）、《中国古代文学桃花题材与意象研究》（渠红岩，中国社会科学出版社 2009 年）、《中国杨柳审美文化研究》（石志鸟，巴蜀书社 2009 年）等专著。王立《20 世纪主题学研究的价值定位》（《广东社会科学》 2011 年第 1 期）、刘桂荣《回顾与展望——中国古典美学之路》（《河北大学学报》哲学社会科学版 2009 年第 1 期）、周武忠《中国花文化研究综述》（《中国园林》 2008 年第 6 期）等均对程杰教授及其团队的花卉文化研究作出了比较高的评价。

笔者大约在2000年开始涉足这一研究领域，根据博士论文增饰而成的《中国荷花审美文化研究》于2005年出版。《中国荷花审美文化研究》分为上、中、下三卷。上卷为“原型主题”篇。论述荷花的《诗经》原型、《楚辞》原型、佛教原型、道教原型以及中国文学中的采莲主题；中卷为“审美认识”篇。勾勒从汉魏六朝到唐宋荷花审美认识的发展历程，描述荷花的“艳”美、“清”美、“哀”美等不同美感特质的发现，揭橥荷花人格象征意义的生成及内涵；下卷为“艺术实用”篇。荷花不仅仅属于文学，也属于其他的领域。荷花与绘画、园林、园艺、饮食、药用、民俗、建筑均有着密切的关系。荷花审美认识的发展、文人意趣的渗透影响着荷花在这些领域的表现形式。

近年来，笔者致力于梧桐研究，已经发表相关单篇论文10余篇。《大雅 · 卷阿》中的“凤凰鸣矣，于彼高冈。梧桐生矣，于彼朝阳”引人高远。梧桐是中国最“本土化”的树木之一，可以说是无远弗届、无处不在。青桐与白桐均是良好的绿化树，树身高大、易生速长、习性清洁，可以绿化、遮阴，种植于道旁、院中。梧桐具有广泛的实用功能，能制雅琴，也可充薪柴。梧桐具有较高的审美价值，桐花烂漫妩媚、桐叶阔大婀娜、桐枝扶疏挺秀、桐干高耸伟岸、桐阴清嘉可喜。梧桐更有着丰富的文化内涵。人文象征层面，梧桐是家园的“地标”、祥瑞的象征、“比德”的符号、悲秋的意象，是爱情之树、宗教之树。总之，如同其遍布华夏大地的根系一样，梧桐已经渗入了我们的日常生活、精神生活。这从全国难以计数的梧桐地名、人名就可见一斑。梧桐的实用功能、审美价值、文化内涵三足鼎立，缺一不可。

《中国梧桐审美文化研究》是国内首部阐发梧桐人文意义的专著，

总共包括六章。第一章“梧桐审美文化历程”。梧桐审美文化内涵是一个逐渐生成、逐渐丰富的过程，先秦两汉、魏晋南北朝、唐宋、元明清各有其特色与重点。第二章“梧桐审美文化内涵”。梧桐的原型修洁、高远，具有神话色彩，同时又是民间最喜种乐见的树木之一。可以这么说，梧桐是“雅俗兼赏”的，而非像梅、兰、菊、竹等更多是文人雅士的“清供”。梧桐与“比德”、音乐、爱情、民俗、宗教等有着千丝万缕的联系，内涵丰富。第三章“梧桐‘部件’研究”。包括桐花、桐叶、桐枝、桐阴、桐子研究。中国原产树木中，梧桐的花、叶硕大，极为突出。桐花既是清明“节气”之花，又是清明“节日”之花，地位重要;桐叶雨声、桐叶题诗、桐叶封弟都是重要的意象、典故。此外，梧桐枝条疏朗、树阴浓密、桐子“高产”。随着审美渐趋深入、细致，梧桐的各个“部件”均成为独立的审美对象。第四章“梧桐‘形态’研究”。梧桐因生长形态、生命状态的不同，又有井桐、双桐、孤桐、半死桐、焦桐等名称，“名”既不同，内涵也各有异。第五章“梧桐‘制品’研究”。着重于梧桐实用功能的梳理、介绍，实用功能是文化内涵的物质基础。桐木在现实生活中应用非常广泛，如丧葬、祭祀、建筑、农业、交通等各个领域。此外，梧桐叶可以制成“青桐茶”，梧桐皮可以制成“梧桐角”“桐帽”等。第六章“梧桐‘朋友’研究”。中国文化中，桐梓、梧楸、桐柏、桐竹等是常见的并称。所谓“物以类聚”，它们有着相似的外部形状、实用功能、文化内涵等。本章将研究这些并称所产生的基础。此外，刺桐、赪桐、油桐、杨桐、海桐、胡桐、折桐等也以“桐”命名，本章联类而及，也将对这些花木进行简单的研究。第一章与第二章一为经、一为纬，揭明了梧桐的审美文化内涵，是总括部分。第三章至第六章是梧桐审美文化内涵的具体辐射、体现，是分论部分。

私心以为：古典文学研究必须要与现代生活发生联系，才能焕发生机与活力。“人事有代谢，往来成古今”，而花木却多不然；无论是梅兰菊竹“四君子”还是松竹梅“岁寒三友”，抑或是荷花、梧桐，依然是这一时代的植物图景。我们民族文化的“潜意识”内聚于这些历经人事代谢、沧桑变化的“活化石”；我们所做的工作，就是发掘这些花木背后的文化内涵;追溯、寻觅我们的文化之源、文化之根，化“潜”为“显”。余虽不敏，愿由斯道。是为自序。

俞香顺

2018年4月1日

目 录

绪　论

第一节　梧桐之名：中国典籍中的梧桐兼指梧桐与泡桐

中国古代的“桐”是一个宽泛的概念,《诗经》中三次出现了“桐”或者“梧桐”,即《鄘风 · 定之方中》“椅桐梓漆,爰伐琴瑟”,《小雅 · 湛露》“其桐其椅，其实离离”,《大雅 · 卷阿》“凤凰鸣矣，于彼高冈。梧桐生矣，于彼朝阳”。自此，历代《诗经》注疏中关于“桐”或“梧桐”的所指、桐树的分类一直聚讼不已、莫衷一是,正如吴国陆玑所撰、明代毛晋增广的《陆氏诗疏广要》“卷上之下”所云：

桐之类不可枚举,其实各各不同。诸家纷纷致辨,转致惑人。

明代冯复京《六家诗名物疏》卷十五亦云:

桐种大同小异，诸家各执所见，纷纷致辨，亦不能诘矣。

中国古代的各种花木志、农书也是各执一词，理丝愈纷。今人周明仪《古典诗文中的桐树意象与文化内涵》一文的第三部分“桐树名类辨异”列举诸说，并加以分辨，可以参看；[①]蔡曾煜《梧桐的历史传说与栽培史》一文也简单提及。[②]

关于“桐”树种类的探讨，难以一一胪列，我们仅看《齐民要术》与《桐谱》。先看北魏贾思勰《齐民要术》卷五:

桐叶花而不实者曰“白桐”，实而皮青者曰梧桐，按今

---

① 《明新学报》第 32 期。

② 《古今农业》2006 年第 1 期。

人以其皮青，号曰“青桐”也。青桐，九月收子。二三月中，作一步圆畦种之……明年三月中，移植于厅斋之前，华净妍雅，极为可爱。后年冬，不复须裹。成树之后，树别下子一石。子于叶上生，多者五六，少者二三也。炒食甚美。味似菱芡，多啖亦无妨也。白桐无子，冬结似子者，乃是明年之花房。亦绕大树掘坑，取栽移之；成树之后，任为乐器，青桐则不中用。于山石之间生者，乐器则鸣。青、白二材，并堪车板、盘合、木屧等用。

这是最为简明的“二分法”：贾思勰从颜色、繁殖、应用等方面将桐树分为“白桐”与“青桐”两类。“白桐”即泡桐，“青桐”即梧桐。无论从地理分布，还是从现实应用来看，泡桐、梧桐最为广泛与普遍，两者在外形上也有诸多相似之处，迥别于他“桐”，后文还将有论及。虽然梧桐（青桐）也有多种用途，但“爱伐琴瑟”的则应该是泡桐（白桐），泡桐的用途差胜一筹。当今生活中，桐木制品也更多的是采用泡桐(白桐)。

再看北宋陈翥《桐谱》“叙源第一”：

《诗》《书》或称桐，或云梧，或曰梧桐，其实一也。

《桐谱》借鉴了陆玑《毛诗草木鸟兽虫鱼疏》、陶弘景《本草集注》的分类法，踵事增华，采用“六分法”。“类属第二”云：

桐之类，非一也，今略志其所识者。一种，文理粗而体性慢，叶圆大而尖长、光滑而粗稚者，三角。因子而出者，一年可拔三四尺；由根而出者，可五七尺；已伐而出于巨桩者，或几尺围。始小成条之时，叶皆茸，粗而嫩，皮体清白，喜生于朝阳之地。其花先叶而开，白色，心赤，内凝红。其实穟先长而大，可围三四寸。内为两房，房中有肉，肉上细白而黑点者，即其子也，谓之白花桐。一种，文理细而体性紧，叶三角而圆大，白花，花叶其色青，多毳而不光滑，叶硬，文微赤，擎叶柄毳而亦然。多生于向阳之地，其茂拔，但不如白花者之易长也。其花亦先叶而开，皆紫色，而作穟有类紫藤花也。其实亦穟，如乳而微尖，状如诃子而粘。《庄子》所谓"桐乳致巢"，正为此紫花桐实。而中亦两房，房中与白花实相似，但差小，谓之紫花桐。其花亦有微红而黄色者，盖亦白花之小异者耳。凡二桐，皮色皆一类，但花叶小异，而体性紧慢不同耳。至八月，俱复有花，花至叶脱尽后始开，作微黄色。今山谷平原间惟多有白花者，而紫花者尤少焉。一种，枝干花叶与白桐花相类，其耸拔迟小而不侔，其实大而圆，一实中或二子或四子，可取油为用。今山家多种成林，盖取子以货之也。一种，文理细紧而性喜裂，身体有巨刺，其形如榄树，其叶如枫，多生于山谷中，谓之刺桐。晋安《海物异名志》云："刺桐花，其叶丹，其枝有刺云。"凡二桐者，虽多荣茂，而其材不可入器用，乃不为工匠之所瞻顾也。一种，枝不入用，身叶俱滑如柰之初生。今兼并之家，成行植于阶庭之下，门墙之外，亦名梧桐，有子可啖，与《诗》所谓梧桐者非矣。一种，身青，叶圆大而长，高三四尺便有花，如真红色，甚可爱，花成朵而繁，叶尤疏，宜植于阶坛庭榭，以为夏秋之荣观，厥名"真桐"，亦曰"赪桐"焉。凡二种，虽得桐之名，而无工度之用，且不近贵色也。[1]

① "诃子"原名"诃黎勒"，为常见中药材，始载于唐代《唐本草》："树似木，花白，子形似栀子，青黄色"；"榄树"为落叶乔木，枝上多有刺；"柰"音"nài"，一种果树，与苹果相似。

陈翥将桐分为白花桐、紫花桐、刺桐、油桐、梧桐、赪桐六种，描述了各种桐的性状。白花桐、紫花桐即泡桐（白桐），大同而小异；梧桐即青桐。陈翥从平民立场、实用价值出发，具有根深蒂固的泡桐“本位主义”，《桐谱》是世界上第一部泡桐专著。以此非彼，他对梧桐（青桐）颇有微辞，认为《诗经》中的“梧桐”不是青桐，而是泡桐（白桐）。陈翥捍卫泡桐（白桐），其志可嘉，然而在做法上则不免草率、武断，我们很难断定《桐谱》“杂说第八”所引的梧桐之例，就一定是泡桐（白桐）。宣炳善《陈翥〈桐谱〉梧桐混用为泡桐纠谬》一文颇有价值，考辨翔实。[①]当然，我们同样很难断定，梧桐就一定不是泡桐（白桐），很多时候是“两可之间”。青桐（梧桐）与白桐（泡桐）已经“兼容”“互渗”，难以甄别。

清末民初徐珂编撰的《清稗类钞》“植物类”将“桐”和“梧桐”分为两种植物加以介绍。“桐”是白桐，也就是我们今天一般所称的泡桐，徐珂认为古代的“梧桐”就是“桐”：

桐为落叶乔木，皮色粗白，高可三丈，叶圆大，掌状分裂，有长柄。春暮开唇形花，色或紫或白，成大圆锥花序，萼黄褐色。实为两房之蒴果，长寸余，如枣。其材为琴及箱箧，不生虫蠹。概称白桐，细别之，则花白而叶光滑者为白桐，花紫而叶上密生黏毛者为紫桐。凡白桐通曰桐，梧桐。

《清稗类钞》的“梧桐”是另外一种树，也就是青桐：

梧桐为落叶乔木，干端直，色青，高三丈许，叶阔大，有深缺刻，背有毛。夏日开黄色小花，雌雄同株。果为蓇葖，熟则裂开为叶状，种子生于边缘，可食。其材可制器具，树皮可取油。

---

① 《中国农史》2002年第2期。

徐珂将泡桐、梧桐作了明确的区分，而且引入了现代植物学术语。可是,古代的“梧桐”是否一律为泡桐而不是今天的梧桐,同样应该存疑。

图 01　青桐树叶。青桐树叶掌状、开裂。图片网友提供。

图 02　泡桐树叶。泡桐树叶阔大、卵形。图片来自网络。

图03 青桐花。夏季开放，花小，掩映绿叶之中，并不显眼。青桐花为淡黄绿色。图片来自“中国植物图像库”。

图04 泡桐花。春天开放，花大，先花后叶、高挂枝头，非常醒目。泡桐花为淡紫色或白色。“桐花”一般是指泡桐花。图片网友提供。

图05　青桐树干。青桐树皮呈绿色，光滑，这一点和竹子有相似之处，所以古人有“碧梧翠竹”之说。图片网友提供。

图06　泡桐树干。泡桐树皮呈灰白色、灰褐色，粗糙。这一株树干前一枝斜出的即为泡桐花。图片网友提供。

总之，调停诸说，中国古代典籍中的梧桐其实兼指梧桐与泡桐，事实上，古代各类记载中很少有“泡桐”之专名。拙著所论述的梧桐采其广义。在现代植物分类学上，梧桐为梧桐科梧桐属，泡桐为玄参科泡桐属，既不同科也不同属；但二者都是高大的落叶乔木，树干高大，树冠舒展，树叶宽大，颇多形似。梧桐、泡桐都是优良的行道树、绿化树。

两者最直观的差异乃在于树干颜色。梧桐树皮绿色、平滑；泡桐树皮灰白色、灰褐色或灰黑色，幼时平滑，老时皲裂。两者花、果也不同。梧桐夏季开花，雌雄同株，花小，淡黄绿色，圆锥花序；果实分为五个分果，分果成熟前裂开呈小艇状，种子生在边缘。泡桐春季开花，花大，是不明显的唇形，略有香味，盛放时，一树高花，非常壮观，花落后长出大叶。我们所说的“桐子”一般是指梧桐子，而所说的“桐花”则一般指泡桐花。两者的繁殖方法不同，梧桐主要是“播种法”，泡桐则主要是“插枝法”。两者都喜阳光，但梧桐较泡桐耐寒，南北各省都有，泡桐一般分布在海河流域南部和黄河流域以南。[①]梧桐与泡桐如兄如弟，除非是青桐、碧梧、碧桐等指向明确的称谓，一般情况下，我们无须强为分辨。拙著所采用的即是广义的梧桐。

第二节　研究意义与研究现状

梧桐是中国最“本土化”的树木之一，可以说是无远弗届、无处不在。青桐与白桐均是良好的绿化树，树身高大、易生速长、习性清洁，可以绿化、遮阴，种植于道旁、院中。梧桐具有广泛的实用功能。青桐（梧

① 在南方，泡桐比梧桐更为常见，作者小时在江苏南京乡间生活，泡桐分布广泛，而方言中甚至连“梧桐”这一词汇都没有。

桐）与白桐（泡桐）均材质轻软，物美而易得，《齐民要术》卷五：“青、白二材，并堪车板、盘合、木屧等用。”白桐的用途尤其广泛，陈翥《桐谱》“器用第七”列举了栋梁、桁柱、琴瑟、甑杓、木鱼等。现代，白桐的应用又另开新域，适合制作航空舰船模型、胶合板、救生器械等。青桐与白桐的花、果、叶等多可入药，《神农本草经》中即有著录，《本草纲目》中则多有药方收录。陈翥《桐谱》“叙源”第一列举白桐的药用价值：“其叶味苦寒无毒，主恶蚀疮；荫皮主五痔，杀三虫，疗贲豚气病。”古人更以泡桐花为“添加剂”，用来养猪，《桐谱》“叙源”第一：“其花饲猪，肥大三倍。”此外，青桐种子炒熟可食或榨油，油为不干性油；青桐树皮的纤维洁白，可用以造纸和编绳等。白桐木材的纤维素含量高、材色较浅，是造纸工业的好原料。梧桐具有较高的审美价值，桐花烂漫妩媚、桐叶阔大婀娜、桐枝扶疏挺秀、桐干高耸伟岸、桐阴清嘉可喜。梧桐更有着丰富的文化内涵。中国文化中，梧桐是家园的“地标”、祥瑞的象征、“比德”的符号、悲秋的意象，是“琴材”之树、爱情之树、宗教之树。

梧桐的实用功能、审美价值、文化内涵“三足鼎立”，缺一不可。总之，如同其遍布华夏大地的根系一样，梧桐已经渗入了我们的日常生活、精神生活。这从全国难以计数的梧桐地名、人名就可见一斑。地名略举数例，如安徽桐城、浙江桐庐与桐乡、福建省永泰县梧桐镇、山西省孝义县梧桐镇；人名亦略举数例，如清代的徐桐、台湾作家焦桐。从审美与文化的角度全方位地研究梧桐，是一项“知识考古”工作，可以将我们民族文化心理中的“无意识”呈现出来。

花木文化研究既不属于传统的“花木学”，也突破了古典文学研究的边际。传统的“花木学”是一门综合性的科学，它的理论体系是建立在生物科学、环境科学和有关学科的基础上的；“花木学”是研究花木的种类、形态、栽培、育种和利用的科学，主要内容有花木的生物学特性及其与外界环境的关系等。正如佛家所说“一花一世界”“芥子纳须弥”，“花木文化研究”则是“以小见大”，可以借此认识民族文化心理、时代文化心理、中国文人的心理结构、创作个体的情感心态。花木文化研究谨守古典文学研究有“一分证据说一分话”的“家法”，但在研究内容上却超越了传统的作家研究、流派研究、风格研究等，体现了开放意识、当代意识，方法上也更加灵活多样。花木文化研究必须要和现有的花卉学、园艺学等研究相结合，体现了学科研究之间的交融渗透，打破了传统的自闭的研究格局。

梧桐是中国文学中的常见意象与题材。从上世纪80年代以后，随着意象研究方法的兴起，陆续有研究梧桐意象的单篇论文问世。笔者《中国文学中的梧桐意象》一文，探讨了梧桐与人格象征、音乐、悲秋、爱情、宗教、民俗的关系，粗略剖析了梧桐意象的文化内涵；[①]这也是《中国梧桐审美文化研究》一书的发轫。与笔者研究大约同步，湖南人文科技学院的刘红梅推出了五篇系列文章，较为全面地研究梧桐意象：《唐诗中梧桐意象的君子意义》；[②]《唐诗中的梧桐意象与爱情》；[③]《唐诗中梧桐意象的情感意义》；[④]《唐诗中梧桐意象的家园意义》；[⑤]《唐诗中梧

---

① 《南京师范大学文学院学报》2005年第4期。

② 《湖南城市学院学报》2004年第6期。

③ 《西安文理学院学报》2005年第3期。

④ 《湖南人文科技学院学报》2005年第3期。

⑤ 《固原师专学报》2005年第4期。

桐意象的友情意义》。[①]

"中国期刊网"近年来的研究成果尚有：艾立中《试析唐宋词中的"梧桐"意象》，[②]曾肖《浅析古代文人的"梧桐"意蕴》，[③]买艳霞《祥瑞·琴韵·悲秋——浅析"梧桐"在中国文学中的文化意蕴》，[④]宣炳善《"井上桐"的民间文化意蕴》，[⑤]孙克诚《梧桐的象征意蕴考论》，[⑥]高卫红《论古典诗词中的梧桐意象》，[⑦]陈涵子《梧桐的文化意蕴及其在园林绿化中的作用》，[⑧]吴志文《梧桐·凤凰·女皇——梧桐的女皇历史文化象征及其生态文明价值》[⑨]等。

从上述罗列的论文可以看出，梧桐意象已经进入研究视界，梧桐审美文化内涵的主要方面也已涉及。"学如积薪"，现有研究成果值得借鉴，但尚可拓展、细化、深入。首先，梧桐审美文化内涵是"层累式"形成的，是动态丰富的过程；本研究将描述其历史进程。其次，以梧桐"母体"为中心产生、聚合了丰富的"意象丛"，这些意象既相关又独立，而目前学界鲜有单独、纵深研究，比如桐花、桐叶、双桐、孤桐、桐竹、桐梓等。本研究则将首次对梧桐的"部件"、梧桐的"形态"、梧桐的"朋友"展开系统研究。再次，梧桐的审美文化内涵尚可"开疆辟土"，已有研究更可"精耕细作"。比如梧桐与绘画、梧桐与丧葬的关系等未见

① 《船山学刊》2006年第2期。
② 《景德镇高专学报》1998年第1期。
③ 《桂林市教育学院学报》2000年第4期。
④ 《社科纵横》2000年第5期。
⑤ 《中国典籍与文化》2002年第2期。
⑥ 《青岛科技大学学报》2002年第3期。
⑦ 《河南社会科学》2005年第6期。
⑧ 《金陵科技学院学报》2006年第1期。
⑨ 《北京林业大学学报》（社科版）2009年第4期。

研究；梧桐与人格、梧桐与音乐的研究都比较简略。

第三节　研究方法与研究内容

《中国梧桐审美文化研究》与笔者的《中国荷花审美文化研究》（巴蜀书社 2005 年 12 月）一脉相承，借鉴意象研究、主题研究、原型批评的理论和方法，在资料来源与研究阐释上体现了三“跨”。一、跨文体综合研究：打破文体界限，整合各种文学、文本的有关信息材料，进行统一的考察梳理；二、跨时代历时性研究：侧重于动态过程或发生、发展轨迹的纵向梳理与建构；三、跨学科文化研究：在综合的文学研究的基础上进一步延伸至艺术、宗教、民俗、思想学术乃至于园艺、经济、政治等方面，力求全面、立体、有机地展示植物意象的人文意义及其社会功能机制。或者说，“法无定法”“拿来主义”，这种研究庶几近乎苏轼所说的“八面受敌”，从不同的角度观照梧桐，横看、纵看、侧看，力图全面、动态地揭示梧桐的审美文化内涵。

《中国梧桐审美文化研究》总共包括六章。第一章“梧桐审美文化历程”。梧桐审美文化内涵是一个逐渐生成、逐渐丰富的过程，先秦两汉、魏晋南北朝、唐宋、元明清各有其特色与重点。这一过程既遵循着审美文化发展的“内在理路”，也受到时代思想文化的“外缘影响”。第二章“梧桐审美文化内涵”。梧桐的原型修洁、高远，具有神话色彩，同时又是民间最喜种乐见的树木之一。可以这么说，梧桐是“雅俗兼赏”的，而非像梅、兰、菊、竹等更多是文人雅士的“清供”。梧桐与“比德”、音乐、爱情、民俗、宗教等有着千丝万缕的联系，内涵丰富。

第三章“梧桐‘部件’研究”，包括桐花、桐叶、桐枝、桐阴、桐子研究。中国原产树木中，梧桐的花、叶硕大，极为突出。桐花既是清明“节气”之花，又是清明“节日”之花，地位重要；桐叶雨声、桐叶题诗、桐叶封弟都是重要的意象、典故。此外，梧桐枝条疏朗、树阴浓密、桐子“高产”。随着审美渐趋深入、细致，梧桐的各个“部件”均成为独立的审美对象。“一月普现一切水，一切水月一月摄”，梧桐的内涵映现于不同的“部件”之中，所有的“部件”内涵又由梧桐一树统摄。第四章“梧桐‘形态’研究”。梧桐因生长形态、生命状态的不同，又有井桐、双桐、孤桐、半死桐、焦桐等名称，“名”既不同，内涵也各有异。第五章“梧桐‘制品’研究”。这一章着重于梧桐实用功能的梳理、介绍，实用功能是文化内涵的物质基础。现有的梧桐研究大多着眼于梧桐的内涵，即梧桐之“道”，而疏略了梧桐的应用，即梧桐之“器”。正如清代王夫之在《周易外传》中所云，“无其器则无其道，人鲜能言之”，对梧桐实用功能的描述、钩沉是梧桐研究不可或缺的部分。桐木在现实生活中应用非常广泛，如丧葬、祭祀、建筑、农业、交通等各个领域。此外，梧桐叶可以制成“青桐茶”，梧桐皮可以制成“梧桐角”“桐帽”等。本章将对梧桐制品进行翔实的考证。第六章“梧桐‘朋友’研究”。中国文化中，桐梓、梧楸、桐柏、桐竹等是常见的并称。所谓“物以类聚”，它们有着相似的外部形状、实用功能、文化内涵等。本章将研究这些并称所产生的基础。此外，刺桐、赪桐、油桐、杨桐、海桐、胡桐、折桐等也以“桐”命名，本章联类而及，也将对这些花木进行简单的研究。

第一章与第二章一为经、一为纬，揭明了梧桐的审美文化内涵，是总括部分。第三章至第六章是梧桐审美文化内涵的具体辐射、体现，是分论部分。由于论述的角度、重点不同，本书的不同章节之间偶有重合，笔者将尽量采用“互见法”。

此外，本文所引文献较多，尤其是唐宋诗词；如未有特殊说明，凡先唐诗皆出自《诗经》《先秦汉魏晋南北诗》，凡唐诗皆出自《全唐诗》,凡宋诗皆出自《全宋诗》,凡宋词皆出自《全宋词》。本文采用脚注，为避免“尾大不掉”、繁琐注释，唐宋诗词不再一一注出，特此说明。

本书为追求更好的视觉呈现，体现图文并茂、图文互释，采用了一定数量的图片。笔者拙于摄影,所采用的大多是来自网络的高清图片。从某种意义上说，本书的写作借助了网友的“众筹”之力。本书是非营利的学术研究专著，无力提供图片稿酬，在此谨致谢忱。后文若无特殊说明,来自于网络的图片均以“网友提供”或“图片来自网络”标示。

第一章　梧桐审美文化历程

梧桐审美文化是一个层累发展、深入充盈的过程，本章即梳理其发展历程。先秦时期，梧桐的原型意义奠立，但尚未成为审美对象；魏晋南北朝时期，梧桐开始了“美的历程”，梧桐的各个“部件”、不同“形态”均成为审美对象；唐宋时期，审美认识深入发展，梧桐成为儒家“比德”符号；元明清时期，梧桐的“比德”意义更扩充、渗透于园林、绘画领域。总之，在日常生活、文学作品、艺术领域，梧桐的应用范围不断拓展、内涵不断丰富，从“物象”上升为“意象”，在中国古人的物质生活与精神生活中占有重要的地位。

第一节　先秦两汉时期：原型意义的奠立

先秦时期，梧桐就已经普遍分布，“阳木”“柔木”等特点也被发现，用途广泛。梧桐祥瑞高洁的原型意义奠立，凤凰、梧桐成为固定组合。梧桐是重要的琴材，梧桐自此与礼乐、音乐结下不解之缘。桐花吐露、桐叶凋落分别成为春天与秋天的标志景物。此外，也正是因为梧桐的常见与特殊的“树性”，这一时期梧桐成为比兴之具。

一、梧桐的分布、认识、应用

梧桐是中国的传统树种，先秦时期就已经常见，以《山海经》为例：

又北三百八十里，曰虢山，其上多漆，其下多桐椐。[1]（《北山经》卷三）

又南水行七百里，曰孟子之山，其木多梓桐。（《东山经》卷四）

东北五百里，曰条谷之山，其木多槐桐。（《中山经》卷五）

先秦时期，以“梧”“桐”命名的地名颇多，这是梧桐分布广泛的体现。《山海经》有“苍梧”之地、《尚书·禹贡》有“桐柏”之山，这两个地名应该得之于梧桐。《史记·殷本纪》：

帝太甲既立三年，不明，暴虐，不遵汤法，乱德，于是伊尹放之于桐宫。

桐树在商代时为桐人之社树，商朝的王宫有桐宫，城门有桐门，邑里有桐里、桐乡、桐丘、桐社。[2]

此外，齐国有“梧宫”，《说苑》第十二：

楚使使聘于齐，齐王飨之梧宫。使者曰：“大哉梧乎！”王曰：“江海之鱼吞舟，大国之树必巨，使何怪焉！”

“梧宫”又称“梧台”，《水经注》：“楚使使聘于齐，齐王飨之梧台”；至今山东省淄博市临淄区还有梧台镇、梧台村。

梧桐的分布广泛还体现在人名，如《庄子·齐物论》有“长梧子”，《庄子·徐无鬼》有“董梧”，《庄子·则阳》有“长梧封人”（“长梧”为地名，“封人”为官职）。《战国策》卷三十二则有“梧下先生”，“梧下”应与“柳下”是同类。

中国古人很早就对梧桐的季候、生态、生长、木质等特点有了科

---

① “漆”为“漆树”，“椐”即灵寿木，树身多节，可以制作手杖。

② 何光岳《桐与桐国考》，《农业考古》1995年第1期。

学的认识。梧桐是“阳木”，喜阳光，《大雅 · 卷阿》云“梧桐生矣，于彼朝阳”，《尚书·禹贡》亦云“峄阳孤桐”。梧桐易生速长、木质轻柔，是典型的“柔木”，《论衡》卷十四将梧桐与檀木进行了对比：

枫桐之树，生而速长，故其皮肌不能坚刚。树檀以五月生叶，后彼春荣之木，其材强劲，车以为轴。

文中提到的“檀树”则是典型的硬木。梧桐适应性强，尤其喜肥沃之土，《管子 · 地员》记载说：

五息之土，若在陵在山，在坟在衍，其阴其阳，皆宜桐、柞，莫不秀长。

“息”是滋养、生长的意思，“坟”“衍”是指水边和低下的土地。这段文字和宋代《桐谱》“所宜第四”中的记载可以互相印证：

乐肥与熟者，惟桐耳，纵桑柘亦无所敌……以粪拥之，尤良，盖厥性耐肥故也。

桐木纹理通直、质地柔软，先秦时期即已广泛应用，后文将有“梧桐‘制品’研究”一章详述。《庄子》中出现了三次“据梧”：

《齐物论》：“昭文之鼓琴也，师旷之枝策也，惠子之据梧也，三子之知，几乎皆其盛者也。”

《德充符》：“……今子外乎子之神，劳乎子之精，倚树而吟，据槁梧而瞑。”

《天运》：“傥然立于四虚之道，倚于槁梧而吟。”

“据梧”固可以望文径解为倚靠在梧桐树上，但亦可理解为倚靠在“几案”之上。桐木是几案的原材料，遂为几案之代称。

二、梧桐原型意义的确立：凤凰、梧桐组合；祥瑞；高洁

凤凰是中国文化图腾之一，梧桐是其栖止之所，这屡屡见诸文献记载。《大雅·卷阿》:“凤凰鸣矣，于彼高冈。梧桐生矣，于彼朝阳。”这里用了“互文见义”的修辞方法。姚际恒《诗经通论》云：

> 诗意本是高冈朝阳，梧桐生其上，而凤凰栖于梧桐之上鸣焉；今凤凰言高冈，梧桐言朝阳，互见也。

《艺文类聚》卷九十九引《韩诗外传》：

> 凤乃止帝之东园，集梧桐树，食竹食，没身不去。

《庄子·秋水》亦云:

> 南方有鸟，其名鹓雏，子知之乎？夫鹓雏，发于南海而飞于北海；非梧桐不止，非练实不食，非醴泉不饮。

“鹓雏”为凤凰一类的鸟。

凤凰习性高洁，梧桐也是卓尔不凡;凤凰、梧桐成为经典组合。《桐谱》“叙源第一”对此有阐释：

> 或者谓凤凰非梧桐而不栖，且众木森森，胡有不可栖者，岂独梧桐乎？答曰：夫凤凰，仁瑞之禽也，不止强恶之木。梧桐叶软之木也，皮理细腻而脆，枝干扶疏而软，故凤凰非梧桐而不栖也。又生于朝阳者多茂盛，是以凤喜集之。

所谓“良禽择木而栖，良臣择主而事”；在后代，“梧桐”常喻指“明主”、环境，“凤凰”则喻指“贤士”、人才。《三国演义》第三十七回:“凤翱翔于千仞兮，非梧不栖；士伏处于一方兮，非主不依。”民间则有“栽下梧桐树，引来金凤凰”的谚语。

中国文化中，梧桐原型有着祥瑞、高洁意义，这固然得之于其与生俱来的“内美”，但与凤凰原型的“连横”强化也是重要的原因，梧桐亦遂有“凤凰树”之美称。[1]梧桐与凤凰“各美其美”，但又“美美与共”。[2]

三、梧桐与古琴关系的确立：峄阳孤桐；半死桐

梧桐最为重要的用途是制琴，《鄘风 · 定之方中》云：“椅桐梓漆，爰伐琴瑟。”峄山“孤桐”、龙门“半死桐”是描写古琴、梧桐的常见意象，都出现或萌芽于先秦时期。《尚书·禹贡》:“峄阳孤桐。”《周礼·春官·大司业》云:“龙门之琴瑟。”汉代枚乘的《七发》则由《周礼》记载而生发，铺陈、夸饰龙门“半死桐”的生长环境、琴声的动人心魄。

古琴是梧桐之“用”，是儒家礼乐文化重要的乐器；梧桐之“体”则高洁、祥瑞，是凤凰的栖止之所。梧桐“体用一源”“本末兼赅”，从而奠定了其在中国树木谱系中特殊的位置。

四、梧桐物候标记的确立：春、秋代序

梧桐的树身高大，花、叶硕大显眼，先秦时期梧桐之花开、叶落即成为春秋递嬗的物候标记。《夏小正》:“三月……拂桐芭（葩）。”《礼记 · 月令》:“清明之日，桐始华。”《逸周书 · 时训》:“谷雨之日，桐始华……桐不华，岁有大寒。”《吕氏春秋 · 季春纪》:“桐始华。”这些记载大同而小异，谷雨、清明是接续的两个节气；桐花是重要的节序之花，其地位在先秦时期即已奠定。在后代流行的“二十四番花信风”中，桐花则被明确为清明节气之“一候”。

---

① 梧桐的英文名即为“phoenix tree”，但“凤凰树”另有所指。凤凰树别名凤凰木、火树、红花楹等，原产非洲马达加斯加岛，是苏木科落叶乔木。该树种高达 20 米，树冠伞形开展，枝秀叶美，花色鲜红艳丽，是热带地区优美的庭园树及行道树。

② “各美其美”“美美与共”借用费孝通晚年所提出的：“各美其美，美人之美。美美与共，天下大同。”

梧桐叶形阔大、叶柄细长，容易凋落、飘零。“悲秋”传统的奠立者宋玉在其《九辩》中云“白露既下百草兮，奄离披此梧楸”，即以梧桐叶落为秋至的典型景致。

五、梧桐比兴之具的应用：养生存性；美德多端；因果关系；遗传规律；柔能克刚

先秦时期，梧桐成为常见的比兴之具，这一方面是因为梧桐树很常见，“取则不远”；另一方面这是建立在对梧桐“树性”认识的基础之上。

（一）梧桐材质优良，孟子用来阐释养生、存性之道

《孟子》中梧桐出现了两次，《告子上》：

> 人之于身也，兼所爱。兼所爱，则兼所养也。无尺寸之肤不爱焉，则无尺寸之肤不养也。所以考其善不善者，岂有他哉？于己取之而已矣。体有贵贱，有小大。无以小害大，无以贱害贵。养其小者为小人，养其大者为大人。今有场师，舍其梧槚，养其樲棘，则为贱场师焉。养其一指而失其肩背，而不知也，则为狼疾人也。

“樲棘”指矮小、多刺的酸枣树；“槚”是梓树，与梧桐一样，也是树身高大而材质优良。树木中的“樲棘”与“梧槚”有小大、贱贵之别，种树之人要有所取舍；同样，身体上的“指”和“肩背”也有小大、贱贵之别，于人而言，不能“因小失大”。推而广之，“身”与“义”也有小大之别，不能“舍义全身”，而应该“舍生取义”。《告子上》又曰：

> 拱把之桐梓，人苟欲生之，皆知所以养之者。至于身，而不知所以养之者，岂爱身不若桐梓哉？弗思甚也。

（二）先秦时期，桐子成为比兴意象

梧桐秋来结子，桐子累累成串，状如乳房，所以有“桐乳”之称；

桐子自然繁殖，成活率高。《小雅 · 湛露》：“其桐其椅，其实离离。岂弟君子，莫不令仪。”孔颖达疏云：

> 言二树当秋成之时，其子实离离然，垂而蕃多。[①]

这里就是用梧桐和椅树的果实离离来比喻君子的“令仪”多方、美德多端。

《越绝书》“第四”以“桂实生桂，桐实生桐”比喻子代与亲代之间的相似或类同，揭示了生物学上的遗传规律，其取喻方式体现了中国农业社会的特点。

《太平御览》卷九五六引《庄子》：“空门来风，桐乳致巢。”司马彪注曰：“门户空，风喜投之；桐子似乳，著叶而生，鸟喜巢之。”庄子用两种现象形象地说明了事物之间的因果联系。

（三）“柔能克刚”

秦汉时期在日常应用中，梧桐“柔木”的特性已经被发现。《淮南子 · 说山训》用以说明刚柔相济、“柔能克刚”的道理：“击钟磬者必以濡木，毂强必以弱辐，两坚不能相和，两强不能相服。故梧桐断角，马氂截玉。”“濡”有柔软之义，如《郑风 · 羔裘》“羔裘如濡”，“濡木”即柔木。《淮南子 · 兵略训》中还有一处比喻，也指出了梧桐柔软、易于剖析的特点，以此来论“势”：

> 夫以巨斧击桐薪，不待利时良日而后破之。加巨斧于桐薪之上，而无人力之奉，虽顺招摇，挟刑德，而弗能破者，以其无势也。

此外，一些常见的典故、意象，如“帝梧”“孤桐”“半死桐”“桐叶封弟”也出现在这一时期。梧桐常常用来用作比兴之具，足证分布之

---

① “椅”即椅树，又名山桐子。雌株果序大而下垂，秋天红果累累，鲜艳夺目。

普遍。然而，先秦两汉时期，梧桐尚未成为独立的审美对象，虽有高大之整体印象，却没有细部的观察与描摹，正如钱钟书《管锥编》所云：

观物之时，瞥眼乍见，得其大体之风致，所谓“感觉情调”或“第三种性质”；注目熟视，得其细节之实象，如形模色泽，所为“第一、二种性质”。[①]

魏晋南北朝时期，梧桐“形模色泽”的风神外貌描写才渐渐出现。

第二节　魏晋南北朝时期：审美历程的开始

魏晋南北朝时期，梧桐广泛人工栽植，成为独立的审美对象，走出了“混沌”状态，桐叶、桐枝、桐干、桐根、桐阴等不同的“部件”各自分疏、自名。由于生长“形态”之不同，梧桐又衍生出双桐、疏桐、井桐等意象，汉朝已有的古琴符号“孤桐”“半死桐”意象也得到了发展。梧桐的不同“部件”与各种“形态”组成了丰富的“意象丛”。梧桐的人格象征意义也开始萌生，表现、寄托了六朝人物风流。

一、梧桐的“人化”与普遍栽植

梧桐树身端直、颜色青碧，很早就被引种于宫廷园囿之中，任昉《述异记》：“梧桐园在吴宫，本吴王夫差旧园也，一名琴川。”《西京杂记》：“初修上林苑……桐三，椅桐、梧桐、荆桐”；“五柞宫……其宫西有青梧观，观前有三梧桐树。”

汉代以后，梧桐开始突破宫廷“禁区”；魏晋南北朝时期，梧桐成为“人化”之景，广泛栽植，是庭院的常见景观，《齐民要术》卷五：

① 钱钟书《管锥编》第70页，中华书局1991年版。

“青桐……移植于厅斋之前，华净妍雅，极为可爱。”官署、庭院、门前、井旁均是梧桐的生长之所，再如傅咸《梧桐赋》：“蔚莑莑以萋萋兮，郁株列而成行。夹二门以骈罗，作馆寓之表章”，“成行”与“骈罗”是对称列植；梧桐树身高大，可以作为寓所的标记。夏侯湛《愍桐赋》：“有南国之陋寝，植嘉桐乎前庭”；萧子良《梧桐赋》：“植椅桐于广囿，嗟倏忽而成林；依层楹而吐秀，临平台而结阴”，“成林”是丛植。梧桐易生速长，萧子良用“倏忽”来形容其长势；梧桐可以栽种于庭院之中、高台之前。

二、梧桐原型意义的强化：“嘉木”；凤凰所栖；琴瑟之用

先秦典籍中，梧桐与凤凰联袂出现，地位尊崇。六朝时期的梧桐题材作品往往“铺采摛文”地刻画“朝阳”“高岗”的生长环境，沿袭梧桐与凤凰的组合依附关系，这都是为了揭示其珍异品格、强化其原型意义，如：

瞻华实之离离，想仪凤之来翔。（傅咸《梧桐赋》）

伊梧桐之灵材，蔚疏林而擢秀；玄根通彻于幽泉，密叶垂蔼而增茂。挺修干，荫朝阳，招飞鸾，鸣凤凰。甘露洒液于其茎，清风流薄乎其枝；丹霞赫奕于其上，白水浸润乎其陂。（刘义恭《梧桐赋》）

贞观于曾山之阳，抽景于少泽之东。被籍兮烟霞，怀佩兮星虹。仪丹丘之瑞羽，栖清都之仙宫。（袁淑《桐赋》）

“瑞羽”即凤凰，清代厉荃《事物异名录 · 禽鸟上 · 凤凰》：“瑞羽，谓凤也。”

《大雅 · 卷阿》中的描写作为典故而被沿用，如：

美诗人之攸贵兮，览梧桐乎朝阳。（傅咸《梧桐赋》）

昔诗人之所称，美厥生之攸奇。植匪岗其不滋，凤非条其不仪。（夏侯湛《愍桐赋》）

发雅咏于悠昔，流素赏之在今。必鸾凤而后集，何燕雀之能临。（萧子良《梧桐赋》）

“诗人”“雅咏”皆指《诗经》中的记载；“贵”“奇”均是梧桐的树木属性。

梧桐是上好的琴材。六朝时期，梧桐原型意义的强化有“主线”与“副线”两条路径，“主线”即梧桐题材作品，“副线”即为古琴题材作品。东汉时期，傅毅、马融、蔡邕均有《琴赋》，都有涉及梧桐的文字。魏晋时期，嵇康的同题作品在篇幅、规模方面远超前作，其中关于梧桐的描写更是铺张渲染：

惟椅梧之所生兮，托峻岳之崇岗。披重壤以诞载兮，参辰极而高骧。含天地之醇和兮，吸日月之休光。郁纷纭以独茂兮，飞英蕤于昊苍。夕纳景于虞渊兮，旦晞干于九阳。轻千载以待价兮，寂神跱而永康。且其山川形势，则盘纡隐深，磪嵬岑嵓。互岭巉岩，岞崿岖崯。丹崖崄巇，青壁万寻。若乃重巘增起，偃蹇云覆。邈隆崇以极壮，崛巍巍而特秀。蒸灵液以播云，据神渊而吐溜……

梧桐奇特的生长环境铸就了非凡的琴材，所以：“顾兹梧而兴虑，思假物以托心。乃斫孙枝，准量所任；至人摅思，制为雅琴。”谢惠连《琴赞》、宋孝武帝《孤桐赞》等作品也都语带双关，既赞古琴，也赞梧桐。

郭璞《梧桐赞》虽寥寥六句，但综括了先秦时期梧桐的原型意义以及典故手法：“桐实嘉木，凤凰所栖。爰伐琴瑟，八音克谐。歌以永言，噰噰喈喈。”

三、梧桐审美之“部件”细分：树叶；树阴；树干；树枝；果实

随着梧桐的普种，梧桐也开始走出远古洪荒、走下崇岗峻岳，与人们日亲日近。梧桐审美认识渐趋细致，梧桐正式踏上了“美的历程”，树干、树枝、树叶、果实、树阴甚至树根都成为描写对象，这也正如钱钟书《管锥编》所说：“观物由浑而画矣。”[①]梧桐修干弱枝、阔叶疏枝、树阴广布、通体翠绿的特点得到了表现，如：

阐洪根以诞茂，丰修干以繁生。纳谷风以疏叶，含春雨以濯茎。濯茎夭夭，布叶蔼蔼。蔚童童以重茂，荫蒙接而相盖。[②]（夏侯湛《愍桐赋》）

乃抽叶于露始，亦结实于星沉；耸轻条而丽景，涵清风而散音。（萧子良《梧桐赋》）

密叶垂蔼而增茂。（刘义恭《梧桐赋》）

越众木之薰徇，胜杂树之藻缛。信爽干以弱枝，实里素而表绿。若乃根蒉条茂，迹旷心冲。（袁淑《桐赋》）

这一时期，梧桐审美往往是为了印证梧桐的原型意义。“蔚疏林而擢秀”“越众木”“胜杂树”均是将梧桐与其他树木对比，突出其颖秀、超拔。梧桐审美虽然发轫，但并未完全“自立”，审美欣赏与原型意义之间若即若离。

四、梧桐审美之“形态”区分：疏桐；双桐；井桐；孤桐；半死桐

梧桐审美认识的细致一方面体现在对整株梧桐的“部件”刻画，

① 钱钟书《管锥编》第 70 页，中华书局 1991 年版。

② “谷风”指东风。《诗经·邶风·谷风》：“习习谷风，以阴以雨。”《尔雅·释天》：“东风谓之谷风。”邢昺疏引孙炎曰：“谷之言穀。穀，生也；谷风者，生长之风也。”

如枝、干、叶，也体现在对不同梧桐的“形态”区分，如疏桐、双桐、井桐、孤桐、半死桐等。

（一）疏桐

梧桐树身高大、树枝疏朗；秋冬叶落之后，“疏桐”是寥落而突兀的景致，如梁元帝《藩难未靖述怀》“井上落疏桐”、周明帝《过旧宫》“寒井落疏桐”、刘孝先《和亡名法师秋夜草堂寺禅房月下诗》“数萤流暗草，一鸟宿疏桐”、江总《姬人怨》“庭中芳桂憔悴叶，井上疏桐零落枝”。

（二）双桐

梧桐可以丛植成片，也可以列植成行。梧桐常常以双数对称出现，正如傅咸《梧桐赋》所云：“夹二门以骈罗。”汉乐府民歌《古诗为焦仲卿妻作》中出现了双桐意象之雏形：“东西植松柏，左右种梧桐。枝枝相覆盖，叶叶相交通。”魏明帝《猛虎行》诗中明确出现了双桐意象：“双桐生空枝，枝叶自相加。”双桐意象所承载的是男女“在地愿为连理枝”的愿望。《艺文类聚》卷九十八引晋范宁《为豫章郡表》：“县西北出二里，有林，中两桐树，下根相去一丈，上枝相去丈八，连合成一。”

此外，双桐也出现于寺庙之前，具有宗教寓意，南朝何逊《从主移西州，寓直斋内，霖雨不晴，怀郡中游聚》：“不见眼中人，空想山南寺。双桐傍檐上，长杨夹门植。”寺庙前的“双桐”其实是佛教中“娑罗双树”的替代品。

（三）井桐

《周礼·秋官·野庐氏》：“宿昔井树。”郑玄注：“井共饮食，树为蕃蔽。”井和树阴，借指饮食休息之所；井、树的设置被看成是政府的一项惠政。梧桐是常见的井边之树，如梁简文帝《艳歌篇》：“寒疏井上桐”；庾肩吾《九日侍宴》：“玉醴吹岩菊，银床落井桐”，“银床”为井床之美称。

（四）孤桐

“孤桐”出现于《尚书·禹贡》，是上佳的琴材，为古琴之代称。魏晋南北朝时期，意指单株梧桐的“孤桐”出现于诗歌之中，鲍照《山行见孤桐》中明确标举孤桐意象：“桐生丛石里，根孤地寒阴”；又如沈约《悲落桐》：“悲落桐……幽根未蟠结，孤株复危绝。初不照光景，终年负霜雪。勿言草木贱，徒照君末光。末光不徒照，为君含嗷咷……”孤桐常用来抒发身世之感或政治愿望。

（五）半死桐

“半死桐”出现于枚乘《七发》，亦与古琴、音乐有关。南北朝时期，庾信发展了半死桐意象，《枯树赋》云：

> 桂何事而销亡，桐何为而半死……若乃山河阻绝，飘零离别；拔本垂泪，伤根沥血。火入空心，膏流断节。横洞口而欹卧，顿山腰而半折。文袤者合体俱碎，理正者中心直裂。

赋中可见作者出仕北朝的矛盾忧伤、思家念国之情。“半死桐”即是作者若存若殁、煎熬“碎”“裂”的生存状态写照。其《拟连珠四十四首》《慨然成咏》诗中也数次出现“半死桐”意象。

五、梧桐人格象征意义的萌生：玄学浸润；自然风神

梧桐原型具有高洁、高特之意，梧桐人格象征意义的“种子”包裹在梧桐原型之内，不同时代具有不同的样态，但是又“万变不离其宗”“理一分殊”。

《世说新语·赏誉》：“时（王）恭尝行散至京口谢堂，于时清露晨流，新桐初引，恭目之曰：‘王大故自濯濯。’”“清露晨流，新桐初引”的景致引发了“故自濯濯”的“赞誉”之词，两者似断实续，王大的俊朗风神与“新桐初引”具有同构关系。东晋士族建立了“名教”与“自然”

合一的人格模式，这也影响了南朝士人，南朝时期的梧桐人格内涵也具有这种时代特点（详见后文“梧桐与人格”一节）。

这一时期的梧桐审美上承先秦、下启唐宋，具有重要意义。梧桐的“部件”与“形态”虽然进入了审美视野，但基本只是被“言及”，尚不够细致。情景疏离是六朝诗歌的一个特点，梧桐意象并未与作者情绪熨帖无痕，“疏桐”意象就是一个典型，后文将有论述。梧桐虽然已具人格象征意味，但并未成为儒家“比德”符号。梧桐审美文化“盈科而后进”，上面所提及的这些不足、缺憾有待唐宋时期完成。

第三节　唐宋时期：审美发展的“峰值”；人格象征的成熟

唐宋以后，经营园林、莳弄花木成为文人雅事，梧桐易栽速长、绿荫高广，又具有特殊的原型意义，因而为文人所喜植，如刘敞《种桐》《种梧桐》、刘攽《种梧桐》、章惇《栽桐竹》等。以梧桐命名的书房、轩斋也很多，如文同《属疾梧轩》、文同《子骏运使八咏堂》“桐轩”、满维端《桐轩》等。

梧桐审美认识也在魏晋南北朝的基础上更加细致、深入。梧桐的“部件”，如桐叶、桐花、桐阴、桐枝等不仅仅被“言及”，更是被“言说”，穷形尽相。梧桐的“形态”，如孤桐、半死桐等在这一阶段又生成了新的内涵。梧桐“意象丛”与作品情绪不再若即若离，而是情景交融，最典型的当推“梧桐夜雨”；中唐以后，这成为抒发凄清、幽怨情绪的最著名的意象之一。梧桐的人格象征意义也更加丰富，儒家的贞刚气节成为其主要内涵。

一、梧桐“部件”的审美发展

魏晋南北朝时期，梧桐脱离了先秦时期“混沌”状态，轮廓渐显，桐叶、桐枝等“部件”进入审美视野。唐宋时期，遵循审美发展的“内在理路”，梧桐的“部件”分途纵深演进、细节分明，与日常生活、情绪交织在一起。

（一）桐枝 · 桐孙

“桐孙”是桐枝的别称。梧桐易生速长，树围、枝围逐年增加；梧桐是岁月流年的标记。庾信最早写出了梧桐树干、树枝的变化，《喜晴应诏敕自疏韵》:“桐枝长旧围，蒲节抽新寸。”《谨赠司寇淮南公》:“回轩入故里，园柳始依依。旧竹侵行径，新桐益几围。”唐宋时期，梧桐、桐枝的变化可以“纪年”，如：

> 去日桐花半桐叶，别来桐树老桐孙。（元稹《桐孙》）
>
> 桐枝手植有桐孙，二纪重来愧此身。（张士逊《雍熙中植桐于萧寺，壬辰登科，后告老来寺留题》）
>
> 门前桃李添新径，井畔梧桐长旧围。（张舜民《再过黄州苏子瞻东坡雪堂，因书即事，题于武昌王叟斋扉》）

先秦时期，梧桐即成为物候标记，但却含意未伸;唐宋时期，桐枝、桐叶、桐花的描写全方位展开，见证着季节的变迁。也就是说，先秦时期只是提供了一个“论点”，即梧桐“是”季节变化的标记；而唐宋时期则展示了“论证”过程,即梧桐“何以是”季节变化的标记。秋风、冬雪中抗争的桐枝是常见的秋冬景物。

梧桐枝条萌蘖能力很强，唐宋时期，“桐孙”成为祝贺添丁的常见意象，如孙觌《得子次叔毅韵》“人言种木十年期，桐已生孙竹有儿。添丁哇笑已堪喜，老干轮囷只自奇”、何梦贵《贺中斋黄大卿得子》“朱颜白发方强壮，要看梧孙长碧枝”。

（二）桐叶雨声 · 桐叶题诗

中唐时期，契合社会心理、文学风格的变化，梧桐雨声、芭蕉雨声、荷叶雨声等长于抒发悲苦意绪的听觉意象蔚然兴起。梧桐叶落是秋天到来的征兆，白居易《长恨歌》“春风桃李花开日，秋雨梧桐叶落时”具有“标志性”的意义。从此，梧桐雨声成为重要的“秋声”、悲秋意象。韩偓《雨中》详细地描写了听觉感受：“青桐承雨声，声声何叠叠。疏滴下高枝，次打欹低叶。”梧桐树叶阔大且错落有致，雨落在梧桐叶上的声音不仅清晰且有“层次感”。再看两例，毕仲游《芭蕉》：“桐叶芭蕉最多事，晓昏风雨报人知。”陆游《秋怀十首……》其三：“雨滴大梧叶，风转孤蓬窠。秋色固凄怆，二物感人多。”梧桐树叶飘落的声音被夸饰、放大，如方岳《初秋》“时闻梧叶落，一似打门声”、卫宗武《和黄山秋吟》其一“铮然梧叶响敲风”。

桐叶是男女之间传情达意的信笺，唐代“桐叶题诗”的故事有数个版本；后代，“桐叶题诗”亦为小说、戏剧之题材。

（三）桐阴 · 桐影

梧桐树干高大、树冠广布，所形成的阴影部分自然较多，桐阴、桐影常常通用。从夏天到秋天，梧桐树阴由密转疏；从白天到黑夜，梧桐树影转换方位。所以，桐阴、桐影是季节变化、昼夜轮替的标记。“桐阴”之例，如李颀《题卢道士》“看弈桐阴斜”、程颢《夏》“桐阴初密暑犹清”、王安石《秋日在梧桐》“秋日在梧桐，转阴如急毂”、周紫芝《题吕节夫园亭十一首》“朝阳台”“白露亦已晞，桐阴转檐曲”。“桐影”之例，如王安石《日夕》“日西阶影转梧桐”、张纲《烧香三绝句》其一“卧看桐影转檐牙”。

唐宋时期，梧桐人格象征意义也渐趋成熟、丰富。桐阴之下不仅是文人的“生活空间”，亦是“精神空间”。

（四）桐花

桐花是泡桐树的花，先秦时期，桐花即已成为春天物候。南朝时期，桐花是比兴之具；梧桐之“梧”谐音双关“吾”，梧桐之“桐”则谐音双关“同”。唐代，桐花的物色审美开始，元稹是桐花的“发现者”，元稹、白居易之间关于桐花的唱和之作颇多，桐花的地点、时令、色彩契合文人落落寡合、修身自洁的处境与心态，如《桐花》：“胧月上山馆，紫桐垂好阴。可惜暗澹色，无人知此心。”又如《送孙胜》：“桐花暗澹柳惺忪，池带轻波柳带风。”

桐花有白色、紫色两种，是清明这一“节气”花卉景物的代表，同时从唐代开始，清明成为重要的民俗节日，桐花也浸染了清明“节日”的社会习俗。

二、梧桐“形态”的审美发展

唐宋时期，各种“形态”的梧桐内涵在原有基础之上更加丰富。我们择要介绍几种。

（一）孤桐

魏晋南北朝时期，“孤桐”一般比喻出身之孤寒、立身之孤危。唐宋时期，“孤桐”意象实现了“两级跳”，完成了人格象征符号的铸塑。白居易《云居寺孤桐》：

> 一株青玉立，千叶绿云委。亭亭五丈余，高意犹未已。山僧年九十。清净老不死。自云手种时，一颗青桐子。直从萌芽发，高自毫末始。四面无附枝，中心有通理。寄言立身者，孤直当如此。

白居易明确赋予孤桐“孤直”的人格化内涵。白居易之“孤桐”类于“有所不为”的“狷者”,而王安石之孤桐则近于“进取”的“狂者”,劲悍凌厉。王安石《孤桐》:“天质自森森，孤高几百寻。凌霄不屈己，得地本虚心。岁老根弥壮，阳骄叶更阴。明时思解愠，愿斫五弦琴。”王安石的“孤桐”内涵庶几可用“刚直”概括。

（二）双桐

唐宋时期，双桐与爱情、宗教、民俗的关系得到强化。井边双桐极为常见，如胡宿《井桐》“一水清无底，双桐碧有情”、宋庠《晚春小园观物》“双桐夹路元标井,酸枣依墙本乏台”。中国乡土社会中,“井”是故园的象征，井边双桐遂成为故园的“地标”。

此外，文人的书斋、庭院中常常栽植双桐，既以造景取荫，亦为择友明志，如:

> 幽轩处清奥，前有双桐起。婆娑视初合，修耸意未已……主人相对乐，性静穷物理。纯音藏未兆，孤干直不倚。安得千仞禽，来哉共栖止。（冯山《利州漕宇八景》）
>
> 窗前两梧桐，清阴覆东墙。（谢逸《夏夜杂兴》）
>
> 庭前两梧桐，浓绿涵清辉。（郑刚中《独酌》）

明清时期，以“双桐”为书斋、名号、文集的文人则不一而足，双桐成为文人的“芳邻”。

（三）疏桐

唐代,“疏桐”成为抒发秋思、乡思等愁苦情绪的意象，如戎昱《秋月》、“江干入夜杵声秋，百尺疏桐挂斗牛。思苦自看明月苦，人愁不是月华愁”、吴商浩《秋塘晓望》“钟尽疏桐散曙鸦，故山烟树隔天涯”。

宋代，苏轼提高了疏桐的品格，疏桐、缺月、孤鸿三者妙合，高洁之志与孤寂之感交渗一体，其《卜算子》：

缺月挂疏桐，漏断人初静。时见幽人独往来，缥缈孤鸿影。惊起却回头，有恨无人省。拣尽寒枝不肯栖，寂寞沙洲冷。

苏轼的心理结构、情感取向具有普遍意义，苏轼的意象组合也成为经典，宋代颇为流行，如：

遥知疏桐下，缺月见深省。我来如征鸿，爱此沙洲冷。（汪莘《竹洲见寄次韵》）

想见疏桐凉月下，幽鸿无伴立寒沙。（项安世《次韵答蜀人薛仲章》）

疏桐缺月漏初断，鸿影缥缈还见么。（牟子才《淳佑七年……》）

（四）半死桐

唐宋时期，“半死桐”不再指一株梧桐“半死半生”，而是指两株梧桐“一死一生”。“半死桐”遂成为悼亡的常见意象，最有名的例子为贺铸《鹧鸪天》：“梧桐半死清霜后，头白鸳鸯失伴飞。”“鹧鸪天”词牌亦遂有“半死桐”的别名。

“半死桐”意象的悼亡指向是在“双桐”意象基础之上衍生的。民间传说，梧桐为雌雄双树，所以死去一棵即是“半死”，也就是丧偶。同理，“孤桐”亦可以指“双桐”死去一棵、只剩孤单一棵，也可以用来悼亡，如顾况《晋公魏国夫人柳氏挽歌》：“双剑来时合，孤桐去日凋。”

三、梧桐人格象征意义的发展：“清”“柔顺”“刚直”

唐宋时期，梧桐意象的人格象征继承了六朝时期的风神俊朗之义，韩愈《殿中少监马君墓志铭》：“退见少傅，翠竹碧梧，鸾鹄停峙，能守其业者也。”“碧梧”取象于梧桐青翠碧绿的颜色、修长挺拔的树身、潇洒飘逸的姿态，可以说，“碧梧”所展示的是人格的“清”性。“碧梧翠竹”在后代成为人物品藻的常用典故。

另一方面，梧桐意象又折射了时代思潮，兼具道、儒精神，最终发展成为“中”“外”一致、贞刚劲健的儒家人格象征符号。

崔镇的《尚书省梧桐赋》从题材上继承了汉魏六朝的《梧桐赋》，但脱略了灵异色彩，这是唐代最为全面阐述梧桐人格象征的一篇文章，道家思想浸润痕迹昭然（详参后文“梧桐与人格”一节）。梧桐外表光滑、直耸而上，如王昌龄《段宥厅孤桐》“虚心谁能见，直影非无端”；戴叔伦《梧桐》“亭亭南轩外，贞干修且直”。梧桐之高“直”暗合于儒家的“直道”。王昌龄已经捕捉到梧桐“直影”与“虚心”之间的关系。白居易《云居寺孤桐》延续了王昌龄的发现，并且明确赋予梧桐以“孤直”的人格象征意义。

宋代继续推阐，一方面抉发梧桐的“刚”性，一方面揭明梧桐“外”与“中”之间的关系。前面已引王安石《孤桐》，再看释道潜《证师圣可桐虚斋》：

> 闻道峄山桐，猗猗排秀干。栖鸾宿凤信所奇，众木纷纷何足算。呜呼，天相彼质，复虚彼心……嘉上人之妙龄兮，无适俗之卑韵。刚有拟于斯桐兮，廓中虚以受训……。

梧桐是典型的“柔”木，而在宋代儒学复兴、人格自励的文化背景之下，却被主观赋予了“刚”质。其实，不仅梧桐，盈盈弱质的梅花、亭亭玉立的荷花在宋代都成为儒家气节的托载。

宋人对于梧桐“外”与“中”关系的揭示更加题无剩义。我们如果与荷花审美类比的话，发现这并非个案，体现了宋代的思想文化特点。荷花直立水中，荷梗中虚而外直，与梧桐相似。《爱莲说》以“中通外直”

形象阐释了理学家的本体论、方法论。“中”指心性本体，“通”是对心性本体状态的描述，即透脱通达，这是周敦颐《通书》中反复申述的概念。“外”是指立身处世,“直”是指端毅刚直。“中通”则“外直”，“中通”为体，“外直”为用；“中通外直”是理学心性修养学说、道德自隆意识与立身处世、伦理责任的有机统一，本体论与方法论的有机统一。①

可以说,梧桐的人格象征意义具有“复合性”,取拟于其不同的特性，而在宋代以后，其主导方向则是儒家“行健”“自强”的有为精神。

四、桐树专著《桐谱》的问世

“中国人对花卉之审美意识，当定型于宋代，专类花谱之著作，脱胎自宋人”，②《芍药谱》《菊谱》《海棠谱》等，不一而足。中国的第一部泡桐（白桐）专著也产生于宋代，作者为安徽铜陵人陈翥。《桐谱》序云：

> 古者《氾胜之书》，今绝传者，独《齐民要术》行于世。虽古今之法小异，然其言亦甚详矣。虽茶有经，竹有谱，吾皆略而不具。植桐乎西山之南，乃述其桐之事十篇，作《桐谱》一卷。其植桐则有纪志存焉，聊以示于子孙，庶知吾既不能干禄以代耕，亦有补农之说云耳。

在生产与生活中，梧桐与茶叶、桐、竹往往并种、并称。南朝戴凯之有《竹谱》，唐代陆羽有《茶经》，陈翥则补足了桐类专著。

---

① 俞香顺《〈爱莲说〉主旨新探》，《江海学刊》2002 年第 5 期。

② 张高评《宋诗特色研究》第 427 页，长春出版社 2002 年版。

图 07　《桐谱校注》书影。潘法连校注，农业出版社，1981 年版。

图 08　《桐谱选译》书影。潘法连选译，农业出版社，1983 年版。

陈翥有强烈的泡桐（白桐）“本位主义”，所以对于梧桐（青桐）颇不在意：“一种，枝不入用，身叶俱滑如柰之初生。今兼并之家，成行植于阶庭之下，门墙之外，亦名梧桐，有子可啖，与《诗》所谓梧桐者非矣。”悖论在于：中国古代典籍中的梧桐是一个宽泛的概念，含梧桐（青桐）、泡桐（白桐）两种；作者引为佐证的泡桐（白桐）材料，很有可能就是属于他“看不上眼”的梧桐（青桐）[①]。不过，同样的道理，古人关于梧桐的赞词、美语也未必就是专属于梧桐（青桐），泡桐（白桐）很有可能也“与有荣焉”。

总之，梧桐审美文化认识在唐宋时期达到了“峰值”。元明清时期，

① 宣炳善《陈翥〈桐谱〉梧桐混用为泡桐纠谬》，《中国农史》2002 年第 2 期。

梧桐作为“符号”，弥散于艺术、生活领域。

第四节　元明清时期：文化、艺术、精神领域的扩散

唐宋时期，梧桐审美文化内涵、人格象征意义已经成熟；元明清时期，梧桐“内化”、弥散渗透在文人的日常生活、精神世界。梧桐是重要的园林、庭院景观，“碧梧翠竹堂”声名卓著，此外，桐轩、梧轩也很常见。梧桐是文人画中重要的题材，具有清雅、脱俗的象征意义。文人字号、文集、书斋与梧桐相关者不可胜数；倪瓒的“洗桐”之癖其实是梧桐人格象征成熟背景下的“变异”之举，“洗桐”在后代成为雅谈、常典。花木类专著、生活类杂著中对梧桐的特性、应用等多有总结。

图 09　［明］董其昌《一梧轩图》。图片来自“阴山工作室”博客。

一、梧桐与园林、居所的关系更加密切

元明清时期，梧桐与园林、居所的关系更加密切，梧桐可以营造清幽之境，“结庐在人境，而无车马喧”。梧桐树荫高广，或众梧环翠，或双梧拱卫，或一梧挺立。明代计成的园林专著《园冶》多次提到梧桐，如卷一“相地”“虚阁荫桐，清池涵月”、卷三“借景”“南轩寄傲，北牖虚阴；半窗碧隐蕉桐，环堵翠延萝薜”。清代《扬州画舫录》卷二有“桐轩”：

“桐轩在飞霞楼后，地多梧桐。联云：凉意生竹树，疏雨滴梧桐。”

“一梧轩”最为特殊，贝琼《一梧轩记》：

> 无锡张止斋先生，老于九龙也。尝植一梧于庭，阅十年，挺然秀耸而密叶云布，不知三伏酷烈之气也。先生日徜徉其下，酒酣兴发，辄倚而啸歌，同乎惠子之旷焉……[①]

一般的树木是“独木难支”，需要互相倚靠才能“成势”，正如杜甫《白小》诗中所描写的一种名为“白小”的小鱼，“白小群分命”。梧桐却可以“一木成势”，独立不迁，这象征着士大夫特立的人格。贝琼“因梧而考其人”，以“刚姿劲气”赞许梧桐，也以此称许张止斋。

以“梧”名轩在元代以后极为常见，如张昱《碧梧轩为贾彦仁彦德二贡士赋》、宋禧《凰山范氏碧梧轩》、丁鹤年《题碧梧轩》。胡居仁《棠溪书院记》云：“池之内有莲，因书茂叔《爱莲说》，雪窗之前匾‘碧梧轩’。”[②]

园林景物中，梧桐与竹子常常组合。最有名的当推元代顾瑛“玉山草堂”中的“碧梧翠竹堂”和明代“拙政园”中的“梧竹幽居”。我们再以轩为例，郭谏臣有《竹梧轩晨起》，[③]陶宗仪有《题沈宗文竹梧轩》云：“玉立涓涓冰雪操，翠融挺挺凤皇枝。”[④]后文论述梧桐与竹子的关系时将有详述。

---

① 贝琼《清江文集》（《影印文渊阁四库全书》）卷十六，上海古籍出版社1987年版。

② 胡居仁《胡文敬集》（《影印文渊阁四库全书》）卷二，上海古籍出版社1987年版。

③ 郭谏臣《鲲溟诗集》（《影印文渊阁四库全书》）卷四，上海古籍出版社1987年版。

④ 陶宗仪《南村诗集》（《影印文渊阁四库全书》）卷三，上海古籍出版社1987年版。

文人居所栽植梧桐不仅是景物布置，也是以梧为友、寄托情志，明代黄枢《后圃黄先生存集》卷一即有《题朱氏友梧轩》。

二、梧桐成为常见的绘画题材

中国绘画中，“岁寒三友”“四君子”是常见的题材。梧桐步武其后，宋元代开始也为常见。与文学中的梧桐一样，绘画中的梧桐不是纯粹客观的“物象”，而是寄托了作家主观情志的“意象”，具有清高绝俗的表意功能。“桐阴高士”是元代的常见题材；“梧桐仕女”则注入了文人意趣，超越了传统的“仕女图”,而与“高士图”潜息相通。梧桐与竹子、石头常“物以类聚”。

图10　[明]沈周《桐阴玩鹤图》。画面上钤有“烟雨楼”印。“烟雨楼”是乾隆时候仿照嘉兴的“烟雨楼”盖的，是避暑山庄的一景。画作体现了沈周青绿山水的画风特色，原藏避暑山庄，乾隆皇帝曾两次题跋，可见对此画之钟爱。现藏北京故宫博物院。

（一）梧桐与高士

元代开始，梧桐成为常见的绘画景物、题材；“桐阴”与“高士”组合为元人所喜用。“桐阴”不仅仅是“高士”燕处的自然空间，而且具有象征意味，与“高士”精神契合，与“高士”形成“互文性”。李日华《六研斋笔记·三集》卷三：

元人喜写《桐阴高士图》。子久、叔明、云林、幼文俱有之。虽景物各异，而一种潇洒超逸之趣，令人不知人间有利禄事则一也。丙寅六月，偶过石佛禅堂藏经室，前除四五桐，树间桐正作花，香雪满地，啜茶谈诗，亦自庆暂游诸公图画中也。

点检清朝的《御制诗集》，相关题画诗即有：《钱选桐阴抚琴图》《题陆治桐阴高士》《题张宗苍桐阴高士图》《题赵孟頫桐阴高士图》《崔子忠桐阴博古图》《题董诰四季山水册·桐阴琴趣》《题沈周桐阴玩鹤图》等。此外，明清诸多的画谱、绘画题跋中，这一题材作品著录更多，如汪砢玉《珊瑚网》卷三十八有“桐阴宴息图”、卷四十二有“桐阴读书图”等（详见后文《桐阴 · 桐影》一节）。

我们简单了解一例此类题材的画作。清代乾隆五十八年进士左辅绘有《桐阴读书图》，图中执书而读者为嘉庆进士马光澜。图成后，马光澜请二十一位嘉庆、道光年间的状元、进士题跋。《桐阴读书图》初出一手，但最后其实成了画、书、诗俱全的“集体创作”。

（二）梧桐与仕女

仕女是人物画最常见的题材之一。“仕女图”中的女子往往簪花、持花或在花下，总之，“花面交相映”。花与女子之间的类比由来已久，基于视觉之相似性，姚际恒《诗经通论》评论《桃夭》：“桃花色最艳，故以取喻女子，开千古咏美人之祖。”“桃花仕女图”历代都有。而从元代开始，梧桐与仕女的组合开始出现在绘画中，《御定历代题画诗类》卷五十八收录了剡韶《梧桐仕女图》、邹亮《梧桐仕女图》、华幼武《题碧梧美人》；卷五十九有高启《题理发美人图》：“桐风朝动内园枝，吹动花前发几丝。”卷六十则有萨都剌《题四时美人图》:“小扇轻扑花间蛾，淡阴桐树一女立。”

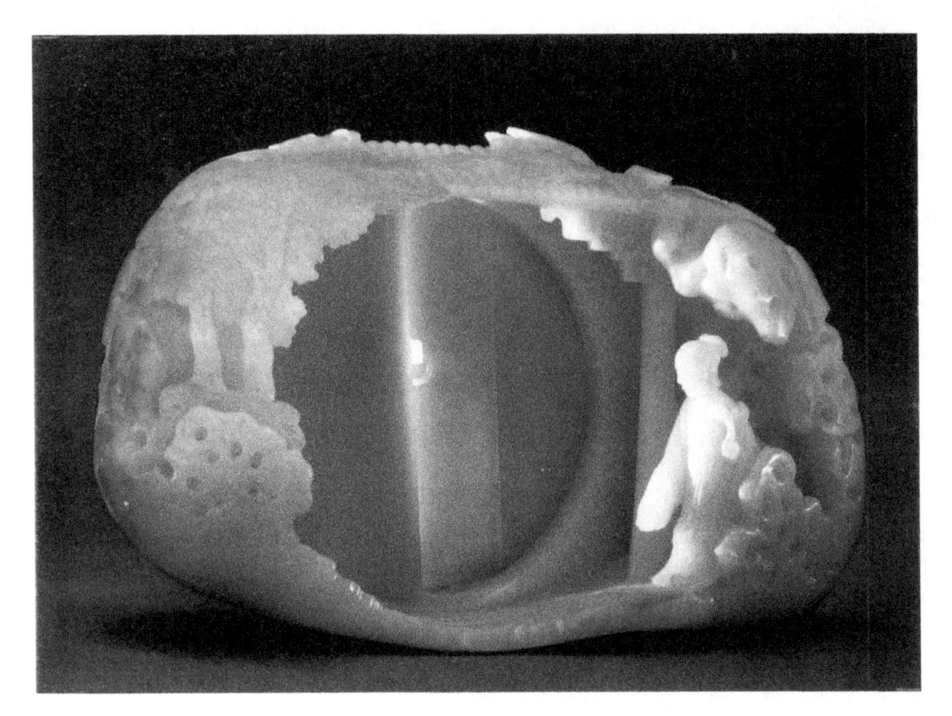

图 11　《桐荫仕女图》玉饰。这是根据无名氏《桐荫仕女图》雕制而成，所展示的是江南庭院景致，是清代俏色玉雕代表作。现藏北京故宫博物院。

梧桐的修耸反衬出仕女的娇弱，更为重要的是，梧桐提升了仕女的品格。在梧桐的荫蔽下，仕女褪去了娇红腻翠，淡雅、清丽，庶几近于杜甫《佳人》“天寒翠袖薄，日暮倚修竹”中的“佳人”形象。《御制诗集》卷九十五《赵伯驹桐阴仕女》:“小幅王孙仕女图，桐阴广厦共清娱。不知罗绮相商处，也识二南雅化乎？”“二南”是指《诗经》中的“周南”“召南”两国国风。这幅“桐阴仕女”图中的仕女形象就可以用这首诗中的“清”“雅”两字来形容；虽为“罗绮”，却是文人意趣。

（三）梧桐与小轩、竹子、石头的组合

上面所提到的“桐阴高士图”中，高士形象鲜明，昭然纸上。此外，高士还有一种“隐秀”的“在场”方式，即梧桐与草堂、小轩等建筑物的组合，屋子在梧桐的掩映之下，而人在屋中。故宫博物院藏有明代卞文瑜《一梧轩屋图》，自识：“丁丑端阳摹王叔明一梧轩图，卞文瑜。”画中有一座草堂，前有梧桐一株，梧桐树叶勾染精细，枝叶穿插自然得体；草堂之中，一人抚琴，一人聆听。“一梧轩”在明代是常见的绘画题材。书画收藏家谢稚柳藏有董其昌《一梧轩图》，自识：“王叔明、倪元镇，皆有一梧轩图，略仿关同笔意为此，戊午七月。玄宰。”

梧桐、竹子在先秦时期

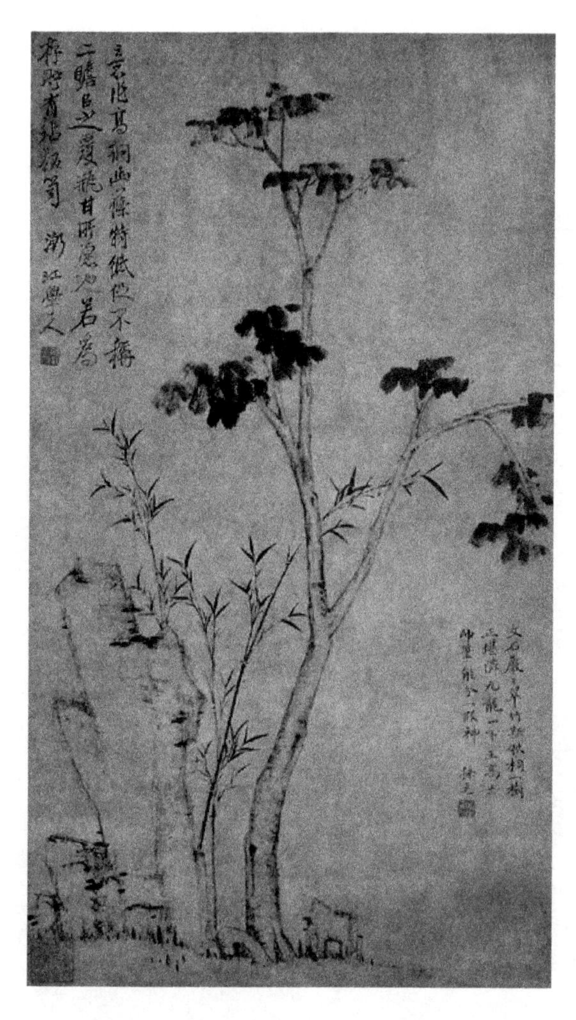

图 12　［清］弘仁《高桐幽竹图》。此图淡墨勾勒文石和树干，竹竿及竹叶直接用浓墨轻勾，树叶用浓墨晕染，清韵生动。画中有孙逸题款：“文石岩岩翠竹新，秋桐一树正堪怜。九龙山下王高士，师笔能分一段神。”图片及其介绍来自“中国传世名画全集”（有声版）。

并列出现，一为凤凰所栖，一为凤凰所食。文学、文化中梧、竹并举的例子很多，难以遍举。元代以后，梧、竹作为绘画题材出现，这除了二者在外形上相似之外，更因为二者具有共同的符号功能。《石渠宝笈》卷十七著录仇英《碧梧翠竹图》；江珂玉《珊瑚网》卷三十八有沈周自题“梧竹”诗：“画了梧枝又竹枝，绿阴如水墨淋漓。”

中国文人画中，梧桐又常与石头组合。石头之怪奇荦确也是文人嵚崎磊落、不合于俗的情怀外化，如《御定历代题画诗类》卷七十三有唐肃《题自画梧石》、刘崧《题梧石》、程本立《题浦人画梧竹奇石》;《御定佩文斋书画谱》卷八十六有《元倪瓒梧竹草亭图》《明陆行直碧梧苍石图》；明代张宁《方洲集》卷十有《画梧石题寄王君载》。

《御定佩文斋书画谱》在梧桐绘画流行的基础之上总结了其应用与技法，卷十四引董其昌语：“画树木各有分别，如画‘潇湘图’，意在荒远灭没，即不当作大树及近景丛木，画五岳亦然。如画园亭景，可作杨柳梧竹及古桧青松”;卷十四“皴树法”:“梧桐树身稀,二三笔横皴。”

三、梧桐名号的流行与倪瓒“洗桐”的雅癖

元明清时期，随着梧桐人格象征意义的成熟，与梧桐相关的字号、文集、书斋非常流行。笔者在后面的“双桐”专论中，有一张以“双桐”命名的简表，可见一斑；在“孤桐”专论中，也列举了近现代以“孤桐”为名号的名人。再如“据梧”，明代有“据梧子”者，撰有《笔梦》；清代管棆著有《据梧诗集》，陈诗著有《据梧集》。清代名臣朱凤标，字桐轩；现代学者吴晗号梧轩，吴晗故居中至今尚存三个大书橱，上有“梧轩”的标识。

梧桐是文人用以表德、明志的“树友”，例子不胜枚举，梧桐已与文人的生活打成一片。本节特别要标举的是倪瓒。

倪瓒（1301—1374），元代著名画家、诗人；世居无锡祇陀里，多乔木，建堂名“云林”，因以云林自号。倪瓒有洁癖，其所居之处有梧桐，他遣童子洗濯；桐叶上有唾痕，则使童子剪弃。借用晋代杜预的“《左传》癖”之例，倪瓒则有“桐癖”。倪瓒的“桐癖”辗转流传，有不同的版本。《广群芳谱》卷九十一引《云林遗事》：

倪元镇阁前置梧石，日令人洗拭。及苔藓盈庭，不留水迹，绿褥可坐。每遇堕叶，辄令童子以针缀杖头刺出之，不使点坏。

《元明事类抄》卷三十六引《语林》：

倪瓒性好洁，庭前有六桐，命童日汲水洗之。

《广群芳谱》卷七十三引《云林遗事》：

倪元镇尝留客夜榻，恐有所秽，时出听之。一夕闻有咳嗽声，侵晨令家僮遍觅无所得，童虑捶楚，伪言窗外梧桐叶有唾痕者，元镇遂令翦叶，弃十余里外。盖宿露所凝，讹指为唾，以绐之耳。

“洗桐”超越了病态的生活洁癖，象征着文人的特立独行、澡雪精神。倪瓒流风余韵绵绵不绝，元代末年，常熟曹善诚效仿倪瓒，有“洗梧园”，《元明事类抄》卷三十六：

明刘溥《题福山曹氏画诗》：“如今桐树无人洗，风雨空山几度秋。”注：“曹氏富甲一郡，植梧桐数十亩，将纳凉其下，令人以新水沃之，谓之‘洗梧’。淮兵入福山，曹氏园亭首被祸。”故云。

明代崔子忠有《云林洗桐图》，自题：

古之人洁身及物，不受飞尘，爰及草木，今人何独不然！治其身，洁其瀞濯，以精一介，何忧圣贤！圣贤宜一，无两道也……

图 13　李可染《倪迂洗桐图》。

而且我们发现，与“桐阴仕女”图的出现一样，“洗桐”也不仅仅是男子的“专利”；甚而至于，女子更喜欢凭借“洗桐”以示清标，如余怀《板桥杂记》中卷：“李十娘……轩右种梧桐二株，巨竹十数竿。晨夕洗桐拭竹，翠色可餐。”又如王韬《淞隐漫录》卷三“陆碧珊”：“池左辟一轩，植竹数十竿，梧桐四五株，晨夕命僮洗桐拭竹，翠色欲流，女题曰‘环碧轩’。”

后代以“洗桐”为名号的文人或为题材的绘画颇多，兹举数例。清代顾陈垿撰有《洗桐轩文集》，清代画家汪采白别号洗桐居士。近代李芳园有《洗桐图》，李可染有《倪迂洗桐》，傅抱石有《洗桐图》。

四、花木专著、生活杂著中的梧桐

元明清时期，《二如亭群芳谱》《佩文斋广群芳谱》中都有梧桐专卷，辑录了关于梧桐的分类、性状、故实、诗文等；《佩文斋广群芳谱》可称之为中国传统花木之学的渊薮、“集大成”之作。此外，花木类专著、生活类杂著中也多有关于梧桐的记载、研究。中国传统的花木之学，梧桐著录也至此“结穴”。

我们看两例，文震亨《长物志》卷二“花木”：

> 青桐有佳荫，株绿如翠玉，宜种广庭中。当日令人洗拭，且取枝梗如画者，若直上而旁无他枝，如拳如盖，又生棉者，皆所不取，其子亦可点茶。

这段文字简要地描述了梧桐的观赏、实用价值。有两点值得注意，一为“洗拭”、一为“如画”。“洗拭”则可看出倪瓒“洗桐”之影响；“如画”则可看出元明以来，梧桐已经成为绘画的常见题材，而艺术又“能动”地影响了生活。梧桐审美有着鲜明的文人印迹。

陈淏子《花镜》卷三“花木类考”：

> 梧桐，一名青桐，一名榇。木无节而直生，理细而性紧。皮青如翠，叶缺如花，妍雅华净，新发时赏心悦目，人家轩斋多植之。四月开花嫩黄，小如枣花，坠下如襆。五六月结子，蒂长三寸许，五棱合成，老则开裂如箕，名曰櫜鄂。子缀其上，多则五六，少则二三，大如黄豆，皮干则皱而黄，其仁肥嫩而香，可生啖，亦可炒食点茶。此木能知岁时，清明后桐始华；桐不华，

岁必大寒。立秋是何时，至期一叶先坠，故有“梧桐一叶落，天下尽知秋”之句……二三月畦种，如种葵法，稍长移种背阴处方盛，地喜实，不喜松。凡生岩石上，或寺旁，时闻钟磬声者，采其东南大枝为琴瑟，音极清丽。别有白桐、油桐、海桐、刺桐、赪桐、紫桐之异，惟梧桐世人皆尚之。

《花镜》考镜源流，这段文字其实基本袭自明代王象晋的《二如亭群芳谱》，全方位地介绍了梧桐的叶、花、实以及物候、繁殖、应用、分类等。有一点值得注意，即“四月开花嫩黄，小如枣花”，这才是真正的梧桐花，标志着对梧桐认识的深入；而通常所谓的“桐花”其实是清明时节开放的硕大的、紫白两色的泡桐花。然而，《花镜》仍未摆脱梧桐、泡桐混同的通病，后文的“清明后桐始华”其实指的是泡桐花。宋代陈翥《桐谱》是泡桐本位主义，而《花镜》正好相反，是梧桐本位主义。在列举了“桐”类植物之后，《花镜》云：“惟梧桐世人皆尚之。”梧桐（青桐）、泡桐（白桐）无需轩轾，因为中国传统的梧桐本来就是广义概念，兼指二者，青、白二桐早就“你中有我，我中有你”，难以分辨了。

总之，从先秦到明清，梧桐的审美文化认识不断深入、渐趋丰富，渗透进中国人的精神生活。

第二章　梧桐审美文化内涵

第一章纵向梳理了梧桐审美文化的生成过程，本章则横向剖析其内涵,这属于静态的“切片”研究。我们可以发现,梧桐这一词语的“所指”已经不是简单实物，而是一种“观念”，指向中国古人的精神世界、文学领域、艺术空间，象征着祥瑞、悲秋、爱情、音乐、人格等丰富意义。

第一节　梧桐与祥瑞

梧桐喜生于茂拔显敞之地、喜阳光，是所谓的“阳木”，《太平御览》九百五十六引《王逸子》:“扶桑、梧桐、松柏，皆受气淳矣，异于群类也。”

一、梧桐的“内美”与祥瑞

梧桐碧绿通直、疏枝茂叶，赏心悦目。桐木质地疏松洁白，是所谓的“柔木”,日常生活中应用广泛。正是因为其与众不同的习性、外观、用途，在中国文化中，梧桐成为祥瑞的象征。“纷吾既有此内美兮，又重之以修能”；除了自身“内美”之外，梧桐与凤凰的“结伴”也为其祥瑞色彩加码。凤凰是传说中的瑞鸟，四灵之一、百禽之长，《大戴礼 · 易本命》云：“有羽之虫三百六十，而凤凰为长。”凤凰就是栖息于梧桐之上。《大雅 · 卷阿》:“凤凰鸣矣，于彼高冈。梧桐生矣，于彼朝阳。菶菶萋萋，雍雍喈喈。”“菶菶萋萋”形容梧桐，“雍雍喈喈”描摹凤鸣。

梧桐构成了一个“隐喻”,唤起我们对凤凰的想象。傅咸《梧桐赋》曰:“停公子之龙驾，息旅人之行肩；瞻华实之离离，想仪凤之来翔。”在民间，也有“栽下梧桐树，引来金凤凰”的俗语。

梧桐象征着社稷安宁、政治清明,《桐谱》“杂说第八”引《礼斗威仪》:“君乘火而王，其政平，梧桐长生”，又引《遁甲》:“梧桐不生，则九州异君”,《瑞应图》:“王者任用贤良，则梧桐生于东厢。”《初学记》卷二十八引伏侯《古今注》:“昭帝丹凤三年，冯翊人献桐枝，长六尺，九枝；枝一叶也。”

二、梧桐与图案

梧桐是祥瑞的象征，所以无论是在宫廷还是在民间都是广泛种植。《初学记》卷二十八引《晋宫阙名》曰:“华林园青白桐三株。”南朝刘义恭则称华林园桐树为“瑞桐”,《华林四瑞桐树甘露赞》曰:“远延凤翮，遥集鸾步;惠润何广，沾我萌庶。”民间以梧桐、青桐命名的村落很多，一方面固然因为梧桐是“本地风光”，另一方面也因梧桐有着祥瑞的寓意。广东省湛江市徐闻县迈陈镇青桐村为詹姓世居,詹氏祖籍江西婺源，祠堂对联云:“河间溯深源万派支流皆活泼，青桐推良树千年枝叶永蕃昌。”中国古代以“桐”为名、号的，更是难以计数，这也是梧桐祥瑞色彩的纷纷映现。

传统装饰图案中,常常以梧桐入图,如“同喜”,图案为梧桐、喜鹊。“桐”与“同”谐音;中国民间认为喜鹊能够“报喜”，带来喜庆、好运。“六合同春/鹿鹤同春”，“六合”指天地四方，泛指天下。“六合”有时以“鹿鹤”谐音，有时又以“六鹤”谐音。杨慎《升庵外集》卷九十四:“北之语合、鹤迴然不分，故有绘六鹤及椿树为图者，取‘六合同春’之义。”椿树也是中国古代的吉祥树木，古人以“椿龄”比喻长寿。在一些建筑物中，则常以梧桐与椿树为材料,或者在周围栽种梧桐与椿树,均取“同春”谐音，如江苏省宿迁市皂河南面有一座安澜龙王庙，龙王庙建于雍正五年，相传初建时，庙前植有柏树、柿树、梧桐、椿树各一株，取“百世同春”之义。浙江兰溪诸葛村是保存比较完好的古村落，村内的“大公堂”门口以柏树、梓树、梧桐、椿树制成四根大柱,取“百子同春”之义。此外，松树、柏树、桐树、椿树喻“松柏同春”亦为常见。

图 14　［清］高其佩《梧桐喜鹊图》。梧桐新枝老干，叶片圆润；树下喜鹊昂首翘尾，神态逼真。图片来自《中国传世名画全集》（有声版）。

第二节　梧桐与家园

农耕社会，树木是生产与生活资料的来源，与人类关系密切;如《诗经 · 小雅 · 小弁》“维桑与梓，必恭敬止”,“桑梓”遂为故园之代称。中国传统树木中，梧桐与人类的关系尤为密切。

一、梧桐的日常应用与吉祥寓意

梧桐是中国民间栽种最广的树木之一。自北至南、自高岗至平原、自肥沃之土至盐碱之地，梧桐分布广泛；相比较而言，杨柳、松树等树木的地域、地势的局限性比较明显。还有重要的一点，梧桐是“凤凰树”，是祥瑞之征，栽种梧桐树是“吉兆”。

梧桐材质优良,用途广泛,许多日常器具即以桐木制成,如“雅琴”,后文将有详论。除了制作各种器具之外,也有入灶之“俗”,蔡邕的“焦尾琴”即以入爨之焦桐制成；桐木是民间常见的柴火,《淮南子·兵略训》中就已有“桐薪”一词,“夫以巨斧击桐薪,不待利时良日而后破之”,“桐薪”即为充用柴火的桐木。明代的钱希言有一部文言小说集《桐薪》,在自序中他自谦:“无以为名,署曰:桐薪。旧有桐树数章……夫桐之不得为良材,而亦见薪于爨下矣。”

梧桐身姿挺拔、潇洒,树叶阔大、青绿,均赏心悦目。梧桐树荫高广,可以游憩其下。汉字“休”为会意字,从“人”从“木”,梧桐则为常见的“休”止之树。

二、梧桐与村落、地名

地名是文化符号、文化遗产,往往是该地自然风貌的记录,“得之于当时目验者”[①],虽然世变事迁、未必尽存,但可以想见当日风光。浙江是梧桐的原产地之一,有桐乡市、桐庐县,桐庐境内有桐江；安徽则泡桐分布广泛,有桐城市,宣城与铜陵两市的市树均为泡桐。

中国有很多以梧桐命名的村落,将这些地“点”串连起来,就可以绘制出一幅中国古代梧桐生长“地图”。下面这张简表虽不免挂一漏万,但梧桐分布的广泛已可略见一斑。

<table>
<tr><td rowspan="4">浙江省</td><td>丽水市</td><td>景宁县</td><td>梧桐乡</td><td>梧桐村</td></tr>
<tr><td>嘉兴市</td><td>桐乡市</td><td>梧桐街道</td><td>梧桐村</td></tr>
<tr><td>金华市</td><td>婺城区</td><td>沙畈乡</td><td>梧桐村</td></tr>
<tr><td>杭州市</td><td>桐庐县</td><td>分水镇</td><td>梧桐村</td></tr>
<tr><td rowspan="3">安徽省</td><td>六安市</td><td>寿县</td><td>安丰镇</td><td>梧桐村</td></tr>
<tr><td>淮北市</td><td>杜集区</td><td>石台镇</td><td>梧桐村</td></tr>
<tr><td>福州市</td><td>闽侯县</td><td>白沙镇</td><td>梧桐村</td></tr>
</table>

① 钱钟书《管锥编》第一册第 90 页,中华书局 1986 年版。

福建省	宁德市	周宁县	咸村镇	梧桐村
		永泰县	梧桐镇	梧桐村
	晋江市		罗山镇	梧桐村
广西壮族自治区		象州县	中平镇	梧桐村
河南省	安阳市	内黄县	宋村乡	西梧桐村
四川省	广元市	朝天区	花石乡	梧桐村
		云阳县	凤鸣镇	梧桐村
重庆市		荣昌县	昌元镇	梧桐村
山东省	临沂市	苍山县	向城镇	梧桐村
		郯城县	郯城镇	梧桐村
湖南省	郴州市	桂阳县	仁义镇	梧桐村
宁夏回族自治区	灵武市		梧桐树乡	梧桐树村
山西省		陵川县	西河底镇	梧桐村
	吕梁市	孝义市	梧桐镇	梧桐村
甘肃省	武威市	民勤县	昌宁乡	梧桐村

梧桐，又名“青桐”，中国各地也有许多以“青桐”命名的村落，下面这张简表也可略窥一二：

广西壮族自治区		横县	校椅镇	青桐村
江西省		广昌县	盱江镇	青桐村
广东省		罗定市	泗纶镇	青桐村
		雷州市	英利镇	青桐村
		徐闻县	迈陈镇	青桐村
湖南省	衡阳市	祁东县	洪桥镇	青桐村
四川省	眉山市	丹棱县	仁兴乡	青桐村

至于村名中含“梧”或者“桐”者，则是难以计数。梧桐常栽植在庭内、井边。“庭梧”是诗词中的常见意象，如张耒《冬日杂书六首》其三“庭梧摇落尽，栖鸟夜归稀”、王同祖《秋闺》其一“西风昨夜到庭梧，晓看窗前一叶无”、程垓《满庭芳》“归情远，三更雨梦，依旧绕庭梧”。梧桐叶落是秋天到来的象征，虽“不出户”，但是由“庭梧”即可知季节变化。“井桐”在后文还有详论，这里举两例。寇准《初夏雨中》：“绿树新阴暗井桐，杂英当砌坠疏红。”陆游《幽居》：“梁燕委

巢知社近，井桐飘叶觉秋深。”

梧桐常以双数种植，“双桐”遂为家园象征，如范椁《苦热怀楚下》：“我家百丈下，井上双梧桐。自从别家来，江海信不通。”《元诗选·梧溪集》小序云：“(王) 逢，字原吉。名寓所曰：梧溪精舍，自号梧溪子。盖以大母徐尝手植双梧于故里之横江，志不忘也。”

总之，中国传统社会里，凡有人烟之处即有梧桐，梧桐是家园象征的“优选”树木。

第三节　梧桐与悲秋

在传统农业社会，人与自然的关系密切，能够敏锐感知自然节序的变化；树木、花卉的开花、布叶、枯荣成为季节变化的标志，梧桐在四季“符号”谱系中有着显著的地位。桐花是三月之花、清明之花，“梧桐一叶落，天下尽知秋”，梧桐叶落意味着秋天的来临。

一、梧桐与春夏秋冬四季变化

中国古代的梧桐兼指梧桐（青桐）与泡桐（白桐）两种，桐花一般是指泡桐花。桐花有紫、白两色，花冠硕大，状如喇叭，在泡桐布叶之前开放，满枝满树，非常醒目。中国古人很早就以桐花作为物候的标记，如《大戴礼记 · 夏小正》“三月……拂桐芭（葩）”[1]、《逸周书 · 时训解》“清明之日桐始华”、《礼记 · 月令》“三月……桐始华，萍始生”。桐花是在三月份开放，所以古代三月又有“桐月”的别名；在中国传统的“二十四番花信风”里，桐花则是“清明”的第一“候”。正

① 宋代傅崧卿注《夏小正戴氏传》卷二：“拂也者，拂也，桐芭之时也。或曰：言桐芭始生貌，拂拂然也。”“拂拂”同“茀茀”，茂盛的样子。

是因为桐花的赫然独特，泡桐有“荣桐”之名，“荣”即是花。“荣桐”之名见于《尔雅》，《尔雅翼》卷九：

木物之荣者多矣，独“桐”名“荣”者，桐以三月花。盖自春首，东风解冻，蛰虫、鱼獭、鸿雁皆应阳而作，惟桃、桐之作花乃在众木之先，其荣可纪，故名“桐”为“荣”也。

清代《钦定授时通考》卷一：

清明，三月节，万物至此皆洁齐而明白也，一候桐始华，桐有三种，华而不实曰“白桐”，亦曰“花桐”，《尔雅》谓之“荣桐”，至是始花也。

南朝宋郊庙歌辞《青帝歌》云：“雁将向，桐始蕤。”“青帝”是中国古代神话中的司东方之神。春天到了，南雁北飞、梧桐开花、萌叶。

夏天时节，桐叶阔大、桐阴广袤，梧桐既展示出旺盛的生命力，又给人们张起了一顶天然的“清凉伞”。汉郊祭歌《朱明》：“朱明盛长，敷与万物，桐生茂豫，靡有所诎。”古代称夏天为“朱明”，《尔雅·释天》：“夏为朱明”，“诎”是弯曲、屈服的意思。“靡有所诎”一方面描述了梧桐树身的端直，没有丝毫的弯曲；另一方面也描述了梧桐树身的高耸，凌越于众木之上。再看王微《四气诗》“蘅若当春华，梧楸当夏翳”，梧桐与楸树都是夏天的荫蔽。

秋冬时节，梧桐则叶落枝脱，《广群芳谱》卷七十三引《遁甲书》：

梧桐可知月正闰。岁生十二叶，一边六叶，从下数，一叶为一月。有闰则十三叶，视叶小处则知闰何月。立秋之日，如某时立秋，至期一叶先坠，故云：“梧桐一叶落，天下尽知秋。”

这段文字的描述颇为玄妙，无稽可考，然而梧桐叶落确实是秋天到来的显著标志。季节渐深、“白露为霜”，梧桐树叶由青变黄、由密变疏。

梧桐叶柄细长、叶片薄大，凋零飘落，分外醒目且惊心，如谢朓《秋夜讲解诗》“霜下梧楸伤”、鲍泉《秋日》“露色已成霜，梧楸欲半黄”、鲍照《秋夕》“紫兰花已歇，青梧叶方稀”。

二、梧桐与悲秋情绪

“物之感人”，梧桐是悲秋、闺怨、羁旅等悲苦情绪的载体。宋玉《九辩》：“悲哉！秋之为气也！萧瑟兮，草木摇落而变衰……白露既下百草兮，奄离披此梧楸。”王昌龄《长信秋词五首》其一：“金井梧桐秋叶黄，珠帘不卷夜来霜。”李白《赠别舍人弟台卿之江南》：“去国客行远，还山秋梦长。梧桐落金井，一叶飞银床。”

中唐时期，随着时代心理的变化、诗歌艺术的发展，以“梧桐夜雨”为代表的“桐叶秋声”意象蔚然兴起，如白居易《宿桐庐馆同崔存度醉后作》“江海漂漂共旅游，一尊相劝散穷愁。夜深醒后愁还在，雨滴梧桐山馆秋”刘媛《长门怨》“雨滴梧桐秋夜长，愁心和雨到昭阳。泪痕不学君恩断，拭却千行更万行”。元代白朴《梧桐雨》铺陈唐明皇、杨玉环的爱情故事，剧名来自于白居易《长恨歌》：“秋雨梧桐叶落时。”《梧桐雨》第四折《三煞》将“梧桐雨”与“杨柳雨”“杏花雨”等进行了比较，引发、增助愁怀者莫过于“梧桐雨”：

> 润蒙蒙杨柳雨，凄凄院宇侵帘幕；细丝丝梅子雨，装点江干满楼阁；杏花雨红湿阑干，梨花雨玉容寂寞；荷花雨翠盖翩翻，豆花雨绿叶萧条。都不似你惊魂破梦，助恨添愁，彻夜连宵。莫不是水仙弄娇，蘸杨柳洒风飘。

秋天西风吹拂，梧桐“应”风而落。西风“形而上”，梧桐叶落为“形而下”；西风为“因”，梧桐叶落为“果”。西风与梧桐叶落“虚实相生”，昭示着秋天的来临，如李清照《忆秦娥》“西风催衬梧桐落”、黄机《忆秦娥》"梧桐落尽西风恶"。

梧桐还与其他植物意象组合，营造秋境。梧桐与芭蕉同为阔叶型植物，"桐叶雨声"与"芭蕉雨声"历历可听，都是中唐时期产生的听觉意象，"物以类聚"，常常并列出现，如：

芭蕉叶上梧桐里，点点声声有断肠。（朱淑真《闷怀二首》"其二"）

桐叶芭蕉最多事，晓昏风雨报人知。（毕仲游《芭蕉》）

菊花是秋天最具代表性的花卉，梧桐叶落时，菊花也将残，两者也常常联类而及，如：

开残槛菊，落尽溪桐。（晏几道《满庭芳》）

开尽菊花秋色老，落残桐叶雨声寒。（杨徽之《句》）

图 15　［明］蓝瑛　《秋色梧桐图轴》。画作采用"折枝法"，截取梧桐与丹枫的枝头横斜、下垂之势。现藏北京故宫博物院。

菊枝倾倒不成丛，桐叶凋零已半空。（陆游《九月晦日作四首》其一）

梧桐与竹子是"知己"，庭院中，桐、竹的景物搭配极为常见；秋天风雨交加，桐、竹有"声"，标志着季节的转换，如：

桐竹离披晓，凉风似故园。惊秋对旭日，感物坐前轩。（羊

士谔《山郭风雨朝霁怅然秋思》）

秋雨五更头，桐竹鸣骚屑。（韩偓《五更》）

梧桐叶落与蟋蟀声、捣衣声等秋声意象“相和”，都是秋天到来的象征，如：

梧桐在井上，蟋蟀在床下。物情有与无，节候不相假。（梅尧臣《秋思》）

梧桐叶上秋无价，蟋蟀声中月亦愁。（杨万里《醉吟二首》其一）

蟋蟀秋鸣的时候，甚至“如响斯应”、“连锁反应”，梧桐即刻凋落，如：

草际鸣蛩，惊落梧桐。正人间、天上愁浓。（李清照《行香子》）

秋声乍起梧桐落，蛩吟唧唧添萧索。（朱淑真《菩萨蛮》）

古代缝制冬衣，预先把布帛铺于平滑的砧板之上，用木杵敲平，以求柔软熨贴、便于裁制。这称之为“捣衣”，多于秋夜进行。梧桐叶落与砧杵之声，一为自然意象，一为社会意象，都是秋天标志，如贾至《答严大夫》：“梧桐坠叶捣衣催。”

第四节　梧桐与爱情

中国文化中，梧桐意象与爱情的关系源远流长。梧桐是凤凰的栖止之所，《大雅·卷阿》：“凤凰鸣矣，于彼高冈。梧桐生矣，于彼朝阳。”凤凰为雌雄双鸟，可以比喻男女恩爱，《左传·庄公廿二年》：“初，懿氏卜妻敬仲。其妻占之曰：吉，是谓‘凤凰于飞，和鸣锵锵’。”相传为司马相如所作的《琴歌二首》即云："凤兮凤兮归故乡，遨游四海求其凰。"凤凰是"爱情鸟"，梧桐在原型意义上即具有爱情因子，堪称"爱情树"。

梧桐意象表现爱情大致有四种模式：双鸟与双桐组合；桐花凤与桐花组合；谐音双关；桐叶题诗。

一、双鸟与双桐

中国民间的梧桐常以偶数来栽植，相传梧桐为雌雄两树，梧为雄，桐为雌。梧桐双植体现了阴阳和合的观念。汉乐府民歌《古诗为焦仲卿妻作》结尾出现了双桐意象的雏形：

> 两家求合葬，合葬华山傍。东西植松柏，左右种梧桐。枝枝相覆盖，叶叶相交通。中有双飞鸟，自名为鸳鸯。

古代墓地多种植梧桐，用以坚固坟茔的土壤，并作为标志，便于子孙祭扫。梧桐树干高大，树枝旁生、延展，两树之间"覆盖""交通"，真是"你中有我，我中有你"，莫辨彼此。鸳鸯被古人称为"匹鸟"，形影不离、雄左雌右，栖则连翼、交颈而睡，是爱情的象征。《古诗为焦仲卿妻作》是一曲爱情悲歌，"双桐"与"双鸟"伴生，与爱情结下不解之缘。《孔雀东南飞》的结尾与祖冲之《述异志》中的"双梓"非常相似，梧桐与梓树在古代往往连称，可以互相参证：

> 吴黄龙年中，吴郡海盐有陆东美，妻朱氏，亦有容止，夫妻相重，寸步不相离，时人号为"比肩人"……后妻死，东美不食求死，家人哀之，乃合葬。未一岁，冢上生梓树，同根二身，相抱而合成一树，每有双鸿，常宿于上。孙权闻之嗟叹，封其里曰"比肩墓"，又曰"双梓"。

萧子显《燕歌行》"桐生井底叶交枝，今看无端双燕离"，孟郊《列女操》“梧桐相待老，鸳鸯会双死。贞女贵殉夫，舍生亦如此”，都明确出现了双鸟意象，而双桐意象隐含其中。双桐的枝叶相交，象征着男女“在地愿为连理枝”的精诚愿望。再如韩偓《六言三首》“华山梧桐相覆，蛮江豆蔻连生”，上句用了《孔雀东南飞》的典故，下句用了梁简文帝《和萧侍中子显春别》“江南豆蔻生连枝”典故，“蛮江”泛指江南。

“双桐”是双树，“半死桐”即可指两株梧桐一死一生，用以比喻夫妇两方一存一殁，成为悼亡作品中的常见意象。这是对汉代枚乘《七发》中已经出现的“半死桐”意象的发展，如唐暄《赠亡妻张氏》“峄阳桐半死，延津剑一沉。如何宿昔内，空负百年心”、贺铸《鹧鸪天》“梧桐半死清霜后，头白鸳鸯失伴飞”。“延津”是双剑，“鸳鸯”是双鸟，我们用下句反观上句，“梧桐半死”也更倾向于意指本是双生的梧桐死去一株。

二、桐花与桐花凤

桐花是指泡桐之花，清明前后开放，常有紫、白两色，硕大柔媚，“桐花凤”即幺凤，又名“绿毛幺凤”“罗浮凤”“倒挂子”等，是一种美艳小禽。

“桐花凤”的传说可以追溯到《庄子》，《太平御览》卷九五六引《庄子》：“空门来风，桐乳致巢。”司马彪注：

门户空，风喜投之。桐子似乳者，著叶而生，鸟喜巢之。

庄子用两种现象形象地说明事物之间的因果关系。桐子累累成串，故用“桐乳”喻之。《桐谱》记载：

（紫桐花）自春徂夏，乃结其实，其实如乳，尖长而成穗，庄子所谓“桐乳致巢”是也。

“空门来风”有科学道理，“桐乳致巢”恐是附会想象，后来关于桐花凤的种种美丽的说法肇始于此。

桐花凤在川蜀之间颇为常见，桐花凤的传闻在唐代开始流行，张鷟《朝野佥载》卷六：

剑南彭蜀间有鸟大如指，五色毕具。有冠似凤，食桐花，每桐结花即来，桐花落即去，不知何之。俗谓之“桐花鸟”。

李德裕《画桐花扇赋序》亦云：

成都岷江矶岸多植紫桐，每至春末，有灵禽五色，来集桐花，以饮朝露。及华落，则烟飞雨散，不知其所往。

张鷟认为桐花凤是以桐花为食，李德裕则认为桐花凤是吸饮桐花上的露水，两说稍异。司空图《送柳震归蜀》：“桐花能乳鸟，竹节竞祠神”“桐花凤”与竹崇拜、竹祭祀一样，都是蜀地的传说或民俗。

桐花凤寄居、寄生于桐花，也得名于桐花，文人因而生发奇想，妙笔传情，最有名的当推王士祯《蝶恋花 · 和漱玉词》：“郎是桐花，妾是桐花凤。”这首词比喻新奇、妥帖、圆溜，富有民歌风味，为“衍波绝唱”（王士祯词集为《衍波词》）。王士祯也因此得“王桐花”的雅号。

三、“梧子”与“桐子”的谐音双关

南朝乐府常用双关、谐音的手法抒情，如“丝”谐“思”，“莲”谐“怜”等。梧桐在中国民间广为栽植，乐府民歌就地取材、就近取譬，以梧桐之“梧”与“吾”谐音、“桐”与“同”谐音，如：

怜欢好情怀，移居作乡里。桐树生门前，出入见梧子。（《子夜歌四十二首》）

仰头看桐树，桐花特可怜。愿天无霜雪，梧子解千年。（《秋歌十八首》）

我有一所欢，安在深阁里。桐树不结花，何由得梧子。（《懊侬歌十四首》）

上树摘桐花，何悟枝枯燥。迢迢空中落，遂为梧子道。（《读曲歌八十九首》）

“吾子”之称谓昵而不狎。南朝乐府民歌具有浓郁的乡土特色，桐花与桐子是春夏乡间常见的景致，上面所引的作品虽然只是寥寥数语，但均抓住了梧桐的物性与要点，做到了“细节真实”。一、“桐树生门前”。梧桐是常见树木，但与松树、柳树均不同，更适合在屋舍附近、平地栽种。可以说，梧桐是最日常的树种之一。二、“仰头”“上树”。梧桐树身高达10米以上，欣赏桐花的视角与欣赏草本、灌木本、小木本花卉的视角截然有别，“仰之弥高”。采摘桐花也不是“攀条折其枝”的简单动作，必须“上树”。“迢迢空中落”之“迢迢”语带夸张，但也只有梧桐的高度才能担当得起“迢迢”二字。三、“枝枯燥”及“落”。梧桐树枝是空心的，容易折断，《初学记》卷二十八“果木部·桐十六”引《易纬》曰：“桐枝濡脆而又空中，难成易伤。”质言之，正是因为符合梧桐的“细节真实”，南朝乐府民歌借梧桐以起兴的情感才不至于空泛浮滑。

四、桐叶题诗

举凡阔大的树叶，如荷叶、芭蕉叶、桐叶等，都可以成为文人即兴的题诗之具，寄托雅人深致。唐代开始流行的“桐叶题诗”典故常与爱情有关。梧桐叶片直径15~30厘米，心形；或许，古人用桐叶题诗传递心事就有取于梧桐特殊的叶形。

唐代孟棨《本事诗》“情感第一”的记载颇为详细：

顾况在洛，乘间与三诗友游于苑中，坐流水上，得大梧叶，题诗上曰：“一入深宫里，年年不见春。聊题一片叶，寄与有情人。”况明日于上游，亦题叶上，放于波中。诗曰：“花落深宫莺亦悲，上阳宫女断肠时。帝城不禁东流水，叶上题诗欲寄谁？”后十余日，有人于苑中寻春，又于叶上得诗以示况。诗曰：“一叶题诗出禁城，谁人酬和独含情？自嗟不及波中叶，荡漾乘春取次行。”

《全唐诗》卷七九九收录的任氏的《书桐叶》更是凄婉动人，诗云：

拭泪敛蛾眉，郁郁心中事。搦管下庭除，书成相思字。此字不书石，此字不书纸。书在桐叶上，愿逐秋风起。天下有心人，尽解相思死；天下无心人，不识相思字。有心与无心，不知落何地。

诗前小序云：“继图读书大慈寺，忽桐叶飘坠，上有诗句。后数年卜婚任氏，方知桐叶句乃任氏在左绵书也。”《广群芳谱》卷七十三引《己虐编》：

张士杰客寿阳，被酒历淮阳滨入龙祠，见后帐中龙女塑像甚美，乃取桐叶题诗投帐中。

以上都是小说家言。从上述三个例子可以看出，小说家在以树叶作为传情之具时，并非不加选择，而是对桐叶特别情有独钟，这是因为桐叶的“母体”梧桐与爱情有着密切的联系。以桐叶题诗来传达爱情信息不是偶然的，它包含着对传统的认同，因之而有了更为丰富的含义。

后代，“桐叶题诗”遂成为重要的典故、意象。蔡楠《鹧鸪天》：“惊瘦尽，怨归迟。休将桐叶更题诗。不知桥下无情水，流到天涯是几时。”谢应芳《朱答李取男帖赘姻札子》：“题书桐叶，足知流水之多情；寄语桃花，将续仙源之盛事。”

第五节　梧桐与音乐

古琴是中国古代文人风雅生活的组成部分，琴声体现了中国传统文化中“和”“天人合一”等价值理念。关于古琴的研究历代都有，如宋代朱长文的《琴史》、清代徐上瀛的《溪山琴况》、今人许健的《琴史初编》等。梧桐是重要的琴材,古人对琴材有着深入的认识。半死桐、孤桐、桐孙、焦桐等都是重要的琴材，质地不同的琴材所生成、蕴含的琴韵也有别。中国文人借琴材典故抒发了知音意识。梧桐与梓树、丝弦共同合成了琴体。古琴长约三尺,有五弦、七弦之分,“三尺桐”“五弦桐”“七弦桐”都是古琴的代称。探讨中国梧桐与古琴的关系，可以丰富我们对古琴的了解，也可以借此认识中国古代的音乐观念、文人心理。

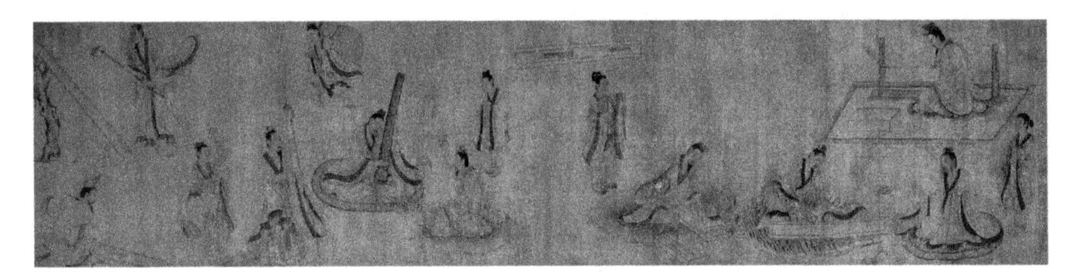

图 16　《斫琴图》(局部)。原作为东晋顾恺之绘，此为宋代摹本。《斫琴图》描绘古代文人学士正在制作音色优美、颇具魅力的古琴的场景。画中有 14 人，或断板，或制弦，或试琴，或旁观指挥，还有几位侍者（或学徒）执扇或捧场。文人形象大多长眉修目、面容方整、表情肃穆、气宇轩昂、风度文雅。人物衣纹的线条细劲挺秀，颇具艺术表现力。图片来自网络,文字介绍参考《中国传世名画全集》(有声版)。

一、梧桐名称与材质考辨：制琴之“桐”为泡桐

《诗经·鄘风·定之方中》云:“椅桐梓漆,爰伐琴瑟。”后代琴材与“桐”形成了固定的指称关系，如雍陶《孤桐》“岁晚琴材老”、陆龟蒙《奉酬袭美秋晚见题二首》“鸟啄琴材响”。这里的“琴材”都指梧桐树。在历代诗经名物研究中，关于“桐”的探讨可谓层出不穷，殊难定论。

（一）辨名

中国古代典籍中的梧桐是一个宽泛的概念，主要包括梧桐（青桐）与泡桐（白桐）两种。泡桐清明前后开花，花冠硕大，又名“荣桐”。泡桐易生速长、纹理通直、材质优良,易于剖析、雕斫,适用范围非常广。古代的桐木制品一般是取材于泡桐，古琴亦如是。《齐民要术》将梧桐分为青桐与白桐两种，卷五云：“白桐……成树之后，任为乐器，青桐则不中用。”

宋代陈旸《乐书》卷六十二从字义学的角度去辨别琴材：

> 《尔雅》曰:“榇梧,荣桐木。”盖“桐”之为木,其质则柔、其心则虚。柔则能从而同乎外，虚则能受而同乎内。其究也，无我而已，此所以常荣而不辱也，其琴瑟之良材欤！若“梧”则有我而亲，非若“桐”之一于同也。

虽然解释有点牵强、荒诞，不过基本判断结果不误，古琴是取材于泡桐,而非梧桐。宋代陈翥的《桐谱》是世界上第一部泡桐专著,在“器用第七”即指出泡桐为“琴瑟之材”。前面引用了《诗经》“鄘风”中的材料,“鄘”在今天的河南省汲县。直到今天，河南依然是全国最主要的泡桐产地，其株数、栽培面积、立木积蓄量、桐木出口量、平原森林覆盖率五项指标，均居全国第一位。这也可以在一定程度上说明问题。

后代的格致博物、花草树木、诗经名物类著作进一步明晰了泡桐

作为琴材的“产权”，如：

琴取泡桐，虚木有声又削之而不毛。（方以智《物理小识》卷八）

琴用白桐，乃泡桐也。（《物理小识》卷九）

白桐，一名华桐，一名泡桐……皮色毳白，木轻虚，不生虫蛀，作器物屋柱甚良，二月开花如牵牛花而色白，华而不实……造琴瑟以华桐，生山间者为乐器则鸣，孙枝为琴则音清。（《广群芳谱》卷七十三）

《定之方中》之桐，白桐也……名泡桐。（陈启源《毛诗稽古篇》卷二十八）

木质轻虚、洁白、光滑、不变形、不生虫是泡桐的优点；这是制作古琴的良材。

（二）辨材

用桐木来制琴并非随采随用。泡桐易生速长，新鲜的桐木水分含量高、密度较小；如果用这样的桐木制琴的话，琴音则发散虚浮。高山之桐、梧桐孙枝、多年桐材，则无此弊。高山地力贫瘠，桐木成材较慢，质地较为紧密；桐木的枝条比主干要紧实；多年的桐材则水分自然挥发。所以一般来说，高山石间之桐优于平地沃土之桐，梧桐的“孙枝”优于树身，多年桐材（如木鱼、桐柱等）优于新鲜桐木。宋代沈括《梦溪笔谈》卷五“乐律一”：

琴虽用桐，然须多年木性都尽，声始发越。予曾见唐初路氏琴，木皆枯朽，殆不胜指，而其声愈清。

“木皆枯朽”似乎过甚其辞，沈括的要旨则是认为琴材不能采用新鲜桐木。宋代赵希鹄辨材则更加精密入微，《洞天清录》云：

桐木年久，木液去尽，紫色透里，全无白色，更加细密，方称良材……桐木太松而理疏，琴声多泛而虚。宜择实而纹理条条如丝线、细密条达不邪曲者，此十分良材，亦以掐不入为奇。

与新鲜桐木相比，年深桐木不易变形、开裂，色泽更加古朴、光亮，木性相对稳定。《广群芳谱》卷七十三引用明代陆树声《清暑笔谈》，总结出选取琴材的“四字诀”：

琴材以轻、松、脆、滑谓之四善。取桐木多年者，木性都尽、液理枯劲，则声易发而清越。

这是对宋代以来沈括、赵希鹄等人经验的总结。

总之，琴材虽然尚“老”，但需“老而不朽”。《洞天清录》记录了一则故事，可以印证中国古人对于琴材的认识：

昔吴钱忠懿王能琴，遣使以廉访为名，而实物色良琴。使者至天台，宿山寺，夜闻瀑布声，正在檐外。晨起视之，瀑下淙石处正对一屋柱，而柱且向日。私念曰：“若是桐木，则良琴处在是矣。”以刀削之，果桐也，即赂寺僧易之。取阳面一琴材，驰驿以闻。乞俟一年，斫成献忠懿，一曰洗凡，二曰清绝，遂为旷代之宝……此乃择材之良法。大抵桐材既坚，而又历千余年，木液已尽，复多风日吹曝之、金石水声感入之。所处在空旷清幽萧散之地，而不闻尘凡喧杂之声，取以制琴，乌得不与造化为妙？

这里有一个细节，暗合于古人对琴材的要求：屋柱是“向日”的。如果是“背阴”的，则湿气太重，不堪为古琴之用。

二、琴材典故与琴韵：孤桐、半死桐、桐孙、焦桐、桐鱼

先秦时期，桐木即用以制琴，衍生了诸多的琴材典故；这些典故符合中国古人对于琴材质地的认识。本节将梳理中国文化中不同的琴材典故，并且分析其琴韵。本书在后文将有详细考释，这里撮其大略而言。

（一）孤桐

“孤桐”出自于《尚书 · 禹贡》“峄阳孤桐”；“峄”“阳”“孤”三个字缺一不可，共同铸塑了“桐”的品格。峄山为鲁国境内名山，地位仅次于泰山；梧桐为阳木，喜阳光；“孤”为“特生”的意思，孔安国传曰“孤，特也。峄山之阳特生桐，中琴瑟”，这是“孤”字的本意。也就是说,梧桐林中出类拔萃的方为“孤桐”。如果用英文镜鉴的话,“孤桐”之“孤”并非“single”之意，而是“special”之意。

“孤桐”与半死桐、焦桐等同为优质琴材，但是因为材质不同，琴韵也有分殊。孤桐琴韵的乐声特质，一为清和、安乐，一为清高、孤苦。前者关乎礼乐教化，对应于孤桐之“孤”的本来之义，即“特生”；后者关乎个人情感，对应于孤桐之“孤”的后起之义，即“孤单”。

历代学者大多认为，《尚书 · 禹贡》为大禹所制贡赋之法；“孤桐”是百姓上贡给大禹的古琴,其原型即有“美政”之意。谢惠连《琴赞》:“峄阳孤桐，裁为鸣琴。体兼九丝，声备五音。重华载挥，以养民心。孙登是玩,取乐山林。”宋孝武帝《孤桐赞》亦云:“名列贡宝,器赞虞弦。”孤桐琴韵具有“养民心”的教化功能、“乐山林”的陶冶功能，它所展露的是“安而乐”的治世之音,这与传统的“温柔敦厚”的诗教合拍。“重华”“虞”均指上古三皇之一的虞舜，《孔子家语 · 辩乐解》：“昔者舜弹五弦之琴，造《南风》之诗，其诗曰：‘南风之熏兮，可以解吾民之

愠兮。南风之时兮，可以阜吾民之财兮。’”《南风》之曲体现了虞舜体恤民情、关心民瘼的情怀。《史记·乐书第二》亦云：“昔者舜作五弦之琴，以歌南风。”

“孤桐”之“孤”在后代衍变为孤单、独生之义；而且“孤单”这一后起之义比“特生”这一本义更为流行。与之相适应，孤桐琴韵也更趋于个性化的清高、孤苦，如：

后夜月明空似水，孤桐横膝向谁弹。（李若水《次韵宋周臣留别》）

万事竟当归定论，寸心那得愧平生。悠然酌罢无人语，寄意孤桐一再行。（陆游《旅思》）

爱松声，爱泉声。写向孤桐谁解听，空江秋月明。（陆游《长相思》）

“向谁弹”“无人语”“谁解听”诸语都是在孤高之中夹杂着清苦、寂寞；鼓琴的情境大多是明月之下、空江之上和空山之中。

（二）半死桐

《周礼·春官·大司业》云：“龙门之琴瑟。”“龙门”为山名，在今陕西境内、黄河之边。《周礼》只是交代产地，枚乘《七发》则着意铺陈渲染：

龙门之桐，高百尺而无枝，中郁结之轮菌，根扶疏以分离。上有千仞之峰，下临百丈之溪，湍流溯波，又澹淡之。其根半死半生。冬则烈风、漂霰、飞雪之所激也，夏则雷霆、霹雳之所感也。朝则鹂黄鳱鴠鸣焉，暮则羁雌、迷鸟宿焉。独鹄晨号乎其上，鹍鸡哀鸣翔乎其下。斫斩以为琴……飞鸟闻之，翕翼而不能去；野兽闻之，垂耳而不能行；蚑蟜蝼蚁闻之，拄喙而不能前，此亦天下之至悲也。

这是“半死桐”意象的最早出处。生于绝地险域的梧桐是天地异气所钟，用它制琴，可以“假物以托心”（嵇康《琴赋》）。梧桐是天籁的载体，也是音乐的源体，是将自然之声直指人心的中介，这体现了古人的哲学观念、音乐观念，“音乐的哀切被还原为洋溢着乐器素材所蕴含的悲壮感的状况”。枚乘期望假借琴声为楚太子开塞动心，所以夸饰其辞，极力描写梧桐生长环境之险恶。

以枚乘为滥觞，汉魏六朝的琴赋中，描写梧桐的“生态环境”已经成了先入为主、不可或缺的部分。“半死桐”所传达的是激楚悲怨的声韵，如李峤《天官崔侍郎夫人挽歌》“簟怆孤生竹，琴哀半死桐”、鲍溶《悲湘灵》“哀响云合来，清余桐半死”。

（三）桐孙

桐孙是指梧桐的枝条，郑玄《周礼》注曰：“孙竹，枝根之末生者也，盖桐孙亦然。”《风俗通》云：“生岩石之上，采东南孙枝以为琴。”“岩石之上”则成材较慢，“东南”为向阳的一面，“孙枝”则为紧实的枝条；这一句言简意赅，包含了古人对于琴材质地的判断。

桐孙是优质琴材，汉魏时期两篇著名的《琴赋》中都有描述。傅毅《琴赋》：“历嵩岑而将降，睹鸿梧于幽阻……游兹梧之所宜。盖雅琴之丽朴，乃升伐其孙枝。”嵇康《琴赋》：“顾兹梧而兴虑，思假物以托心；乃斫孙枝，准量所任，至人摅思，制为雅琴。”庾信《咏树诗》亦云：“桐孙待作琴。”

然而，傅毅、嵇康、庾信都并未说明制琴为何独重桐孙；直到博物之学、“鸟兽草木”之学极为发达的宋代，苏轼、曾敏行等才从“木性”的角度予以阐明。苏轼《杂书琴事十首 · 琴贵桐孙》：

凡木，本实而末虚，惟桐反之。试取小枝削，皆坚实如蜡，而其本皆中虚空。故世所以贵孙枝者，贵其实也，实，故丝中有木声。

苏轼首次从“木性”的角度阐明了制琴缘何推崇桐孙，梧桐的主干虚空，但枝条却颇为紧致。

南宋的曾敏行对桐孙的定义更求精准：不是桐枝都可以称之为桐孙，只有桐枝的派生枝才能称之为桐孙。《独醒杂志》卷三：

斫琴贵孙枝，或谓桐本已伐旁有蘖者为孙枝，或谓自本而岐者为子干，自子干而岐者为孙枝。凡桐遇伐去，随其萌蘖，不三年可材矣。而自子干岐生者，虽大不能拱把。唐人有“百衲琴”，虽未详其取材，然以百衲之意推之，似谓众材皆小，缀葺乃成，故意其取自子干而岐生者为孙枝也。

《独醒杂志》提到的“百衲琴”出自唐代李绰《尚书故实》：“唐汧公李勉素好雅琴。尝取桐孙之精者，杂缀为之，谓之‘百衲琴’。用蜗壳为晖其间，三面尤绝异，通谓之响泉韵磬。”

桐孙是古琴、音乐的代称，如陆龟蒙《和袭美江南道中怀茅山广文南阳博士三首次韵》：“桂父旧歌飞绛雪，桐孙新韵倚玄云。”桐孙之韵清雅，文人的孤高情怀、知音诉求、道德内充尽借桐孙以显现。赵抃《琴歌》：“绿琴制自桐孙枝，十年窗下无人知，清声不与众乐杂，所以屈受尘埃欺。”“清声”与“众乐”、雅与俗的对立是诸多咏琴作品的共同架构。

（四）焦桐

“焦桐”出自《后汉书》卷六〇下：

吴人有烧桐以爨者，（蔡）邕闻火烈之声，知其良木，因请而裁为琴，果有美音，而其尾犹焦，故时人名曰“焦尾琴”焉。

《搜神记》卷十三的记载相同，后遂以焦桐、爨桐、爨下桐、枯桐作为古琴之代称，如：

若人抱奇音，朱弦縆枯桐。（柳宗元《初秋夜坐赠吴武陵》）

有时梦与钟期遇，闲拂枯桐按玉徽。（俞德邻《小园漫兴四首》其四）

苍梧弓剑俱尘土，一片枯桐尚传古。（艾性夫《严氏古琴》）

黛玉笑道："这张琴……虽不是焦尾枯桐，这鹤山凤尾，还配得齐整；龙池雁足，高下还相宜。（《红楼梦》第八十九回《人亡物在公子填词　蛇影杯弓颦卿绝粒》）

古人之所以推重焦桐、枯桐，也当是缘其水分的挥发，无新鲜桐木之弊。

焦桐命运屯蹇，置身“死地”，绝处逢生，所以音韵悲苦，如刘禹锡《答杨八敬之绝句》“饱霜孤竹声偏切，带火焦桐韵本悲”、顾非熊《冬日寄蔡先辈校书京》“惟君知我苦，何异爨桐鸣”。

焦桐经过烤炙，颜色暗深、古貌苍颜，材质干燥、音色低沉；焦桐的琴声合于“太古之音”的想象，如：

巧出焦桐样，淳含太古音。（释师范《琴枕》）

节同老柏岁寒操，心契焦桐太古声。（龚大明《和鹤林吴泳题良泓轩》）

焦桐有良材，函彼太古音。良工巧斫之，可歌南风琴。（葛绍体《喜闻韩时斋捷书》）

“太古”与“今世”相对而言，不仅是一个时间概念，而且是一个价值判断，有着高雅、淳朴、治世等涵义。

（五）桐鱼

木鱼为体鸣乐器，通常为团鱼状，中空、张口，以利共鸣，用小木槌击奏，是佛教法器，用于礼佛或诵经。《桐谱·器用第七》："今之僧舍有刻以为鱼者，亦白花之材也。"陈翥说得很清楚，木鱼是用白花泡桐雕刻而成的。木鱼又为集合僧众所用，称之为鱼梆、饭梆，做成长鱼形，平常悬挂于斋堂、库房之长廊，饭食时敲打之。我们看诗例，如：

回头一笑堕渺茫，卧听桐鱼唤僧粥。（毛滂《陪曹使君饮郭别乘舍夜归奉寄》）

趺坐思方寂，桐鱼闻饭僧。（贺铸《飞鸣亭》）

催粥桐鱼响，薰衣桂火笼。（朱彝尊《晓起风未止复赋》）

年深桐鱼往往是制琴之良材。宋代赵希鹄《洞天清录》"取古材造琴"：

古琴最难得……自昔论择材者，曰纸甑、水槽、木鱼鼓腔、败棺、古梁柱榱桷。然梁柱恐为重物压损纹理；败棺少用桐木；纸甑、水槽患其薄而受湿气太多。惟木鱼鼓腔，晨夕近钟鼓，为金声所入，最为良材……

"纸甑"是古代造纸工具，用以蒸煮原料，湿气太重。棺木因埋于地下，吸收地气，阴气太重；古人在用棺木制琴之前，都要搁置数年，称之为"返阳"。木鱼无上述诸弊，水分自然挥发，未经重压变形，是制琴的"良材"。

我们看两则木鱼制琴的材料。梅尧臣《鱼琴赋并序》载：

丁从事获古寺破木鱼，斫为琴，可爱玩，潘叔治从而为赋，余又和之，将以道其事，而寄其怀。赋曰："……呜呼琴兮！遇与不遇，诚由于通室，始其效材虽甚辱兮，于道无所失，今而决可以参金石之舂天焉，无忘在昔为鱼之日。”

“破木鱼”斫而为“琴”是命运的顿变，梅尧臣以此来抒怀阐道。明代李日华《六研斋笔记》卷四记载了寺庙中的巨型木鱼改制为三十余具古琴的轶事：

黄州五祖山寺有桐木鱼，长二丈，晋物也，斋时击以会僧。一夕忽失去，迨旦复还，腹有苹藻。知其飞入江湖，白之官。时陕西曹濂知府事，鉴其为琴材，令匠斫三十余具，私其十七而余悉以徇求者，声清越异常。成化年间事也。

三、琴材典故与“知音”：制琴者与琴材；弹琴者与听琴者

图 17　［元］王振鹏《伯牙鼓琴图》。此图画伯牙鼓琴，钟子期聆听，画面呈对称结构，人物神情生动，笔法流利劲健。淡墨渲染较多，与一般白描法稍有区别。图以及文字来自于《中国传世名画全集》（有声版）。原图现藏北京故宫博物院。

在琴材典故中，蕴含了两组知音关系：制琴者与琴材、弹琴者与听琴者。南朝梁沈约《题琴材奉柳吴兴》：“凡耳非所别，君子特见知。不辞去根本，造膝仰光仪”，这四句是梧桐的“自道”，“不辞”两字最

见出知己"献身"的精神。[1]再如王起《焦桐入听赋》：

> 桐之逸韵，契伯喈之明心。气逐炎炎，始将随于槁木；声飞烈烈，终见用于雅琴……则知桐之成器，待其人而克定；桐之有声，非其人而靡听。向若清耳不传，瑰材遂捐。希声率尔，聋俗犹然。

作品中描述了两组知音关系；"伯喈"即蔡邕，"始""终"两字标示了焦桐"否极泰来"的命运变化。

孤桐、半死桐和焦桐、桐鱼等琴材的特性英华内敛、隐而不彰；从外表看来，平平无奇，甚至焦枯濒死。制琴之人超越"色相"，慧眼辨材，琴材方能完成从"木"到"琴"的质变，自我价值得以实现。《桐谱》"器用第八"："则知桐之材，有贤不肖，皆混而无别，惟赏音者识之耳。"琴材的这一蜕变历程契合中国古代众多文人、寒士的心愿，如孟郊《送卢虔端公守复州》："师旷听群木，自然识孤桐。正声逢知音，愿出大朴中。知音不韵俗，独立占古风。"华镇《峄阳孤桐》："大乐潜生气，徐方暗结融。峄阳钟异物，山木得孤桐……功用施清庙，声华发大东。知音何以报，愿为奏南风。"

"焦桐"命运的否泰转换最为传奇，正如王庭珪《惠端琴铭》所云："采枯桐以寄其妙绝，信哉点瓦砾而成金。"蔡邕慧眼辨材，则是知音典型，如：

---

① 诗中的"别"很可能是欣赏的意思。陈子善、徐如麟编选《施蛰存七十年文选》（三）"诗话、词话、书话"之"别枝"条："白居易《见紫薇花怀元微之》诗句云：'除却微之见应爱，人间少有别花人。'又《戏题卢秘书新移蔷薇》诗句云：'移它到此须为主，不别花人莫使看。'这两个'别花'，都应当解作'鉴别花卉'。'不别花人'，就是不会赏花的人。郑谷诗中两次用到'别画'：'别画长忆吴寺壁'、'别画能琴又解棋'。都是鉴别（欣赏）名画的意思"，上海文艺出版社 1996 年版。

众皆轻病骥，谁肯救焦桐？（姚鹄《书情献知己》）

中郎今远在，谁识爨桐音？（刘得仁《夏日感怀寄所知》）

尾焦期入爨，谁识蔡中郎？（文彦博《井上桐》）

这三个例子都是反问句式，流露了“今日爱才非昔日”的愤激以及对“蔡中郎”的渴盼之情。清代魏源《默觚·治篇八》云“世非无爨桐之患，而患无蔡邕”，这和韩愈《马说》中的“世有伯乐然后有千里马，千里马常有，而伯乐不常有”异曲同工。骥服盐车、焦桐两个典故常常并用，如陈师道《何复教授以事待理》：“负俗宁能累哲人，昔贤由此致功名。骥收盐坂车前足，琴得焦桐爨下声。”

人具有社会性，知音诉求是本能之一。“乐为心声”“知音”亦为音乐题材作品历时不变的主题，《吕氏春秋·本味》《列子·汤问》篇中记载的伯牙鼓琴、子期辨音的故事为我们所熟知。

在操琴者期待视野中，总有“闻弦歌而知雅意”者在，然而知音只能偶然一遇，如黄庭坚《听崇德君鼓琴》：

月明江静寂寥中，大家敛袂抚孤桐。古人已矣古乐在，仿佛雅颂之遗风。妙手不易得，善听良独难。犹如优昙华，时一出世间。

优昙华，即优昙花，世称其花三千年一开，只有当轮王及佛出世时方才现身，比喻极为难得的不世出之物，如《法华经·方便品》云：“如是妙法，诸佛如来，时乃说之，如优昙钵华，时一现耳。”知音之难得竟如优昙花之难见。郭印《陪程元诏、文彧、李久善游汉州天宁，元诏有诗见遗，次韵答之》：“平生识面有千百，屈指论心无四五。偶然流水遇知音，为抱焦桐弄宫羽。”“偶然”句流露了无意得之的欣喜。我们发现，琴材典故往往是与知音难求的愤世、失落如影随行，如：

情知此事少知音，自是先生枉用心。世上几时曾好古，人前何必更沾襟……三尺焦桐七条线，子期师旷两沉沉。（李山甫《赠弹琴李处士》）

独抱焦桐游海角，纷纷俗耳少知音。（黄庚《寓浦东书怀》）

知音必无人，坏壁挂桐孙。（苏轼《次韵和王巩》）

四、丝与桐 · 梓与桐 · 三尺桐 · 五弦桐 · 七弦桐

（一）丝与桐

桐木是用来制作琴面，与琴弦、琴底相依相辅。桓谭《新论》："神农始削桐为琴，练丝为弦。"古代一般选用蚕丝为琴弦，后遂以"丝桐"为古琴之代称，如《史记·田敬仲完世家》："若夫治国家而弭人民，又何为乎丝桐之间？"又如：

丝桐感人情，为我发悲音。（王粲《七哀诗》）

辉光遍草木，和气发丝桐。（张九龄《恩赐乐游园宴应制》）

丝桐感人弦亦绝。（李白《单父东楼秋夜送族弟沈之秦》）

"丝"与"桐"同为古琴的组成部分，缺一不可，如谢庄《月赋》："于是弦桐练响，音容选和"、白居易《废琴》"丝桐合为琴，中有太古声"。中国古人认为，蜀地所产之桐为优材，李贺《追和柳恽》："玉轸蜀桐虚。"王琦汇解："古称益州白桐宜为琴瑟，所谓'蜀桐'也。""轸"的原意是指车厢底部四周的横木，后来常指古琴底部松紧琴弦的装置；古琴底部有七个"轸"。吴地、楚地所产之丝最为精好，所以蜀桐与吴丝、楚丝往往并言，如白居易《夜琴》"蜀桐木性实，楚丝音韵清"、李贺《李凭箜篌引》"吴丝蜀桐张高秋"。蜀地多山，梧桐成材较慢，所以木性较"实"，适宜制琴。

丝弦依附于琴体，孟郊用丝弦以寄托用世效君之志，《素丝》："为

线补君衮，为弦系君桐。左右修阙职，宫商还古风。”“衮”之本义为君王之袍，“补衮”用《诗经 · 大雅 · 烝民》“衮职有阙，惟仲山甫补之”之典。“丝”与“桐”相生,韦应物用“丝”“桐”以比喻知音相契，《赠李儋》:“丝桐本异质，音响合自然。吾观造化意，二物相因缘……何因知久要，丝白漆也坚。”范纯仁《康国韩公子挽词二首》其二:“弟兄俱是龙门客，数载难忘国士知。疲马每怜谙远道，焦桐竟待挂朱丝。”

（二）梓与桐

中国古琴的琴底则一般采用梓树。梓树，为紫葳科梓属乔木植物，有“木王”之称，且有丰富的文化象征意义。[①]梧桐与梓树并联是自然的物以类聚，二者均材质优良、树身高直、用途广泛，汉代的识字课本《急就篇》中就是桐、梓并联。《诗经 · 鄘风 · 定之方中》:“椅桐梓漆，爰伐琴瑟。”桐树与梓树均是优质的琴材，纹理细腻而通直，桐梓亦遂为古琴之代称，如：

> 鸣筝斫桐梓。（梅尧臣《送刘成伯著作赴弋阳宰》）
>
> 幽愤无所泄，舒写向桐梓。（楼钥《谢文思许尚之石函广陵散谱》）
>
> 空山产桐梓，拟作膝上琴。（谢翱《拟古寄何大卿六首》）

桐与梓分用于不同的部位；琴面用桐材，琴底用梓材，所谓“桐天梓地”，瑟也是如此，《宋史 · 乐志十七》:“夔乃定瑟之制，桐为背，梓为腹。”桐木有“柔木”之称，密度很小；梓木则密度较大。二者的结合虚实相生、刚柔相济。《洞天清录》“择琴底”：

> 今人多择面不择底，纵依法制之，琴亦不清。盖面以取声，底以匮声，底木不坚，声必散逸。法当取五七百年旧梓木，

① 陈西平《梓文化考略》，《北京林业大学学报》（社会科学版）2010 年第 1 期。

锯开以指甲掐之，坚不可入者方是。

明朝高濂《遵生八笺》卷十五则云：

琴材以桐面梓底者为上，纯桐者次之，桐面杉底者又次之。琴取桐为阳木、梓为阴木，木用阴阳，取其相配以召和也。

桐面梓底体现了古人的音乐观念、阴阳观念，著名乐器制作理论家关肇元先生从声学原理作出了解释，其《听音说琴》云：

再说制作古琴的用材，自古是“桐天梓地”，就是面板用桐木，背板用梓树木，这样的搭配是符合声学原理的。从物理力学性质上看，桐木质轻，传声性强，是良好的乐器共振木材，也不易翘裂，易干燥和加工。北京钢琴厂曾在三角钢琴上试用桐木做音板，声音效果也好。背板用较硬的梓树木制作，构成坚实基底，有利面板振动。正如古人说：“盖面以取声，底以匮声，底木不坚，声必散逸。”梓木的性质：性固定，收缩小，不裂翘，较耐腐，易干燥加工。这样取材也是科学合理的。[①]

桐与梓是“天作之合”，清代谢章铤《赌棋山庄词话续编三》：“武林吴素江，名景潮，得古琴于土中……刮磨三日，铭刻乃露。其文曰：‘东山之桐，西山之梓，合而为一，垂千万古。’”

（三）三尺桐；七弦桐

古琴的起源已不可确考，相传为伏羲氏或神农氏所作，长约三尺，古琴体制有五弦、七弦之分。《世本·作篇》：“神农作琴。神农氏琴长三尺六寸六分。”蔡邕《琴操》：“昔伏羲氏作琴……琴长三尺六寸六分。”“三尺六寸六分”取象于一年三百六十六日（闰年）。1978 年，炎

① 关肇元《听音说琴》，《乐器》2002 年第 10 期。

帝神农的故里曾侯乙墓出土的文物中，发现了一种在秦、汉已失传的五弦琴，全长 115 厘米，折合为三尺四寸五分，同《世本》说的炎帝神农所创“三尺六寸六分”的琴，其长度相差无几。“三尺桐”遂为古琴之代称，如：

高怀宜与正声通，妙绝孙枝三尺桐。（赵抃《谢梁准处士惠琴》）

赖此三尺桐，中有山水意。（苏轼《戴道士得四字代作》）

此海之声三尺桐，渺如渤澥含太清。（晁说之《赠琴照》）

弹来三尺桐，知用几年功。（顾逢《听赵碧涧操琴》）

古琴有五弦与七弦两种。《世本·作篇》：“神农作琴……上有五弦，曰：宫、商、角、徵、羽。文武增二弦，曰：少宫、少商。”《孔子家语》则认为舜发明了五弦琴，《孔子家语·辨乐解》：“昔者舜弹五弦之琴，造《南风》之诗。”后代七弦琴常见，“七弦桐”遂为古琴之代称，如贺铸《六州歌头》：“恨登山临水，手寄七弦桐，目送归鸿。”

第六节　梧桐与人格

梧桐是中国传统的“比德”符号，地位虽不及梅、兰、菊、竹“四君子”或松、竹、梅“岁寒三友”煊赫、隆高，但在树木谱系中却也是“名列前茅”。套用黄庭坚吟咏水仙花的诗句“山矾是弟梅是兄”，梧桐大致是“杨柳是弟松是兄”，其地位介乎杨柳与松树之间。

在先秦典籍中，梧桐已是出现频率较高的一种树木，《诗经》中即有三例，即《定之方中》《湛露》《卷阿》。朱光潜在《我们对于一棵古松的三种态度》一文中认为，我们对古松有“实用的、科学的、美感的”三种态度[1]；从人类认识史的一般规律看，生物学的、经济学的价值总是先于其他种类的价值提供最为便当的隐喻。《鄘风·定之方中》云“椅桐梓漆，爰伐琴瑟”，揭明了梧桐的实用价值。梧桐木材纹理通直，色泽光润，轻柔，无异味，适合制琴。直至今天，梧桐仍然是上好的古琴、琵琶以及家具材料。《大雅·卷阿》：“凤凰鸣矣，于彼高冈。梧桐生矣，于彼朝阳。”姚际恒《诗经通论》云：“诗意本是高冈朝阳，梧桐生其上，而凤凰栖于梧桐之上鸣焉；今凤凰言高冈，梧桐言朝阳，互见也。”这两句的描写符合梧桐的生态习性。古人认为梧桐是“阳木”，多生于显畅高暖之地。梧桐树干端直，高达十余米。朝阳、高冈的时空设定，加之凤凰、梧桐组合，令人生高远之兴。梧桐是凤凰的栖止之树，这在《韩诗外传》《庄子》中亦有记载，这也为梧桐“增值”。《小雅·湛露》：“其桐其椅，其实离离。岂弟君子，莫不令仪。”前两句兴中兼比，用梧桐的枝繁叶茂、果实离离形容“君子”之“令仪”。此外，梧桐身姿挺秀，桐叶阔大婀娜、桐花硕大妩媚，颇为悦目。

总之，梧桐既有实用功能，又有审美价值，“文”“质”兼备、文质彬彬；梧桐原型即蕴涵崇高、美好之义，后来成为“比德”符号是逻辑延续与意义彰显。陆云《赠郑曼季诗四首 · 高岗》“瞻彼高岗，有猗其桐。允也君子，实宝南江”诗中的“君子”与司马光《和利州鲜于转运公剧八咏 · 桐轩》“朝阳升东隅，照此庭下桐。莑莑复萋萋，居然古人风”诗中的“古人”、刘攽《种梧桐》“凤鸟非梧不息阴，梧桐非凤亦无禽。种桐阶陛有深意，欲伴幽人介独心”诗中的“幽人”均为梧桐所象征的理想人格。

① 朱光潜《谈美》，安徽教育出版社 1997 年。

梧桐的人格象征内涵呈现出“对立”与“互补”的特色，即“清”性与“刚”质的统一，儒家与道家的统一。

一、“清”姿与“刚”性

梧桐的树身碧绿挺立、树叶阔大飘逸，潇洒而清雅。《世说新语·赏誉》：

> 时（王）恭尝行散至京口谢堂，于时清露晨流，新桐初引，恭目之曰：“王大故自濯濯。”[①]

“清露晨流，新桐初引”以新桐的自然、清新、舒展比喻六朝时期士大夫所追求的清朗的人格境界。韩愈《殿中少监马君墓志》云：“退见少傅，翠竹碧梧，鸾鹄停峙，能守其业者也。”碧梧、翠竹身姿、颜色相似，都潇洒、出俗，用来比喻人物的翩翩之姿，可谓“双美并”。[②]涨潮《幽梦影》卷下亦云：“松令人逸，桐令人清，柳令人感。”

梧桐修直、耸拔，也符合儒家刚直的人格理想，如：

> 孤桐亦胡为，百尺傍无枝。（张九龄《杂诗五首》）
>
> 奇声与高节，非吾谁赏心。（张说《答李伯鱼桐竹》）
>
> 亭亭南轩外，贞干修且直。（戴叔伦《梧桐》）
>
> 独立正直，巍巍德荣。（晏殊《梧桐》）

孤桐则是这一人格理想象征的不二之选。[③]梧桐“独立”“傍无枝”的特点与荷花相似，可作类比；《爱莲说》抓住荷花“不蔓不枝”“亭

① “王大”指王忱，与王恭原为好友，后因芥蒂分手，“濯濯”是清朗、明净的样子。有趣的是，时人也以“濯濯”来形容王恭本人，《晋书·王恭传》：“恭美姿仪，人多爱悦，或目之云：‘濯濯如春月柳。’”

② 详参俞香顺《碧梧翠竹　以类相从——桐竹关系考论》，《北京林业大学学报》（社会科学版）2011年第3期。

③ 详参俞香顺《孤桐意象考论》，《温州大学学报》（社会科学版）2012年第4期。

亭净植”的特点，从人际关系角度切入，宣扬主体独立，正如《论语·为政》所云：“君子周而不比，小人比而不周。”[①]

梧桐中“虚”，这符合儒家“内圣”的修身实践，王昌龄《段宥厅孤桐》即云：“虚心谁能见，直影非无端。”白居易《云居寺孤桐》标志着孤桐人格象征意义的正式形成，诗云：

一株青玉立，千叶绿云委。亭亭五丈余，高意犹未已。山僧年九十。清净老不死。自云手种时，一颗青桐子。直从萌芽发，高自毫末始。四面无附枝，中心有通理。寄言立身者，孤直当如此。

白居易延续了王昌龄的发现，并且明确赋予梧桐以“孤直”的人格象征意义。宋代文人继续推阐、抉发梧桐“中”与“外”的关系，如王安石《孤桐》：

天质自森森，孤高几百寻。凌霄不屈己，得地本虚心。岁老根弥壮，阳骄叶更阴。

“不”“本”“弥”和“更”等虚字均有画龙点睛的作用。我们如果也用一个词去概括王安石的孤桐，那就是“刚直”。再看释道潜《证师圣可桐虚斋》：“天相彼质，复虚彼心……刚有拟于斯桐兮，廓中虚以受训……”[②]梧桐是典型的“柔”木，而在宋代儒学复兴、人格自励的文化背景之下，却被主观赋予了“刚”性，再如陈挺《绵州乡贤堂》：“或桐挺而孤高，或芝荂而九茎。或兰生兮春华，或菊秀兮秋馨。”

---

① 详参俞香顺《〈爱莲说〉主旨新探》，《江海学刊》2002 年第 5 期。

② 关于梧桐中“虚”外“直”的特点，可以参阅俞香顺《〈爱莲说〉主旨新探》，《江海学刊》2002 年第 5 期；《白居易花木审美贡献与意义》，《江苏社会科学》2011 年第 1 期。

二、儒家与道家

梧桐的“刚”性契合于《论语》之中的“刚”、《孟子》之中的“正气”，与松柏“岁寒而后凋”之凛然殊途同归，是典型的儒家人格特征。然而，梧桐天性“柔顺”，恰恰也暗合于道家人格特征；从南朝开始，梧桐的道家“面相”不断被发掘、丰富。南朝宋袁淑《桐赋》曰：

若乃根蔑条茂，迹旷心冲。

“迹”是生长之地，梧桐生长于郊原旷野，远离尘嚣，所以曰“迹旷”；“心”是内在构造，梧桐的木质柔顺、中心廓然，所以曰“心冲”。“冲旷”是指淡泊旷达，其修养与行为具有玄学浸润的痕迹，是六朝人物品评的赞语。《世说新语 · 言语》：“乐令女适大将军成都王颖。”刘孝标注引晋虞预《晋书》:“乐广清夷冲旷，加有理识。累迁侍中、河南尹。在朝廷用心虚淡，时人重其贞贵。”“玄学”是魏晋、南朝时期流行的思潮，以老庄思想为基础，结合道、儒两家。南朝梁沈约《题琴材奉柳吴兴》：

边山此嘉树，摇影出云垂。清心有素体，直干无曲枝。

“直干”一句契合于儒家的“刚”性，上文已有论述，而“清心”句则明显有道家思想色彩。再如南朝齐王融《应竟陵王教桐树赋》曰：

直不绳而特秀，圆匪规而天成。同岁草以委暮，共辰物而滋荣。岂远心于自外，宁有志于孤贞。

梧桐具有天成的“直”“圆”之姿，同时春荣秋萎、顺应天时，这与儒家传统的“比德”树木松、柏不同。东晋士族建立了“自然”与“名教”合一的人格模式，这也影响了南朝士人，这在袁淑、王融梧桐题材作品中均有映现。“岂”“宁”的否定之词可以明显地看出王融的价值倾向。

唐代崔镇《尚书省梧桐赋》在题材上沿袭了六朝的梧桐赋作，但是铺排增饰，与此前的“丛残小语”的小赋不可同日而语。《尚书省梧桐赋》题下小注“以托根得地藏器待用为韵”，儒家“用世”之志自然是题中应有之义。[①]然而，全文笔墨最多的实为阐发道家“养生”之旨。儒家之志是“虚应故事”，道家之志才是“有得于心”，请看：

> 履素至洁，体柔常存……求知音于爨燃，论分理于绳墨；且问之以死生，又焉议夫通塞？故至人以全身远害，君子以自强不息。失其理，山林不足以摄生；顺其道，朝市何妨乎育德？梧桐生矣，自远而至；轻去无何之乡，不居有过之地。谓繁华兮国人服媚，吾独后春而翠；谓摇落兮物情共弃，吾亦先秋以悴。不改节以邀利，不立名而自异；必居常以待终，将百虑而一致。

文章中的“全身”“摄生”为道家理念，我们可以将其中的一些字句和《老子》进行类比。“体柔常存”，“柔”是《老子》中的重要思想，如“强大处下，柔弱处上”；“吾独后春而翠”之“后”，即《老子》“不敢为天下先”；“不改节”“不立名”“居常”与老子的“抱一”契合。此外，文中的“静为躁君”则直接用《老子》成句。崔镇的赋作取象于梧桐素洁的表皮、柔软的材质、自惬的习性，所传达的是“柔”“顺”的为人、处世之道。

梧桐人格内涵体现了儒、道并存的特点，这也具体而微地折射了中国古代思想的状况。不过大致来说，宋代以后，梧桐人格内涵中儒家一面“显”，而道家一面为“隐”。元代的杨维桢则刻意“标新立异”，彰显梧桐的道家一面。王融《应竟陵王教桐树赋》“同岁草以委暮，共

---

① 关于“托根得地”，可以参阅《“失时”与“得地”：荷花政治象征的两种模式》，俞香顺《中国荷花审美文化研究》第32页，巴蜀书社2005年版。“藏器待用”出自于《周易·系辞下》：“君子藏器于身，待时而动。”

辰物而滋荣”描写了梧桐适应天时的习性,如同“草蛇灰线,伏脉千里”。杨维桢着意发挥,《碧梧翠竹堂记》:

仲瑛爱花木、治园池……而于中堂焉,独取梧竹,非以梧竹固有异于春妍秋馥者耶?人曰:“梧竹,灵凤之所栖食者,宜资其形色为庭除玩?”吁!人知梧竹之外者云耳。吾观梧之华始于清明,叶落于立秋之顷,言历者占焉,是其觉之灵者,在梧而丝弦琴瑟之材未论也。竹之盛于秋,而不徇秋零,通于春,而不为春媚,贯四时而一节焉,是其操之特者,在竹而筵简笙篪之器未论也。《淮南子》曰:“一叶落而天下知秋。”吾以《淮南子》为知梧。记《礼》者曰:“如竹箭之有筠。”吾以记《礼》者为知竹。然则仲瑛之取梧竹也,盍亦征其觉之灵、操之特者……予韩子美少傅之辞曰:“翠竹碧梧,能守其业者也”,徒取形色之外,而不得其灵与特者,未必为善守。

杨维桢推重梧、竹,不在于其“形色”,也不在于其实用价值,而是在于其特异的“禀赋”。桐花清明应期而开、桐叶立秋应期而落,能够把握自然的律动,是“觉之灵”者;竹子四时常青、不改其色,春秋递嬗、我自故我,是“操之特”者。所谓“知几其神乎”,前者合于道家的“达生”之道;“独立不迁”,后者合乎儒家“吾道一以贯之”的精神气节。

中国古人常在居住之地栽种梧桐,除了营造清幽的环境之外,亦借梧桐以明志。此外,中国文人的名号、书斋、文集也常常以“桐”或“梧”命名,梧桐的人格象征意义已渗入中国古人的“无意识”之中。

第三章　梧桐“部件”研究

梧桐树身伟岸，桐花硕大，长达 7~12cm，在三春花卉中特别突出；桐叶也阔大，长达 15~30cm。梧桐树枝高耸延展，且匀称疏朗，梧桐树阴覆盖面很广。秋天时节，梧桐子累累成串，状如乳房。桐花、桐叶、桐枝、桐阴、桐子“合成”了梧桐树，但又各具独立品格、文化意味。学术界对于梧桐不同“部件”的专门研究基本阙如，本章内容填补了这一空白。[①]

第一节　桐　花

中国古代的梧桐兼指梧桐与泡桐；桐花一般是指泡桐花，而非梧桐花。泡桐春天开花，花大型，紫、白两色，《尔雅·释木》“荣，桐木”，“荣”即花，桐木即指泡桐；梧桐夏天开花，花小，淡黄绿色，并不显目。

在中国传统社会中，桐花具有重要的地位。桐花是清明“节气”之花，是自然时序的物候标记；三春之景到清明绚烂至极致，但同时盈虚有数、由盛转衰。桐花因此而成为两种悖反意趣的承载。唐宋以来，清

① 本章的内容大多以单篇论文的形式发表过，详参俞香顺《桐花意象考论》，《南京师范大学文学院学报》2010 年第 2 期；《“桐枝 · 桐孙 · 疏桐”考论》，《阅江学刊》2010 年第 1 期；《桐叶意象考论》，《江苏教育学院学报》（社会科学版）2011 年第 3 期；《“桐子 · 桐乳”意象考论》，《南京林业大学学报》（人文社会科学版）2010 年第 2 期。

明成为独立的节日，桐花是清明“节日”之花。清明时节的政治仪式、宴乐游春、祭祀思念等社会习俗构成了桐花意象的文化内涵。中唐时期，桐花“自开还自落”“纷纷开且落”与文人的落寞寡合、高士的自惬自洽情怀分别相关；元稹、白居易“发现”了桐花，是桐花审美文化发展历程中的重要转折点。唐宋时期，“桐花凤”之说流行，“桐花凤”与桐花的关系也被赋予了祥瑞、爱情等比喻意义。

图 18　泡桐花一（网友提供）。

一、节气之清明：“桐花风”；桐花与自然时序

梧桐是中国古老的树种，实用价值广泛，与生活关系密切。桐花很早就作为物候见诸文献记载，如《夏小正》“三月……拂桐芭（葩）”、《周书》“清明之日桐始华”。《周书》的记载奠定了桐花“清明之花”的地位。古人见桐花则思清明、自然而然，如吕本中《寒食》其四：“未恨家贫无历日，紫桐花发即清明。”宋朝吕原明《岁时杂记》总结了相沿

已久的“二十四番花信风”之说，[1]更有桐花的“一席之地”：“清明：一候桐花，二候麦花，三候柳花。”桐花是清明之征兆、标志。

晚唐曹唐的诗歌中已出现“桐花风”之例，《长安客舍叙邵陵旧宴，寄永州萧使君五首》其四：

竹叶水繁更漏促，桐花风软管弦清。

宋代，“桐花风”或梧桐“风信”“花信”之例颇多，如王以宁《鹧鸪天》：

桃李纷纷春事催，桐花风定牡丹开。

两句历数春天花开次第：桃花、李花开在桐花之前；而牡丹则开在桐花之后,在“二十四番花信风”中是“谷雨”之“一候”。刘辰翁《菩萨蛮》：“坼桐风送杨花老。”[2]这里的“桐风”即为“桐花风”之缩略，桐花开时，杨花已老。王沂孙《锁寒窗》“桐花渐老，已做一番风信”，也已经将“桐花”作为“花信风”之一。刘仙伦《诉衷情》“又是一年春事，花信到梧桐”，这里的梧桐其实就是泡桐。

宋代以后诗文中也间有“桐花风”之名,再如清代钱谦益《初学集》卷十《仲夏观剧，欢宴浃月，戏题长句呈同席许宫允诸公》其二：

桐花风软燕泥新。

“桐花风软”未必是用曹唐之典，可能是暗合。又如吴绮《杂感诗

---

① “花信风”，是指应花期而来的风。自小寒至谷雨共八节气（小寒、大寒、立春、雨水、惊蛰、春分、清明、谷雨）；十五日为一节气，五日为一候，一节气含三候。八节气共计一百二十天，二十四候，每候应一种花信。这期间，会有二十四种花在“信风”的吹拂下相继开放，这就是所谓的“二十四番花信风”。关于“二十四番花信风”，可以参考程杰《“二十四番花信风”考》，《阅江学刊》2010 年第 1 期。

② “坼桐”即为泡桐，第六章将有论述，也可参阅拙文《“杨桐 · 海桐 · 折桐”文献考论》，《北京林业大学学报》（社会科学版）2011 年第 2 期。

和上若韵》："蕙草雪消香满径，桐花风定月侵檐。"[1]

清明时节，春和景明、惠风和畅，春天的生机经过酝酿、孵育已经全然释放；但同时"盈虚有数"，清明时节也已经是春事阑珊，天气变化剧烈，乍暖还寒、冷雨飘洒。"气之动物，物之感人"，桐花既是春景的"高点"，也是春逝的预示；清明的"双面"性质引发的也是"双重"情绪，欣悲俱集。

（一）桐花与春景："民间"；杨柳

自然界的桐花有其"这一个"的特性。一桐花分布广泛。郊原平畴、村园门巷、深山之中、驿路之旁、水井之边、寺庙之内都是梧桐的栽植之地，桐花也因之而广布。桐花具有"普世性"。二桐花"花势"壮观。梧桐树干高耸、树冠敷畅、"先花后叶"，桐花形如喇叭、硕大妩媚；梧桐树适合双植、列植、丛植；桐花盛开的时候，自有一种元气淋漓、朴野酣畅之美。李商隐《韩冬郎即席为诗相送……因成二绝寄酬，兼呈畏之员外》"桐花万里丹山路"就极具气势。其开也烂漫，其落也缤纷。桐花的花瓣软而厚，凋零的时候，地上如铺茵褥，容易引发伤春情绪。三桐花主要是紫、白两色。紫色是中间色、白色是淡色，桐花既广布、盛放，却又沉静、素雅。

三春花卉中，地位最隆的非牡丹莫属。简单对比，牡丹是"都市"的，刘禹锡《赏牡丹》"唯有牡丹真国色，花开时节动京城"描绘出了洛阳城里观赏牡丹的盛况；而桐花则是"民间"的，植根于广袤大地、"乡土社会"。

韩愈《寒食日出游》"李花初发君始病，我往看君花转盛。走马城

① 吴绮《林蕙堂全集》（《影印文渊阁四库全书》）卷十九，上海古籍出版社1987年版。

西惆怅归，不忍千株雪相映。迩来又见桃与梨，交开红白如争竞……桐华最晚今已繁，君不强起时难更”，“历时性”描绘了李花、桃花、梨花、桐花的次第绽放；对照“二十四番花信风”的花期记载，契若合符。《寒食日出游》诗中的“城西”是野外郊区。桐花无所不在地妆点着春天，陆游《上巳临川道中》“纤纤女手桑叶绿，漠漠客舍桐花春”的“客舍”也是旅途道中。“繁”“漠漠”均要言不烦地写出了桐花覆满树冠的怒放情形。寒食、上巳均是与清明相近的节日，后文还会述及。

古典文学作品中，桐花常常与杨柳搭配，标志春景，这有着空间、时序上的合理性。梧桐是高大乔木，桐花傲立枝头、俯视众“花”，与一般的花木高下悬隔，很难形成匀称布景；而杨柳在高度上与桐花的“级差”正好错落有致。桐花开放于清明，此时也正是杨柳垂条，二者均是“春深处”的自然景物，如：

钟陵春日好，春水满南塘。竹宇分朱阁，桐花间绿杨。（耿沣《春日洪州即事》）

桐花寒食近，青门紫陌，不禁绿杨烟。（陈允平《渡江云》）

柳色媚别驾，桐花夹行舟。（吴泳《送陈和仲常博倅嘉禾》）

桐花繁欲垂，柳色澹如洗。（吴泳《送游景仁夔漕分韵得喜字》）

门前杨柳密藏鸦，春事到桐华。（倪瓒《太常引》[①]）

（二）桐花与春逝：杜鹃；“桐花冻”

清明是季春节气，至此，春天已经过去“三分二”；桐花也可以说

① 倪瓒《清閟阁全集》（《影印文渊阁四库全书》）卷九，上海古籍出版社 1987 年版。

是宽泛意义上的“殿春”之花，[1]吴泳《满江红》“洪都生日不张乐自述”即云：“手摘桐华，怅还是、春风婪尾。”婪尾即最后、末尾之意，我们看以下诗例：

桐花最晚开已落，春色全归草满园。（赵蕃《三月六日》）

客里不知春去尽，满山风雨落桐花。（林逢吉《新昌道中》）

老去能逢几个春？今年春事不关人。红千紫百何曾梦？压尾桐花也作尘。（杨万里《过霸东石桥桐花尽落》）

春色来时物喜初，春光归日兴阑余。更无人饯春行色，犹有桐花管领渠。（杨万里《道傍桐花》）

桐花是春夏递变之际的物候，是春之“压尾”、饯行者；而在鸟类中，送别春天的则当属杜鹃，杜鹃又名子规、谢豹。在伤春、送春作品中，桐花与杜鹃经常联袂出现；桐花与杜鹃是山林深处“生态环境”下的伴生物。桐花凋落的视觉印象与杜鹃哀鸣的听觉印象形成“合力”，给人以强烈的春逝之感：

怅惜年光怨子规，王孙见事一何迟。等闲春过三分二，凭仗桐花报与知。（方回《伤春》）

岸桐花开春欲老，日断斜阳芳信杳。东风不管客情多，杜鹃啼月青山小。（施枢《春夜赋小字》）

桐花开尽樱桃过，山北山南谢豹飞。（吴师道《次韵黄晋卿清明游北山十首》[2]）

一月离家归未得，桐花落尽子规啼。（刘嵩《石鼓坑田

① “殿春”出自苏轼《咏芍药》“多谢画工怜寂寞，尚留芍药殿春风”，“殿春花”遂为芍药之别称。

② 吴师道《礼部集》（《影印文渊阁四库全书》）卷九，上海古籍出版社 1987 年版。

舍》[1])

伤春情绪又常与羁旅漂泊、客里思家情绪交织；无论是桐花凋落或是杜鹃哀鸣，常常是漫山遍野，触目惊心、无所遁逃，最能触动游子情怀。

清明时节，冷、热气流交锋频繁、激烈，晴雨不定、乍暖还寒。与温润的“杏花春雨”不同，“桐花春雨”常给人料峭之感：

前夕船中索簟眠，今朝山下觉衣单。春归便肯平平过，须做桐花一信寒。（杨万里《春尽舍舟余杭，雨后山行》）

春雨如毛又似埃，云开还合合还开。怪来春晚寒如许，无赖桐花领取来。（杨万里《春雨不止》）

况周颐《蕙风词话》卷下：“蜀语可入词者，四月寒名‘桐花冻’。”民国年间，以“冻桐花”或“桐花冻”入词者有两首佳作，且都有寄托，以天气喻时局、遭际。台静农《记波外翁》记乔大壮《清平乐》：“二月初头桐花冻，人似绿毛幺凤。”“绿毛幺凤”与桐花凤相近，后文还会提及。台静农先生说道：“这首颇传于同道之中，个人的寂寞，时事的悲观，感情极为沉重。”[2]梁羽生《于右任的一首词》记于右任抗战期间所作的《浣溪沙》：“依旧小园迷燕子，剧怜苦雨冻桐花，王孙芳草又天涯。”[3]于右任位高而无权，蒋介石对他“尊而不亲”，常受到其他派系的挤压。梁羽生评价这首词：“意内言外，怨而不诽，堪称佳作。”

二、节日之清明：桐花与社会习俗

“二十四节气”中兼具节日身份的唯有清明。不过，本文的清明是

---

① 刘嵩《槎翁诗集》（《影印文渊阁四库全书》）卷八，上海古籍出版社 1987 年版。
② 台静农《龙坡杂文》，三联书店 2002 年版。
③ 梁羽生《笔 · 剑 · 书》，百花文艺出版社 2002 年版。

广义的，是寒食节、上巳节、清明节的“合流”，是一个“时段”；与狭义的清明关系最为密切的是寒食。寒食是冬至后一百五日、清明节前一二日，寒食有冷食禁火的习俗，故又称“冷节”“禁烟节”。寒食、清明蝉联，唐代寒食是重要的节日，清明节也成为兴起的独立节日；在后代，清明、寒食渐趋混同，清明往往掩盖了寒食。上巳是三月初三，与寒食、清明也是衔接的，在日期上甚或有重合之时。近年来，“三节”的民俗研究与文学研究成果颇为丰富，可资参考。[①]

桐花是“三节”期间典型的物候，“三节”的政治仪式、宴乐游春、祭祀思念等社会习俗也构成了桐花意象的文化内涵。

（一）政治仪典：改火；赐火；恩泽

寒食期间禁火，清明日则改用新火。唐代，钻木取火是一项朝廷仪典。《辇下岁时记》：“至清明，尚食内园官小儿于殿前钻火，先得火者进上，赐绢三匹、金碗一口。”得火之后即赐火，宋敏求《春明退朝录》：“周礼四时变火，唐惟清明取榆柳之火赐近臣戚里，宋朝唯赐大臣，顺阳气也。”唐宋两朝取火仪式相似，唯从赐火范围来看，唐朝要略宽于宋朝。

唐宋时期国家仪典的“改火”既有原始社会火崇拜的孑遗，也有顺应天时，复始新生、昌明盛大的现实期许；赐火既是皇恩浩荡，也是强化君权、秩序之举。清明改火、赐火仪典作品中的桐花意象莫不欣欣向荣：

国有禁火，应当清明。万室而寒火寂灭，三辰而纤霭

① 笔者所寓目的硕、博论文有三篇：张丑平《上巳、寒食、清明节日民俗与文学研究》（南京师范大学博士论文，2006年）；何海华《论唐代寒食清明诗》（华中师范大学古代文学硕士论文，2005年）；张玉娟《宋代清明寒食词之研究》（南京师范大学古代文学硕士论文，2005年）。

不生。木铎罢循，乃灼燎于榆柳；桐花始发，赐新火于公卿……于时宰执俱瞻，高卑毕赐。（谢观《清明日恩赐百官新火赋》[1]）

伏以桐花初茂，榆火载新。（王珪《寒食节起居南京鸿庆宫等处神御殿表二道》[2]）

桐华应候催佳节，榆火推恩忝列臣。（欧阳修《清明赐新火》）

节应桐花始筵开，禁苑新推恩缘旧。（文彦博《清明日玉津园赐宴即席》）

谢观、王珪作品中都出现了“始”“初”字，一派生机；欧阳修、文彦博作品中都用到了“推恩”字眼，感戴之情溢于言表。耐人寻味的是，类似的感恩口吻、笔调在唐代臣僚的作品比较少见，这大概就是《春明退朝录》所记载的，宋代赐火的范围要比唐代窄，更是来之不易的“恩眷”。钱易《南部新书》“壬”载唐朝故实：

韦绶自吏侍除宣察，辟郑处晦为察判，作《谢新火状》云：“节及桐华，恩颁银烛。”绶削之曰：“此二句非不巧，但非大臣所宜言。”

“节及桐华”两句失之于“佞”，所以不“宜”；而这类感“恩”的语气到宋代就司空见惯了。

（二）宴乐游春：文人雅集；仕女游春

清明前后，相与踏青出游、娱心悦目也是由来已久。我们看唐代

① 《文苑英华》（《影印文渊阁四库全书》）卷一百二十三，上海古籍出版社1987年版。

② 王珪《华阳集》（《影印文渊阁四库全书》）卷十一，上海古籍出版社1987年版。

的诗歌例子，杨巨源《清明日后土祠送田彻》："清明千万家，处处是年华。榆柳芳辰火，梧桐今日花。祭祠结云绮，游陌拥香车。惆怅田郎去，原回烟树斜。"这里的"清明"既是节日，又是节气，桐花此时开放，宝马香车、填塞阡陌。"榆柳芳辰火"即"改火"，详见上文。文人雅好的是曲水流觞，仕女喜爱的是寻芳斗草；桐花则是春日原野、水边之景：

上巳余风景，芳辰集远坰……鸟弄桐花日，鱼翻谷雨萍。从今留胜会，谁看画兰亭。（崔护《三月五日陪裴大夫泛长沙东湖》）

人乐一时看开禊，饮随节日发桐花……欲继永和书盛事，愧无神笔走龙蛇。（韩琦《上巳西溪，同日清明》）

两首作品中都用了上巳之日兰亭雅集的典故。崔护作品中的"桐花"与"萍"作为春日之景同时出现，应该是根源于《月令》"季春之月，桐始华，萍始生"的记载。庾信《三月三日华林园马射赋》亦云："桐华萍合。"从韩琦的诗题则可看出，这一年上巳、清明两个节日是重合的。

柳永《木兰花慢》其二："拆桐花烂漫，乍疏雨、洗清明。正艳杏浇林，缃桃绣野，芳景如屏。倾城，尽寻胜去，骤雕鞍绀幰出郊坰。风暖繁弦脆管，万家竞奏新声。""共时性"地展现了桐花、艳杏、缃桃的交映生姿，这是一幅典型的"仕女游春"图。文人修禊、仕女游春作品中的桐花意象均散发出烂漫、热烈的气息。

（三）祭祀思念：乡思相思；祭祀

"三节"之中，上巳节的情绪基调相对单纯，而寒食与清明都是"复调"的，既有结伴而游的佳兴，也有独处异地的乡思、相思，也有慎重追远的祭祀、思祖。桐花意象承载着多重感伤情绪，与宴乐游春作品中的同类意象迥然不同。

闻莺树下沉吟立，信马江头取次行。忽见紫桐花怅望，下邽明日是清明。（白居易《寒食江畔》）

自叹清明在远乡，桐花覆水葛溪长。家人定是持新火，点作孤灯照洞房。（权德舆《清明日次弋阳》）

两首作品中所流露的都是“每逢佳节倍思亲”的情绪，“下邽”为白居易故乡。梧桐是中国民间广泛种植的树种，属于本地风光、家乡风物，见桐花而思故乡是自然而然的睹物伤情。

中国文学中的梧桐意象蕴涵多端，承载着友情、爱情等思念之情；附着于梧桐的桐花也具备这些蕴涵、功能。清明寒食前后，细雨廉纤、漠漠如烟，桐花意象也因之而凄迷、愁苦：

清明寒食，过了空相忆。苍天雨细风斜，小楼燕子谁家……

只道春寒都尽，一分犹在桐花。（黎廷瑞《清平乐》“雨中春怀呈准轩”）

寒食暗柳啼鸦，单衣伫立，小帘朱户。桐花半亩，静锁一庭愁雨。　　迟暮。嬉游处，正店舍无烟，禁城百五……（周邦彦《锁寒窗》“寒食”）

又见桐花发旧枝，一楼烟雨暮凄凄。凭阑惆怅人谁会，不觉潸然泪眼低。（李煜《感怀》）

三首作品都不约而同地出现了“雨”。《南唐书》卷六记载，大周后去世之后，李煜“每于花朝月夕，无不伤怀”，这首《感怀》就是悼亡之作。

“如果说禁火给唐人寒食诗打上了孤寂冷落的底色的话，祭扫仪式则将这种底色渲染得更为悲凉。”[1]唐代寒食有祭扫之俗，后来演变成清明祭扫。桐花则是这种孤寂、悲凉氛围中的常见意象：

火冷烟青寒食过，家家门巷扫桐花。（张淦川《寒食》）

三月藤江听子规，桐花细雨湿征衣。遥知乡里逢寒食，处处人家上冢归。（解缙《上北刘》[2]）

政治仪典涉指的是皇权臣僚，宴乐游春涉指的是文人仕女，祭祀思念涉指的是传统社会；涉指幅面逐步扩大。桐花虽然并不煊赫，但却日常；节日清明桐花的文化内涵不同层次地映现于我们的民族记忆之中。

三、“自开还自落”“纷纷开且落”：桐花与文人高士

梧桐是中国传统的“比德”树木，桐花因“母体”的关系，也因其开放的时间、地点，与文人的落寞寡合以及高士的自惬自洽情怀有关。元稹、白居易的作品提升了桐花的品格，桐花从清明节气、节日花卉而走向具备人格象征意蕴。

（一）“自开还自落”：元稹与白居易；月下赏花；落寞寡合；道德退守

白居易《见紫薇花忆微之》：“一丛暗淡将何比，浅碧笼裙衬紫巾。除却微之见应爱，人间少有别花人。”“别”即辨别、赏鉴。白居易给我们提供了两个信息：元稹爱花、知花；元稹喜爱“黯淡”、浅碧之花。我们可以由此切入，“见微知著”，把握中唐诗歌题材、审美趣味的两大变化。

---

① 罗时进《孤寂与熙悦——唐代寒食题材诗歌二重意趣阐释》，《文学遗产》1996 年第 2 期。

② 解缙《文毅集》（《影印文渊阁四库全书》）卷六，上海古籍出版社 1987 年版。

市川桃子《中唐诗在唐诗之流中的位置——由樱桃的描写方式来分析》中注意到了中唐以后诗歌的变化：

> 中唐诗……更关心具象的事物……自白居易、韩愈以降……普遍流行欣赏植物的风气……这个时期，许多植物都被人欣赏，它们的姿态描绘在诗中。爱花而至于自己种植，自然会观察得更加细致，描写得更加具体，而且感情会随之移入到作为描写对象的植物中去。[①]

人生理想、民间疾苦让位于植物花卉，这确实是中唐以后诗歌题材的变化趋向，直接抒怀、直面人生让位于“间接寄托”。这个变化在元稹、白居易的诗歌中体现得尤为明显，两人都有大量吟咏花卉的作品。

中唐是封建社会的转折点，也是中国美学史的转折点；盛唐的气势恢弘、色彩华丽逐渐被精致小巧、色泽雅淡代替。暗淡、浅碧的紫薇花在中唐就引起了元稹、白居易等人的青睐，白居易有《紫薇花》“独坐黄昏谁是伴，紫薇花对紫微郎”的名句。略作分说的是，“紫薇花”之紫与盛唐备受推崇的牡丹名品“魏紫”之紫不同，一为淡紫，一为深红。白牡丹、白菊花、白莲等白色花系作品的大量出现更体现了美学潮流的转变。“素以为绚”是中国古人的艺术哲学、审美理想；但是在世俗实践层面，绚烂的红色总是更容易被接受，淡紫、白色相对落寞、冷清。而在中唐以后，文人普遍的心态与视野由外放而转为内敛，更关注身边事物与自身命运；而屈原《离骚》的“善鸟香花，以比忠贞”的比兴传统因风云际会而被激活，这就是淡紫、白色花卉中唐以降普遍见诸吟咏的“文化语境”。

---

① 市川桃子《中唐诗在唐诗之流中的位置——由樱桃的描写方式来分析》，《古典文学知识》1995年第5期。

元稹不独“发现”了紫薇花，也“发现”了紫桐花，《桐花》：

胧月上山馆，紫桐垂好阴。可惜暗澹色，无人知此心。舜没苍梧野，凤归丹穴岑。遗落在人世，光华那复深。年年怨春意，不竞桃杏林。唯占清明后，牡丹还复侵。况此空馆闭，云谁恣幽寻。徒烦鸟噪集，不语山嵚岑。满院青苔地，一树莲花簪。自开还自落，暗芳终暗沉。尔生不得所，我愿裁为琴……[1]

图 19　泡桐花二（网友提供）。

桐花生长于山岳之中，人迹罕至；开花时节又受到桃杏、牡丹的前后“夹击”。既乏“地利”，也乏“天时”。通过时、地等物性特点来抒

① “徒烦鸟噪集”，元稹作品中的梧桐、松树、竹子等树木常常被鸟雀所占据，鸟雀之声聒噪。详参俞香顺《元稹花木审美特点刍议》，《阅江学刊》2011 年第 4 期。

写政治寄托是植物花卉吟咏的一个常见模式。[1]中唐时期，党争、倾轧频繁，元、白都是局中之人；桐花的落寞、暗沉其实是元稹心绪、处境的投射，桐花与元稹“异质”而“同构”。白居易《和答诗十首·答桐花》：

山木多蓊郁，兹桐独亭亭。叶重碧云片，花簇紫霞英。是时三月天，春暖山雨晴。夜色向月浅，暗香随风轻。行者多商贾，居者悉黎氓。无人解赏爱，有客独屏营。手攀花枝立，足蹋花影行。生怜不得所，死欲扬其声……受君封植力，不独吐芬馨。

这是答赠元稹之作，“观点”或有不同，但“原则”并无差异。

其后，元、白之间又有桐花酬赠之作，元稹《三月二十四日宿曾峰馆，夜对桐花，寄乐天》：

微月照桐花，月微花漠漠。怨澹不胜情，低回拂帘幕。叶新阴影细，露重枝条弱。夜久春恨多，风清暗香薄。是夕远思君，思君瘦如削。但感事睽违，非言官好恶。奏书金銮殿，步屣青龙阁。我在山馆中，满地桐花落。

白居易《初与元九别后，忽梦见之，及寤而书适至，兼寄桐花诗，怅然感怀，因以此寄》：

悠悠蓝田路，自去无消息。计君食宿程，已过商山北。昨夜云四散，千里同月色。晓来梦见君，应是君相忆……夜深作书毕，山月向西斜。月下何所有，一树紫桐花。桐花半落时，复道正相思。殷勤书背后，兼寄桐花诗。桐花诗八韵，思绪一何深。以我今朝意，忆君此夜心。

---

① 参看《“失时”与“得地”：荷花政治象征的两种模式》，俞香顺《中国荷花审美文化研究》第 32 页，巴蜀书社 2005 年版。

元、白之间唱和之作大多朴素深挚，但是桐花唱和作品却另又别饶一种风神蕴藉、暗淡低回之美。

我们综观上文引述的元、白四首作品，会发现他们开创了一种新型的赏花情境：月下赏花，这也是中唐之后才开始流行的。月下赏花，素淡之花更加洗净铅华，这也与中唐的审美转向契合；而代表盛唐审美的则是"国色朝酣酒"的旭日赏花。宋代以后，月下赏梅、月下赏荷均是典型的文人赏花情境，而元、白等中唐诗人则开启了先路。明代黄姬水《醉起》"山中长日卧烟霞……一帘月色覆桐花"，[①]就是月下赏桐花。

元、白的桐花唱和之作缺乏盛唐诗歌中的意气相高，却代之以惆怅、怨慕，这是儒家君子"独善其身"的道德退守与勖勉。晚唐时期，元、白所开创的花卉题材诗歌唱和成为常见的诗歌题材与创作方式，这是文化心理上的一脉相承，如陆龟蒙、皮日休的"白莲"作品，再如陆龟蒙有《幽居有白菊一丛，因而成咏，呈一二知己》，司马都、郑璧、皮日休、张賁等人均有和作。

（二）"纷纷开且落"：山中高士；桐花落；自惬自洽

元、白诗歌中出现了"桐花落"与"桐花半落""自开还自落"。梧桐自诞生之日起，就是作为"柔木""阳木"的代表、美好事物的象征，这是它的原型意义。在中国文学中，梧桐具有"语码"的作用，能够唤起我们对美好事物的丰富想象；从语言学上讲，这是它"联想轴"上的作用。桐花凋零即是白居易所叹的"世间好物不坚牢"。

但是，还有另外一种意味的"桐花落"，即山中高士的自惬自洽，

① 《佩文斋咏物诗选》（《影印文渊阁四库全书》）卷二百八十三，上海古籍出版社 1987 年版。

遗落世事，宠辱不惊。我们且以王维的《辛夷坞》来作为参照："木末芙蓉花，山中发红萼。涧户寂无人，纷纷开且落。"胡应麟评价此诗与《鸟鸣涧》"读之身世两忘，宠辱不惊"，王国维《人间词话》中所提到的"无我之境"庶几近之。"辛夷"属木兰科，树高数丈，花苞尖锐如笔尖，因而俗称"木笔"；花开似莲花。桐花与辛夷有两个明显的共性：树高、花大。"桐花落"与辛夷花落也有相同的旨趣。

在中国古典诗歌中，山中最具典型的树木当推松树，松树是中国传统的"比德"树木；倚松而坐是高士姿态，松子坠落是山中幽境。前者如宋代饶节："间携经卷倚松立，试问客从何处来。"(《倚松诗集》序言,《四库全书》本)饶节因之而被称为"倚松道人"。后者如韦应物《秋夜寄丘员外》："怀君属秋夜，散步咏凉天。空山松子落，幽人应未眠。"其实，梧桐也是山中常见的树木，而且常常生于高岗、秀于山林；"据桐"而坐也是高士姿态，桐花坠落也是山中幽境。《庄子·齐物论》："昭文之鼓琴也，师旷之枝策也，惠子之据梧也，三子之知，几乎皆其盛者也。""据梧"遂成为典故，如梁元帝《长歌行》"朝为洛生咏，夕作据梧眠。从兹忘物我，优游得自然"、李嘉祐《奉和杜相公长兴新宅即事呈元相公》"据梧听好鸟，行药寄名花"。我们再看"桐花落"的例子：

杜鹃声里桐花落，山馆无人昼掩扃。老去未能忘结习，自调浓墨写黄庭。（高翥《山堂即事》）

茅山道士来相访，手抱七弦琴一张。准拟月明弹一曲，桐花落尽晓风凉。（萨都剌《赠茅山道士胡琴月》[①]）

桐花落尽，柏子烧残；闲中日常，静里天大者，山中

---

① 萨都剌《雁门集》(《影印文渊阁四库全书》)卷三，上海古籍出版社 1987 年版。

之受用也。（张启元《游峄山记》[①]）

晞发行吟日正长，桐花落尽又新篁。（徐震亨《长林消夏》[②]）

上引四首作品无一与伤春、伤悲有关。高翥作品中虽然既有“桐花落”，又有“杜鹃声”，但是主体情志坚定，从而超越了“心为物役”的心物结构。“黄庭”是指道家经典《黄庭经》；徐震亨作品中所流露的则是宇宙万物消息生长的“活泼泼地”生机。

四、“桐花凤”之渊源、流行、继盛及其寓意

《大雅 · 卷阿》“凤凰鸣矣，于彼高冈。梧桐生矣，于彼朝阳”奠定了“凤凰—梧桐”组合。“凤凰—梧桐”组合可以比喻贤才致用，如民谚“栽下梧桐树，引来金凤凰”；也可以是《古诗十九首》“胡马依北风，越鸟巢南枝”式的男女依附，如章孝标《古行宫》：“天子时清不巡幸，只应鸾凤栖梧桐。”

《庄子 · 秋水》：“夫鹓雏发于南海，而飞于北海，非梧桐不止，非练实不食，非醴泉不饮。”“鹓雏”为凤凰一类的鸟。后人也因此衍生出凤凰以桐花为食的想象,和“竹食”(即“练实”)并用,如杨万里《有叹》:“饱喜饥嗔笑杀侬，凤凰未可笑狙公。尽逃暮四朝三外，犹在桐花竹实中。”[③]“桐花”与“竹实”也成为高士、贫士生活与情志的比兴之具，如吴说《酬次李辰甫所寄三首》其二：“桐花竹实几时生，桑野秋枯茧

① 《山东通志》（《影印文渊阁四库全书》）卷三十五之十九下，上海古籍出版社 1987 年版。

② 沈季友编《槜李诗系》（《影印文渊阁四库全书》）卷二十六，上海古籍出版社 1987 年版。

③ “暮四朝三”用的是《庄子 · 齐物论》中的典故：“狙公赋芧，曰：‘朝三而暮四。’众狙皆怒。曰:‘然则朝四而暮三。’众狙皆悦。名实未亏而喜怒为用，亦因是也。”这则寓言故事亦见于《列子 · 黄帝篇》。

未成。肯信饥寒能累道，唯余寂寞许寻盟。”

然而，本节的“桐花凤”之“凤”并非指凤凰，而是一种美艳小禽，又称“桐花鸟”。桐花凤即幺凤，在古代诗文中常常与“绿毛幺凤”“罗浮凤”“倒挂子”相混。而根据今人翔实考证，“桐花凤”乃雀形目花蜜鸟科的“绿喉太阳鸟”，而“绿毛幺凤”“罗浮凤”“倒挂子”，缘其“倒挂”的生态特征，则在分类上应属于雀形目极乐鸟科[①]。

图 20　桐花凤（网友提供）。

（一）桐花凤之渊源：庄子；“桐乳致巢”

《太平御览》卷九五六引《庄子》“空门来风，桐乳致巢”，司马彪注：

> 门户空，风喜投之。桐子似乳，著叶而生，鸟喜巢之。

庄子以两种现象形象地说明事物之间的因果关系，“桐乳致巢”孳乳了后代的桐花凤、桐花鸟。宋代陈翥《桐谱》记载：

① 王颋《海外珍禽“倒挂鸟”考》，《暨南学报》2003 年第 6 期。

自春徂夏，乃结其实，其实如乳，尖长而成穗，庄子所谓“桐乳致巢”是也。

其《西山十咏·桐乳》吟咏“桐乳”性状：“吾有西山桐，厥实状如乳。含房隐绿叶，致巢来翠羽。外滑自为穗，中虚不可数。轻渐曝秋阳，重即濡绵雨。霜后威气裂，随风到烟坞。”后文“桐子 · 桐乳”一节更有详细论述，这里不展开。

（二）桐花凤之流行：唐代；李德裕《画桐花扇赋并序》

唐代，桐花鸟、桐花凤之说开始流行，张鷟《朝野佥载》卷六：

剑南彭蜀间有鸟大如指，五色毕具。有冠似凤，食桐花，每桐结花即来，桐花落即去，不知何之。俗谓之“桐花鸟”，极驯善，止于妇人钗上，客终席不飞。人爱之，无所害也。

李德裕《画桐花扇赋并序》云：

成都岷江矶岸多植紫桐，每至春末，有灵禽五色，来集桐花，以饮朝露。[1]

张鷟沿袭旧说，认为桐花鸟以桐花为食；而李德裕则记载桐花凤是以朝露为饮，只是栖息于桐花之间。不过，两人的作品却有共同的指向，即桐花凤的蜀地特征。《画桐花凤扇赋》云：

美斯鸟兮类鹓雏，具体微兮容色丹。彼飞翔于霄汉，此藻绘于冰纨。虽清秋之已至，常爱玩而忘餐。

李德裕的诗、赋刻画了桐花凤的形、色、貌，影响很大，是言及桐花凤的常见“话头”。不过大概到了宋代，这种桐花凤工艺扇就已经不传了。巩丰《咏豫章蕉叶素扇》：“文饶空赋桐花凤，绚丽虚成画史

① 李德裕《会昌一品集》（《影印文渊阁四库全书》）卷一，上海古籍出版 1987 年版。

名。”“文饶”是李德裕的字。

司空图《送柳震归蜀》“桐花能乳鸟，竹节竞祠神”与《送柳震入蜀》“夷人祠竹节，蜀鸟乳桐花”，两首作品言及蜀地的地域风情，均出现了桐花鸟。刘言史《岁暮题杨录事江亭》“垂丝蜀客涕濡衣，岁尽长沙未得归。肠断锦城风日好，可怜桐鸟出花飞”，桐花鸟也是成都一景。释可朋《桐花鸟》“五色毛衣比凤雏，花深丛里只如无。美人买得偏怜惜，移向金钗重几铢”，则几乎就是张鷟《朝野佥载》的复述。

（三）桐花凤之继盛：宋代；乐史《太平寰宇记》；苏轼

北宋，关于桐花鸟、桐花凤之说更盛，乐史《太平寰宇记》、宋祁《益部方物略记》、苏轼《东坡志林》三部地理、博物、笔记作品都有相关记载。这应该跟晚唐以迄北宋蜀地文化、蜀地文人的影响有关，尤其是苏轼，不止一次地在作品中提及家乡故物桐花凤。我们先看乐史《太平寰宇记》卷七十二：

（益州）桐花色白至大，有小鸟，燋红，翠碧相间，毛羽可爱。生花中，唯饮其汁，不食他物，落花遂死。人以蜜水饮之，或得三四日，性乱跳踯，多抵触便死。土人画桐花凤扇，即此禽也。

关于桐花凤生活习性的描写一方面参之以李德裕《画桐花扇赋序》，另一方面本之以实际观察，所以颇为可信。后代关于桐花凤的习性很多沿用乐史之说，如屈大均《广东新语》卷二十。宋祁在《益部方物略记》中特别介绍了“桐花凤”这种珍贵的鸟类：

桐花凤。二月桐花始开，是鸟翱翔其间，丹碧成文，纤嘴长尾，仰露以饮，至花落辄去，蜀人珍之，故号为“凤”。或为人捕置樊间，饮以蜜浆，哺以炊粟，可以阅岁。

乐史、宋祁两人记载的不同之处在于：乐史认为桐花凤无法家养，最多只能活“三四日”；宋祁则认为桐花凤可以家养，可以“阅岁”，也就是活到一年以上。

我们看梅尧臣的两则诗例，诗中的桐花凤均与四川有关，《送余中舍知汉州德阳》“桐花凤何似,归日为将行”,“汉州”即今天的四川广汉；《送宋端明知成都》“春江须爱赏，花凤在梧桐”，这里的“花凤”亦当为桐花凤之简称。

（四）桐花凤之寓意：祥瑞；爱情

桐花凤之为人熟知、乐道，苏轼应该功莫大焉，他是蜀地文人的翘楚。苏轼《西江月·梅花》“海仙时遣探芳丛，倒挂绿毛幺凤”常被征引用作桐花凤资料；但前面已经提到，“绿毛幺凤”与桐花凤同目而不同科。《东坡志林》卷二中出现了桐花凤：

吾昔少年时，所居书室前有竹柏杂花，丛生满庭，众鸟巢其上……又有桐花凤四五百，翔集其间。此鸟羽毛，至为珍异难见，而能驯扰，殊不畏人，闾里间见之，以为异事。

苏轼的诗歌中则不止一次出现桐花凤，如《次韵李公择梅花》“故山亦何有，桐花集幺凤”、《异鹊》“昔我先君子，仁孝行于家。家有五亩园，幺凤集桐花”。桐花凤是苏轼念念不忘的故园风情，也是“积善之家”的祥瑞之应。

桐花凤更多是关涉爱情，或比男子，或比女子，皆新奇有致。冯梦龙《情史》卷三“情私类”记录了文茂寄给晁采的一首诗：“旭日曈曈破晓霾，遥知妆罢下芳阶。那能化作桐花凤，一集佳人白玉钗。”“桐花凤”之句当脱胎自张鷟、可朋的笔记与诗歌，但不失“小说家言”的轻佻、油滑。最有名的当推王士祯《蝶恋花·和漱玉词》：“郎是桐花，妾是桐花凤。”这首词比喻尖新，王士祯也因此而得“王桐花”的雅号。对于王士祯颇为自许的“桐花凤”之句，评论者也是见仁见智、有褒有贬。清代李佳《左庵诗话》卷上云：

王渔洋词有云：“郎似桐花，妾似桐花凤。”人因呼之为王桐花。吴石华云：“瘦尽桐花，苦忆桐花凤”，不让渔洋山岗人专美于前也。

吴、王二人虽然用的是同一套“语词”，但抒情人称发生了逆转，也确有翻案之妙。

第二节 桐枝·桐孙·疏桐

梧桐在外部形态上有两个特点：一、弱枝修干。梧桐的树干高达十余米以上，枝条不旁逸斜出，而是集中在树梢。袁淑《桐赋》“信爽干以弱枝”[①]，张九龄《杂诗五首》“百尺傍无枝”，白居易《云居寺孤桐》“四面无附枝”，均描述了梧桐的树形特点。二、疏枝阔叶。桐叶阔大，枝条粗疏；树冠虽然广覆，却不密实、深窈。三秋之树，删繁就简；梧桐的枝条愈加显得疏朗、寥落。梧桐迎风而疏风，如萧子良《梧桐赋》“耸轻条而丽景，涵清风而散音”、[②]刘义恭《桐树赋》：“清风流薄乎其枝”、[③]伏系之《咏椅桐诗》“翠微疏风”；这正是其弱枝修干、疏枝阔叶的树干、树枝、树叶的特点决定的。

桐枝是梧桐树的基本“框架”，桐花、桐叶依附于桐枝而著生；桐阴、

① 严可均《全宋文》卷四十四，商务印书馆1999年版。
② 严可均《全齐文》卷七，商务印书馆1999年版。
③ 严可均《全宋文》卷十一，商务印书馆1999年版。

桐影的幅度、长度也取决于桐枝的形状。梧桐枝条对称而匀称，在树木中颇为少见，古代的堪舆著作常以之为吉相，如张九仪《增释地理琢玉斧》云“梧桐枝两畔平抽，正‘个’字之格也”、张子微《地理玉髓经》云“停匀唯有梧桐枝，双送双迎两手势。对节分生作穿心，此龙百中无一二”。龙脉有“梧桐枝”，必结大贵之穴。

桐枝是凤凰、禽鸟的栖息之所;秋冬之际，桐枝高耸，与风雪摩戛、抗争。梧桐易生速长，树围逐年而增，桐枝也不断叉生；梧桐与桐枝是岁月流年的标记。桐孙是桐枝的别名，桐枝挺秀、孳蕃，桐孙成为子嗣之美称。桐孙木质坚实，是上佳的琴材。梧桐阔叶疏枝，从六朝到宋朝，疏桐寒井、疏桐寒鸟、疏桐缺月的意象组合模式递相出现。

一、桐枝：凤凰栖止之所；季节变化之征

梧桐有青梧、碧梧之称，树干、树枝在春夏之间呈青绿色。令狐楚《杂曲歌辞 · 远别离二首》“杨柳黄金穗，梧桐碧玉枝”即以杨柳的嫩黄与桐枝的青碧交映来摹写春色。秋冬之后，桐叶零落，桐枝也渐趋枯黯、萧条。季节的变化尽在桐枝梢头显现。

（一）桐枝、寒枝与凤凰、寒鸟：祥瑞色彩；寒士心态

梧桐与凤凰的嘉木、祥鸟组合在先秦文学中即已出现，凤凰栖于梧桐枝头，陈子昂《鸳鸯篇》:“凤凰起丹穴，独向梧桐枝。”[1]桐枝与凤凰组合在唐代得到了强化，这与一句诗歌、一则轶事有关。杜甫《秋兴八首》第八:“香稻啄馀鹦鹉粒，碧梧栖老凤凰枝”，句法生新，两句的重

① “丹穴”是凤凰所居之山，出自《山海经 · 南山经》:“丹穴之山……有鸟焉，其状如鸡，五采而文，名曰凤皇。”

点是在稻与梧，而不在鹦鹉与凤凰[1]；《酉阳杂俎》“前集”卷十二“语资”：

> 历城房家园，齐博陵君豹之山池，其中杂树森竦……曾有人折其桐枝者，公曰：“何为伤吾凤条？”自后人不复敢折。

这则材料在后代笔记中屡被征引。“凤凰枝”“凤条”将凤凰与桐枝紧密结合，从而成为桐枝的借代。我们看一例，张九成《再用前韵》其二：“凭谁为斫凤凰枝，欲寄朱弦写我思。”这里的“凤凰枝”即是桐枝，是制琴的材料。

随着文人精神意趣的渗透，“一元”的桐枝与凤凰组合走向“多元”的梧桐与禽鸟组合；“寒枝”与“寒鸟”的冷落之景渐渐胜出，渗透了文人意趣。

滕潜《凤归云二首》其一：“金井栏边见羽仪，梧桐树上宿寒枝。”沿袭了传统组合，但已经脱略了祥瑞色彩，“寒枝”有惊栖不定的凄惶。元代王结《孤凤行》：“孤凤从南来，采翮多光辉。朝餐琅玕实，暮宿梧桐枝。”[2]“孤凤”与桐枝组合已经不再是祥瑞内涵了，而是儒家君子的独善其身、道德自守，具有清苦意味。

前面已经提到，桐叶零落之后，桐枝耸拔、疏落，线条清晰；寒

---

① 周振甫《诗词例话》“侧重和倒装一”：“杜甫《秋兴八首》的第八首里，有‘香稻啄余鹦鹉粒，碧梧栖老凤凰枝’，照字面看，像不好解释，要是改成‘鹦鹉啄余香稻粒，凤凰栖老碧梧枝’，就很顺当。为什么说这样一改就不是好句呢？原来杜甫这诗是写回忆长安景物，他要强调京里景物的美好，说那里的香稻不是一般的稻，是鹦鹉啄余的稻；那里的碧梧不是一般的梧桐，是凤凰栖老的梧桐，所以这样造句。就是‘香稻——鹦鹉啄余粒；碧梧——凤凰栖老枝’，采用描写句，把重点放在香稻和碧梧上，是侧重的写法。要是改成‘鹦鹉啄余香稻粒，凤凰栖老碧梧枝’，便成为叙述句，叙述鹦鹉凤凰的动作，重点完全不同了。”中国青年出版社，2006 年版。

② 王结《文忠集》（《影印文渊阁四库全书》）卷一，上海古籍出版社 1987 年版。“琅玕”是翠竹的美称。

鸟栖于枝头，无遮无挡，线、点造型简洁而醒目。桐枝与寒鸟均是暗黑色，在月色之下，如同墨画，更如同剪影。“寒枝”与“寒鸟”的组合既有梧桐、凤凰组合高洁之志的神话原型意义，又有孤寂之感的文人寒士心态。我们看两例，张载《七哀诗二首》：“肃肃高桐枝，翩翩栖孤禽”；欧阳修《赠梅圣俞》：“黄鹄刷金衣，自言能远飞……朝下玉池饮，暮宿霜桐枝。徘徊且垂翼，会有秋风时。”

（二）桐枝与秋风、冬雪

梧桐是秋天的“先知”，桐枝上的桐叶临秋而陨，《元诗选三集·甲集》陈普《儒家秋》：“离离秋色上梧枝”，这是见微知著的感知秋天的方式。梧桐高大迎风，桐枝与寒风抗争，两不相让，枝“劲”风“豪”，发出阵阵“秋声”，我们看诗例：

露叶凋阶藓，风枝戛井桐。（张祜《秋夜宿灵隐寺师上人》）

桐枝袅袅秋风豪。（张耒《远别离》）

雨添苔晕青，风入桐枝劲。（陆游《七月下旬得疾不能出户者十有八日，病起有赋》）

井桐亦强项，叶脱枝愈劲。（陆游《饭后登东山》）

春意方酣红杏蕊，秋声又战碧梧枝。野人不识春官历，坐阅荣枯纪岁时。（丁鹤年《荣枯》[①]）

秋来风物总堪悲，寂寞空斋独坐时。霜气暗凋门柳色，露华寒动井梧枝。（林文俊《秋日小斋偶成》[②]）

---

① 丁鹤年《鹤年诗集》（《影印文渊阁四库全书》）卷二，上海古籍出版社 1987 年版。“春官”是古代的官名，《周礼》分设天、地、春、夏、秋、冬六官，春官以大宗伯为长官，掌理礼制、祭祀、历法等事。

② 林文俊《方壶存稿》（《影印文渊阁四库全书》）卷十，上海古籍出版社 1987 年版。

“戛”“战”等动词均很形象；陆游诗中“劲”字两次出现，展示出桐枝在秋风肆虐中的悍厉。

其实，桐枝在风雪的压迫下并非总是愈挫愈勇。粗大的桐枝有抗压能力，而在“材”与“不材”之间的细弱桐枝则易折断。《初学记》卷二十八“果木部·桐十六”引《易纬》曰：“桐枝濡脆而又空中，难成易伤。”“濡”是柔软的意思。又如陈羽《从军行》:“海畔风吹冻泥裂，枯桐叶落枝梢折。”孟郊《饥雪吟》:“大雪压梧桐，折柴堕峥嵘。”孟郊《秋怀》:“梧桐枯峥嵘，声响如哀弹。”陈羽侧重于视觉，孟郊则侧重于听觉，桐枝断裂的声音、从高空落地的声音，用“峥嵘”来形容，极见敏感心性及锻炼功夫。

桐枝延伸空际，指向月亮，似乎是月亮的参照、坐标，如庄泉《和光岳》：“何处客同玄酒坐，三更月在碧梧枝。”[①]桐枝是重要的琴材，是音乐表现的物质基础，如聂夷中《秋夕》:“为材未离群，有玉犹在璞。谁把碧桐枝，刻作云门乐。”桐枝与月亮、音乐的关系，详见下文。

二、桐孙：岁月；子嗣；琴材

桐孙是桐枝的别名，郑玄《周礼》注曰：“孙竹，枝根之末生者也，盖桐孙亦然”；下文的论述中，会间插桐枝资料。梧桐易生速长，树围逐年而增，桐枝也不断叉生；梧桐与桐枝是岁月流年的标记。梧桐在古代被冠以柔木、阳木等美名，加之桐枝挺秀、孳蕃，桐孙也成为子嗣之美称。桐孙木质坚实，是上佳的琴材。

（一）桐孙与岁月：故园；迁谪；悼亡；人生感叹

李渔《闲情偶寄》“种植部·竹木第五”论梧桐：

> 梧桐一树，是草木中一部编年史也，举世习焉不察，予

① 庄泉《定山集》（《影印文渊阁四库全书》）卷四，上海古籍出版社 1987 年版。

特表而出之。花木种自何年？为寿几何岁？询之主人，主人不知，询之花木，花木不答。谓之“忘年交”则可，予以“知时达务”，则不可也。梧桐不然，有节可纪，生一年，纪一年。树有树之年，人即纪人之年，树小而人与之小，树大而人随之大，观树即所以观身。《易》曰：“观我生进退。”欲观我生，此其资也。

梧桐是时间之刻度、计量，从梧桐的岁月之“变”可以反观“我生”，“木犹如此，人何以堪”，引发光阴荏苒的悲凉。但同时，梧桐又是“受命不迁”“深固难徙”，根深深地扎入大地；从梧桐生长地点之“不变”亦可以反衬“我生”，从而引发迁谪之悲、故园之念。梧桐的“变”与“不变”相辅相成，映现、折射出人生变化与况味。

庾信最早写出了梧桐树围、枝围的变化。《喜晴应诏敕自疏韵诗》：“桐枝长旧围，蒲节抽新寸。”《谨赠司寇淮南公诗》：“回轩入故里，园柳始依依。旧竹侵行径，新桐益几围。”梧桐与柳、竹都是中国庭院中常见的绿化树木。元稹《桐孙诗》：“去日桐花半桐叶，别来桐树老桐孙。城中过尽无穷事，白发满头归故园。”诗前有小序云：

元和五年，予贬掾江陵。三月二十四日，宿曾峰馆。山月晓时，见桐花满地，因有八韵寄白翰林诗。当时草蹙，未暇纪题。及今六年，诏许西归，去时桐树上孙枝已拱矣，予亦白须两茎，而苍然斑鬓。感念前事，因题旧诗，仍赋《桐孙诗》一绝。又不知几何年复来商山道中。元和十年正月题。

作品情绪低沉，人生如浮萍飘梗，元稹已经度过了六年的谪宦生涯；梧桐树兀自立于山巅，迎来送往，阅人无数，派生出了新的枝条。元稹正是从梧桐树形之“变”与地点之“不变”兴起人生感慨。此外，元稹《酬乐天东南行诗一百韵》:“望国参云树，归家满地芜……祖竹从新笋,孙枝压旧梧。晚花狂蛱蝶,残蒂宿茱萸。”[①]这也是以故园荒芜、草木乱长、桐孙茁生来抒发宦海沉浮之感叹。

岁月雕刻着桐枝,由“碧玉枝”到槁枝,这也正与人生的轨迹相似,北魏《魏故南阳太守张玄墓志》(《张黑女墓志铭》)即云:“时流迅速,既雕桐枝，复摧良木。”宋祁《慰梁同年书》“鳏目抱不眠之痛，桐枝有半死之忧。此河阳所以悼亡,孙楚以之增重”[②]与汪中《述学·补遗·自述》“鳏鱼嗟其不瞑,桐枝惟余半生”中都是将桐枝半死与“鳏鱼”并用,成为丧偶之典。

梧桐、桐枝的变化也不完全是人生感叹。前面提到,梧桐易生速长,也是“木欣欣以向荣”“欣欣此生意”的天地化育、生机流动，如杨巨源《和郑少师相公题慈恩寺禅院》“旧寺长桐孙,朝天是圣恩”、周贺《赠神遘上人》“草履蒲团山意存，坐看庭木长桐孙”。

（二）桐孙与子嗣：易生速长；植物崇拜；生殖崇拜；双重蕴涵

在中国文化中，常用植物生长来比喻子嗣繁衍。这是原始思维中生殖崇拜与植物崇拜的结合。竹与桐均具有这种功能，不同的是，竹是取喻于其根系，桐是取喻于其枝系。朱彝尊《名孙说二首》总括了梧桐易生速长、果实离离的两个特点:“昆田生子三龄矣，命之曰‘桐孙’，为之说曰:天下之木，莫良乎梓桐也者。梓之属也，荣木也，易

① “祖竹”即“竹祖”，指带有笋芽的竹鞭。竹子与梧桐都善于萌蘖，所以常常相提并论。详参笔者《碧梧翠竹，以类相从——桐竹关系考论》，《北京林业大学学报》（社会科学版）2011年第3期。

② 宋祁《景文集》(《影印文渊阁四库全书》)卷五十一，上海古籍出版社1987年版。“河阳”是指西晋诗人潘岳，他有悼念亡妻的《悼亡诗》三首。孙楚亦为西晋诗人，也有悼念亡妻的《除妇服诗》。

生而速长者也……诗曰:‘其桐其椅，其实离离。’庶其蕃衍吾后乎？！”不过在后代，桐子喻义远不及桐孙喻义流行，例如：

芣苡春来盈女手，梧桐老去长孙枝。（白居易《谈氏外孙生三日，喜是男，偶吟成篇，兼戏呈梦得》）

人言尔祖玉蕴石，传到儿孙蓝出青。眼底桐枝多秀色，早令授业各专经。（家铉翁《题李氏敬聚堂》）

桂子昨方移别种，桐孙今见长新枝。（卫宗武《贺南塘得孙诗》）

清钟桂子初三月，秀挺桐孙第一枝。（陈栎《贺陈竹牖生孙》[①]）

莹然白璧，其温也；挺然梧枝，其秀也；洋洋乎大韶，其雅且平也。予不知彭氏何以生子若此？（石珤《送彭师舜得告归省序》[②]）

桐孙枝“挺”色“秀”，生意弥满，充满喜庆、祝愿。在中国民间，仍有“桐枝衍庆”习俗之孑遗。马席绍《石海茶湾苗族礼俗》：

途中，押礼者还要在路边扯一株有根、有枝、有尖的小竹和取一根完整的桐枝带到男方家去，在交接礼仪时，作为象征物，预祝男女童子结发，百年共枕，养儿育女，大发其昌。（《兴文县文史资料》“风景旅游名胜专辑”第十七辑）

云南的基诺族也有特殊的礼俗，生孩子的人家要在大门边插两枝带叶子的桐枝尖，以示外寨人不能进来。

中国文化中，梧桐是家园的象征，桐孙往往一语双关。刘子翚《偶

① 陈栎《定宇集》（《影印文渊阁四库全书》），上海古籍出版社 1987 年版。
② 石珤《熊峰集》（《影印文渊阁四库全书》）卷十，上海古籍出版社 1987 年版。

书》："旧园却忆桐孙在，薄宦端为荔子留。"[①]《到任与祖漕启》："守拙杜门，久卧桐孙之圃；叨恩佐郡，朅来荔子之邦。"[②]诗文中既有故园之恋，又有天伦之乐。吴景奎《满庭芳》"己卯七月十一日得颖"："露洗新秋，天浮灏气，桐孙初长庭隅棚。"[③]"桐孙"也既是本地风光，又是添丁之庆。

（三）桐孙与音乐：木质坚实；孤高情怀；知音诉求；道德内充

梧桐是重要的琴材，《诗经·鄘风·定之方中》："椅桐梓漆，爰伐琴瑟。"峄阳孤桐、龙门半死之桐、焦桐等都是与古琴有关的意象、典故。桐孙更是梧桐之优材，汉魏时期两篇著名的《琴赋》中都有记载。傅毅《琴赋》："历嵩岑而将降，睹鸿梧于幽阻……游兹梧之所宜。盖雅琴之丽朴，乃升伐其孙枝。"[④]嵇康《琴赋》："顾兹梧而兴虑，思假物以托心；乃斫孙枝，准量所任。至人攄思，制为雅琴。"[⑤]庾信《咏树诗》亦云："桐孙待作琴。"

然而，傅毅、嵇康、庾信都并未说明制琴为何以"桐孙"为贵；直到博物之学、"鸟兽草木"之学极为发达的北宋，[⑥]苏轼才从"木性"的角度予以阐明。琴材必须要坚实，白居易《夜琴》即云："蜀桐木性实，楚丝音韵清。"古人选琴材以指甲掐之，坚不可入者为佳。如果木质松软，琴音就会虚散、飘浮。苏轼《杂书琴事十首·琴贵桐孙》：

---

① 刘子翚《屏山集》（《影印文渊阁四库全书》）卷十六，上海古籍出版社 1987 年版。

② 刘子翚《屏山集》（《影印文渊阁四库全书》）卷八，上海古籍出版社 1987 年版。

③ 吴景奎《药房樵唱》（《影印文渊阁四库全书》）卷三，上海古籍出版社 1987 年版。

④ 严可均《全后汉文》卷四十三，商务印书馆，1999 年版。

⑤ 严可均《全三国文》卷四十七，商务印书馆，1999 年版。

⑥ 罗桂环《宋代的"鸟兽草木之学"》，《自然科学史研究》2001 年第 2 期。

凡木，本实而末虚，惟桐反之。试取小枝削，皆坚实如蜡，而其本皆中虚空。故世所以贵孙枝者，贵其实也；实，故丝中有木声。

苏轼首次从“木性”的角度阐明了制琴缘何推崇桐孙。

南宋曾敏行总结了沈括、苏轼之说，而且对于桐孙的定义更求精准：不是桐枝都可以称之为桐孙，只有桐枝的派生枝才能称之为桐孙。《独醒杂志》卷三：

斫琴贵孙枝，或谓桐本已伐、旁有蘖者为孙枝，或谓自本而岐者为子干，自子干而岐者为孙枝。凡桐遇伐去，随其萌蘖，不三年可材矣。而自子干岐生者，虽大不能拱把。唐人有百衲琴，虽未详其取材，然以百衲之意推之，似谓众材皆小，缀葺乃成，故意其取自子干而岐生者为孙枝也。

梧桐的主干或主枝都比较粗壮、虚松，而“桐孙”却枝条较细、质地紧密。《独醒杂志》提到的“百衲琴”出自唐代李绰《尚书故实》：“唐汧公李勉素好雅琴。尝取桐孙之精者，杂缀为之，谓之‘百衲琴’。用蜗殼为晖其间，三面尤绝异，通谓之响泉韵磬。”[1]

正因为是重要的琴材，桐孙于是成为古琴、音乐的借代，陆龟蒙《和袭美江南道中怀茅山广文南阳博士三首次韵》：“桂父旧歌飞绛雪，桐孙新韵倚玄云。”[2]伐取桐孙也不是简单的樵夫劳作，而是文人躬自制琴的雅事，如翁洮《和方干题李频庄》“闲伴白云收桂子，每寻流水劚桐孙。犹凭律吕传心曲，岂虑星霜到鬓根”、皮日休《临顿为吴中偏胜

① “晖”即“琴晖”，通称“琴徽”，是琴弦的音位标志，常用金、玉、贝制成。

② “桂父”为传说中的仙人，刘向《列仙传·桂父》：“桂父者，象林人也，色黑而时白时黄时赤。南海人见而尊事之。常服桂及葵。”

之地，陆鲁望居之不出，郛郭旷若……奉题屋壁》“明朝有忙事，召客斫桐孙”。

桐孙之韵清雅，文人的孤高情怀、知音诉求、道德内充尽借桐孙以显现。赵抟《琴歌》：“绿琴制自桐孙枝，十年窗下无人知，清声不与众乐杂，所以屈受尘埃欺。”“清声”与“众乐”、雅与俗的对立是诸多咏琴作品的共同架构。所谓同声相应、同气相求，“闻弦歌而知雅意”的知音诉求也是诸多咏琴作品的恒见主题，如苏轼《次韵和王巩》“知音必无人，坏壁挂桐孙”、耶律楚材《和景贤七绝》其五“桐孙元采峄阳林，万里携来表素心。聊尔赠君为土物，也教人道有知音”。[①]我们再看南宋陆游，《秋兴》“老子虽贫未易量，风流犹在小茅堂。葡萄锦覆桐孙古，鹦鹉螺斟玉瀣香。”《杂题》“山家贫甚亦支撑，时抚桐孙一再行”。儒家“君子固穷”“不改其乐”的守道自洽的一个“标志”就是桐孙在室，抚琴而歌。

三、疏桐：疏桐寒井；疏桐寒鸦；疏桐缺月

梧桐阔叶疏枝，谢朓《游东堂咏桐诗》：“叶生既阿那，叶落更扶疏。”秋冬之际，桐叶凋落之后，桐枝显得粗大而萧疏，疏桐是千山落木、众芳芜秽的寥廓天地间特别突兀的景致。从六朝到宋朝，疏桐寒井、疏桐寒鸟、疏桐缺月的意象组合模式递相出现。

（一）南北朝：疏桐寒井；地缘组合；景情疏离

中国传统社会中，井和树有着由来已久的相依关系。《周礼·秋官·野庐氏》：“宿昔井树。”郑玄注：“井共饮食，树为蕃蔽。”桐和井的关系尤为密切，笔者将另有专门论述。疏桐与寒井是自然而然的地缘组合，

① 耶律楚材《湛然居士集》（《影印文渊阁四库全书》）卷七，上海古籍出版社1987年版。

南北朝文学作品中频繁出现此类意象组合：

寒疏井上桐。（梁简文帝《艳歌篇十八韵》）

井上落疏桐。（梁元帝《藩难未靖述怀》）

寒井落疏桐。（周明帝《过旧宫》）

桐生井底寒叶疏。（王褒《燕歌行》）

菊落秋潭，桐疏寒井。（庾信《至仁山铭》）

这一组相似的意象、句子其实可以作为生动的个案来进行分析，南北朝时期的文学创作风会于此可见一斑。上述五位作家，或为兄弟，或为君臣，或为同僚，在创作上相互影响；南朝诗风以庾信为中介对北朝诗风也产生了影响。当然，这是一个更为宏大的命题，不是本文所讨论的范围。葛晓音先生在《庾信的创作艺术》一文中，对这一组句子有细致的分析：

> "菊落秋潭，桐疏寒井"……两句的构思是颇费琢磨的。梁元帝有"井上落疏桐"，周明帝也有"寒井落疏桐"，皆说明疏桐之影倒映入水，仿佛梧桐落入井中，写得比较直，王褒的"桐生井底寒叶疏"转了个弯子，不说桐落入水中，而说疏桐仿佛生于水中。庾信把同样的意思压缩成四个字，将"疏"字动词用，谓井边桐叶稀疏，使井面显得疏朗，这就愈加精炼含蓄了。[1]

其实，梁简文帝"寒疏井上桐"的"疏"也是动词。

疏桐寒井是萧瑟、寥落之景，如果将上面引述的句子置于文本语境中考察，我们就会发现南朝时期文学中普遍存在的"景"与"情"的疏离、悖反，正如李泽厚在《美的历程》中所说的：

---

① 葛晓音《汉唐文学的嬗变》第 356 页，北京大学出版社 1999 年版。

（自然）并不与他们的生活、心境、意绪发生亲密的关系……自然界实际并没能真正构成他们生活和抒发心情的一部分，自然在他们的艺术中大都只是徒供描画、错彩镂金的僵化死物。①

梁简文帝《艳歌篇十八韵》:“雾暗窗前柳，寒疏井上桐。女萝托松际，甘瓜蔓井东。拳拳恃君宠，岁暮望无穷。”柳与窗、桐与井、女萝与松、甘瓜与井构成了四组依附关系，用来比拟女子的望“宠”之心，疏桐寒井只是作为比兴存在。庾信《至仁山铭》:“菊落秋潭，桐疏寒井。仁者可乐，将由爱静。”“乐”“静”之心与菊落桐疏的凋残之景也不相侔。周明帝《过旧宫》:“玉烛调秋气，金舆历旧宫。还如过白水，更似入新丰。秋潭渍晚菊，寒井落疏桐。举杯延故老，今闻歌大风。”“白水”“新丰”分别用汉光武帝、汉高祖之典，“大风”即刘邦《大风歌》；通篇作品志得意满、气势骄人，“寒井”两句与全篇格调也是不合。

南北朝时期，刘孝先与江总在疏桐的意象组合、意境营造上有开拓作用。刘孝先《和亡名法师秋夜草堂寺禅房月下诗》:“数萤流暗草，一鸟宿疏桐。兴逸烟霄上，神闲宇宙中。”“兴逸”“神闲”之情与疏桐之景疏离，但是鸟桐组合已经摆脱了井桐窠臼。江总《姬人怨》:“天寒海水惯相知，空床明月不相宜。庭中芳桂憔悴叶，井上疏桐零落枝。”“天寒”应该是汉乐府《饮马长城窟行》“海水知天寒”句意；虽然仍然沿袭了疏桐寒井模式，但是憔悴零落之景与姬人的“怨”情互相吻合。

（二）唐朝：疏桐寒鸦；闺怨乡愁；情景合一；疏桐鸣蝉

唐诗中的疏桐之景已经与整体情绪契合无间了，这也是中国诗歌艺术发展的一个例证，请看几则诗例：

---

① 李泽厚《美的历程》第93—94页，中国社会科学出版社1992年版。

离宫散萤天似水，竹黄池冷芙蓉死……鸡人罢唱晓珑璁，鸦啼金井下疏桐。（李贺《杂曲歌辞·十二月乐辞·九月》）

寒塘映衰草，高馆落疏桐。临此岁方晏，顾景咏悲翁。（王维《奉寄韦太守陟》）

钟尽疏桐散曙鸦，故山烟树隔天涯。西风一夜秋塘晓，零落几多红藕花。（吴商浩《秋塘晓望》）

作品中的闺怨乡愁之思、岁功无成之叹与南朝作品中的情绪迥然不同。特别值得我们注意的就是“疏桐寒鸦”模式的出现。中国文学中用寒鸦来点缀秋冬的衰飒很常见，著名的例子如秦观《满庭芳》“流水外，寒鸦绕孤村”马致远《天净沙·秋思》“枯藤老树昏鸦”。疏桐与寒鸦都是暗黑色调，梧桐高耸疏透，寒鸦峭立枝头的视觉感受和叫声粗嘎的听觉感受尤为惊心。唐诗中的“疏桐寒鸦”模式在造景、抒情上要优于疏桐寒井模式，于是胜出。而且，李贺、吴商浩作品中的“疏桐寒鸦”均与“芙蓉死”“零落几多红藕花”的荷花凋残的衰飒之景同时出现，都为典型的秋景。

论述唐代的疏桐意象，不能不提到虞世南的《蝉》：“垂緌饮清露，流响出疏桐。居高声自远，非是藉秋风。”后人把虞世南的《蝉》与骆宾王的《在狱咏蝉》、李商隐的《蝉》作比，得出“清华人语”“患难人语”“牢骚人语”的结论（清代施补华《岘佣说诗》）。这首作品的中心意象是蝉而非疏桐，不过，清华、高华之气也浸润了疏桐意象；然而，虞世南的作品在后代缺乏共鸣，像他这种“清贵”的文人毕竟少之又少。唐代就有人开始做“翻案”文章，宋华《蝉鸣一篇五章》：“蝉其鸣矣，于彼疏桐。庇影容迹，何所不容。嘒嘒其长，永托于风。”虞世南说蝉鸣“非是藉秋风”，宋华却偏偏说“永托于风”。南宋遗民词人唐艺孙《齐天乐》“余闲书院拟赋蝉”下阕：“西轩晚凉又嫩。向枝头占得，银露行顷。蜕翦花轻，羽翻纸薄，老去易惊秋信。残声送暝。恨秦树斜阳，暗催光景。淡月疏桐，半窗留鬓影。”出现了蝉、疏桐意象，却是既“惊”且“恨”，寄寓了黍离之悲。王安石的《葛溪驿》中也有疏桐与鸣蝉的意象，但也是嘈杂之境，“鸣蝉更乱行人耳，正抱疏桐叶半黄”。所以，虞世南的“疏桐鸣蝉”组合虽然高华，却缺乏范式效应。

图 21 ［明］宋珏《梧桐秋月图》。皓月当空，梧桐高耸，树影婆娑，书斋中、小径上，有人晤谈。原作现藏上海博物馆，图片来自《中国传世名画全集》（有声版）。

（三）宋朝：疏桐缺月；出位之思；运化统摄

疏桐寒井与疏桐寒鸦在意象组合上有一个共同的缺陷，即缺乏“出位之思”；两者都是以疏桐为“本位”，寒井毗邻于疏桐，寒鸦寄栖于疏桐，境界逼仄。“疏桐缺月”却是互为“本位”，矗立的疏桐是缺月的“坐标”，朦胧的缺月是疏桐的“背景”；同时，疏桐如同“射线”的端点，缺月如同射线上的一点，这根“射线”射向广袤的苍穹，境在象外。疏桐缺月组合首次出现于苏轼的《卜算子》：

缺月挂疏桐，漏断人初静。时见幽人独往来，缥缈孤鸿影。

惊起却回头，有恨无人省。拣尽寒枝不肯栖，寂寞沙洲冷。

这一首作品中运化统摄疏桐、缺月的就是“幽人”，亦即诗人自身，“孤鸿”是“幽人”的对象化。词托物咏怀，其高洁之志与孤寂之感交渗一体的双重情感取向对整个封建社会的士大夫来说有着极其普遍的意义。缺月、疏桐、孤鸿、幽人的意象组合很成功，缺、疏、孤、幽在情态上契合无间，其产生的“合力”有力地渲染出孤清的氛围。苏轼的创作是他自身情怀、经历心态的写照，同时又是对前人作品的融铸与超越。《苕溪渔隐丛话》“前集”卷三十九引黄庭坚评语：“语意高妙，似非吃烟火食人语，非胸中有数万卷书，笔下无一点尘俗气，孰能至此？”苏轼所构建的“三件套”成为书写人生体验的范式，如：

想见疏桐凉月下，幽鸿无伴立寒沙。（项安世《次韵答蜀人薛仲章》）

遥知疏桐下，缺月见深省。我来如征鸿，爱此沙洲冷。（汪莘《竹洲见寄次韵》）

疏桐缺月漏初断，鸿影缥缈还见么？（牟子才《淳佑七年……》）

苏轼“飞鸿”“孤鸿”的生命体验并非人人都有，但是“疏桐”与“缺月”组合却以其造景优势而在北宋以后流行，例如：

天净姮娥初整驾。桂魄蟾辉，来趁清和夜。费尽丹青无计画，纤纤侧向疏桐挂。（赵长卿《蝶恋花》）

缺月疏桐，淡烟衰草，对此如何不泪垂！君知否？我生于何处，死亦魂归。（刘氏《沁园春》）

山绕孤城水拍空，惜无残月照疏桐。（韩元吉《宝林院次

韩廷玉韵》)

玉露金风刮夜天，疏桐缺月耿窗前。(汪莘《秋怀》)

缺月疏桐画未成。(尹廷高《次韵於行可秋声》[①])

金代元好问甚至用《缺月挂疏桐》为词牌名，作为《卜算子》之别称。南宋之后，山水林泉绘画风格向清旷萧疏转变，注重笔墨意趣，而“缺月疏桐”则是造化之景、“目遇之而成色”，是这种风格的极致；赵长卿与尹廷高都表达了“无计画”“画未成”的遗憾。

通过对桐枝、桐孙、疏桐意象的探讨，我们可以发现，梧桐与季节、人生、民俗、音乐之间有着密切的关系。

第三节　桐　叶

在树叶族类中，桐叶以阔大而醒目。桐叶临秋而陨，是秋至的典型物候。“梧桐夜雨”与“荷叶雨声”“芭蕉夜雨”等是契合中唐文化心理、审美变化而产生的听觉意象。宋朝，在意志理性与民本情怀的合力下，桐叶的悲秋功能被消解。桐叶飘落时正是稻花飘香时，南宋诗歌中，“桐叶”与“稻花”的组合具有时代特色，洋溢着岁稔的欣悦。桐叶阔大，可以题诗，“桐叶题诗”体现了文人雅趣与女子心绪；“红叶题诗”意象则由“桐叶题诗”演变而来。“桐叶封弟”宣扬了兄弟之义，其可信性、合理性建立在“封建制”的基础之上；唐代柳宗元否定了“桐叶封弟”及“封建制”的合理性。“分桐”具有截然相反的两种比喻意义，既指事物可以续合，也指事物不可复合。

---

① 尹廷高《玉井樵唱》(《影印文渊阁四库全书》)卷中，上海古籍出版社 1987 年版。

一、桐叶的生物与物候特点：阔大；临秋而陨

梧桐树叶阔大，加之树身高耸，所以在树叶族类中显得落落出群，汪琬《题同宗蛟门百尺梧桐阁画卷》即云："桐华馥馥桐叶大，最便凉天与炎夜。"[①]苏辙甚至用"蒲葵扇"来形容桐叶，《和鲜于子骏益昌官舍八咏·桐轩》："桐身青琅玕，桐叶蒲葵扇。"蒲葵是棕榈科蒲葵属的常绿高大树种，叶子呈扇形，直径可达1.5~1.8米，高可达1.2~1.5米。

梧桐树冠广覆，桐叶层层叠叠，如同片片碧云，布下绿阴。白居易《和答诗十首·答桐花》："叶重碧云片。"《云居寺孤桐》："千叶绿云委。"刘义恭《桐树赋》："密叶垂蔼而增茂。"[②]顾瑛《和缪叔正灯字韵》："梧桐叶大午阴垂。"[③]如果说桐叶是"复数"名词，那么桐阴则是"单数"名词；如果说桐叶是"体"，桐阴则是"用"。桐叶与桐阴不可分离，鉴于桐阴与中国古人的日常生活、精神生活有着密切的关系，笔者特表而出之，本书另有"桐阴"一节专门论述。

梧桐修干弱枝、阔叶疏枝，所以梧桐树密而不实、通透疏朗。梧桐是单叶树木，也就是一根叶柄上只有一片树叶，梧桐的叶柄很长，大约和树叶等长，约15厘米，所以桐叶迎风舒展，婀娜生姿。谢朓《游东堂咏桐诗》："叶生既婀娜。"夏侯湛《愍桐赋》："纳谷风以疏叶，含春雨以濯茎。濯茎夭夭，布叶蔼蔼。"[④]

梧桐是落叶乔木，秋天桐叶颜色转深、转黄以至凋零。宋玉《九辩》云"悲哉，秋之为气也，萧瑟兮草木摇落而变衰"，开创了中国文学中

① 汪琬《尧峰文钞》（《影印文渊阁四库全书》）卷四十三，上海古籍出版社1987年版。

② 严可均《全宋文》卷四十四，商务印书馆1999年版。

③ 顾瑛《玉山璞稿》（《影印文渊阁四库全书》），上海古籍出版社1987年版。

④ 严可均《全晋文》卷六十八，商务印书馆1999年版。

悲秋的传统。宋玉描写萧瑟的秋景即云:“白露既下百草兮，奄离披此梧楸。”阔大的桐叶从高空飞舞、飘坠，枝干光秃、高耸，格外醒目而惊心,梧桐叶落遂成为秋至的象征性景物。《广群芳谱》卷七十三引《遁甲书》:

> 梧桐可知月正闰。岁生十二叶，一边六叶，从下数，一叶为一月。有闰则十三叶，视叶小处则知闰何月。立秋之日，如某时立秋，至期一叶先坠，故云:“梧桐一叶落，天下尽知秋。”

古人认为，梧桐能够感知、感应秋天的来临，如《广群芳谱》卷七十三引陈翥《桐叶》“但有知心时，应候常弗迷”、陆游《早秋》“桐叶知时拂井床”。

桐叶飘落常常与蟋蟀声等秋天意象组合，如陆游《蝶恋花》:“桐叶晨飘蛩夜语,旅思秋光,黯黯长安路。”(详参前文《梧桐与悲秋》一节)

二、桐叶悲秋：中唐桐叶秋声意象涌现；宋代桐叶悲秋功能被否定与超越

梧桐虽然很早就被作为秋至的典型物候来描写，但基本是粗陈梗概、视觉呈现;梧桐叶落并未与作者情绪水乳交融,更未成为悲怀的“催化剂”。桐叶秋声是随着审美认识的深入、诗歌艺术的发展而出现的听觉意象。

(一)桐叶秋声：梧桐夜雨；梧桐风鸣；梧桐坠地

孟浩然已有从听觉角度描写梧桐之例，王士源《孟浩然集序》:“闲游秘省，秋月新霁，诸英华赋诗作会。浩然句曰:‘微云淡河汉，疏雨滴梧桐。’举座嗟其清绝，咸阁笔不复为继。”“滴”字是细微、敏锐的听觉捕捉，体现了孟浩然超异同侪的艺术感受与表现能力，营造出“清绝”之境。我们还可以用孟浩然其他用“滴”的诗例来参证,《初出关

旅亭夜坐怀王大校书》“荷枯雨滴闻”,《齿坐呈山南诸隐》“竹露闲夜滴”。

孟浩然诗歌中的雨滴梧桐并非悲秋意象。中唐时期，情形发生了变化，桐叶秋声，尤其是“梧桐夜雨”成为诗歌中摹写悲秋情绪的重要听觉意象。丹纳在《艺术哲学》中精辟地说道：“作品的产生取决于时代精神和周围的风俗。”意象是作品的构件,也取决于“时代精神”[①]。中唐以后国势日下，盛唐时期张扬外放的精神让位于退缩内敛，文人的心态视野、审美趣味、艺术主题都发生了重大的变化,他们走进了“更为细腻的官能感受和情感彩色的捕捉追求中”，注意“呈现的是人的心境和意绪”。[②]

“梧桐夜雨”与“枯荷雨声”“芭蕉夜雨”等适合刻画心情、心绪的听觉意象应运而生。黑夜的笼罩、空间的阻隔等都会导致视觉意象的遮蔽;而听觉意象可以洞穿黑夜、度越空间,让人无所遁逃。而且,“梧桐夜雨”等听觉意象不是乍来乍去，而是绵延不绝的“时间艺术”。这有点类似于中国古代的计时工具“沙漏”，黑夜中的每一滴微响都似乎落在心头、伴人无眠。“梧桐夜雨”等是中唐特定的时代氛围中所产生的特定意象。请看中晚唐诗歌中的这一类听觉意象：

春风桃李花开日，秋雨梧桐叶落时。(白居易《长恨歌》)

江海漂漂共旅游，一尊相劝散穷愁。夜深醒后愁还在，雨滴梧桐山馆秋。(白居易《宿桐庐馆同崔存度醉后作》)

雨滴梧桐秋夜长，愁心和雨到昭阳。泪痕不学君恩断，拭却千行更万行。(刘媛《长门怨》)

秋阴不散霜飞晚，留得枯荷听雨声。(李商隐《宿骆氏亭

① 丹纳《艺术哲学》第 32 页，人民文学出版社 1986 年版。

② 李泽厚《美的历程》第 145—146 页，中国社会科学出版社 1992 年版。

寄怀崔雍崔衮》）

夜静忽疑身是梦，更闻寒雨滴芭蕉。（朱长文《句》）

浮生不定若蓬飘，林下真僧偶见招。觉后始知身是梦，更闻寒雨滴芭蕉。（徐凝《宿冽上人房》）

梧桐与荷、芭蕉都是属于阔叶形的植物，雨滴落在上面的声音清晰可闻，这是这一系列的听觉意象所产生的植物学基础。相比较而言，桐叶雨声更为习见。芭蕉是亚热带植物，地域色彩比较明显；荷叶虽然也分布广泛，但是主要是在池塘中，一般不近屋居；梧桐的栽植范围则很广，无论是南方或是北方，无论庭院、官衙、驿站都往往有梧桐。而且，梧桐高耸，雨落桐叶，"居高声自远"。简单地说，梧桐雨声更具普遍性与日常性。

三更时分，万籁俱寂，夜正未央，梧桐雨声助人寂寥。温庭筠《更漏子》："梧桐树，三更雨，不道离情正苦。一叶叶，一声声，空阶滴到明。""叶叶"与"声声"的叠字运用刻画出雨声的单调、重复以及绵长。三更的梧桐雨声几乎成了渲染离情别绪、孤寂情感的不可或缺的意象，或曰"道具"，如：

梧桐叶上三更雨，叶叶声声是别离。（周紫芝《鹧鸪天》）

梧桐叶上三更雨，别是人间一段愁。（赵长卿《一剪梅》）

梧桐叶上三更雨，亦有愁人独自眠。（张耒《崇化寺三首》）

倏忽而至的梧桐雨声几乎如"无声处"的"惊雷"，苏轼《木兰花令》："梧桐叶上三更雨，惊破梦魂无觅处。""梧桐夜雨"这一听觉意象更契合词的体性，所以在词中更为常见。

此外，桐叶坠落及桐叶风鸣也是常见的桐叶秋声类型。桐叶阔大，秋天枯瘁、凋零，凝神寂虑处似乎落地有声，如韩愈《秋怀诗》：

霜风侵梧桐，众叶著树干。空阶一片下，琤若摧琅玕。

值得我们注意的是，这一细微的听觉意象也是中唐时期才出现的。再如武元衡《长安秋夜怀陈京昆季》“闲听叶坠桐”、白居易《何处难忘酒七首》“暗声听蟋蟀，干叶落梧桐”。韩愈对桐叶坠落的声音摹写影响了后代，黄庭坚《宿广惠寺》：“风乱竹枝垂地影，霜干桐叶落阶声。”冯山《独坐》：“兀坐窗牖寂，桐叶掷瓦响。哀弹动秋听，远寄劳夜想。”黄庭坚的描写尚可称平实，而韩、冯诗歌中的“摧”与“掷”却是夸饰、重狠。

梧桐树身高大、树枝疏朗，迎风而疏风，正如相传薛涛童稚时所咏：“叶送往来风。”无独有偶，中唐时期的卢纶较早敏锐捕捉了风吹桐叶的声音，《和太常王卿立秋日即事》：“阶桐叶有声。”秋天，风疏桐叶之声庶几近乎庄子所云的“地籁”，如陈师道《和黄预感秋》“林梧自黄陨，风过成夜语”[①]、《广群芳谱》卷七十三引郑允端《梧桐》“梧桐叶上秋先到，索索萧萧向树鸣。为报西风莫吹却，夜深留取听秋声”。[②]

雨声、风声、落地声是细分之下的三种秋声类型，出于“精密论述”之必要。而事实上，三者往往是组合造景的，如张耒《杂题二首》“寒雨萧萧桐叶惊，浪浪还作夜阶声。西风忽起幽人觉，枕簟凉时向五更”、陆游《秋夜风雨暴至》“风声掠野来，澒洞如翻涛。雨声集庭木，桐叶声最豪”。

（二）桐叶悲秋之否定与超越：意志理性与民本情怀的双管齐下

中唐时期，“梧桐夜雨”等系列秋声意象出现并被沿袭，这是梧桐

① 这里的“语”是喃喃自语的意思，用拟人化的手法写出了单调、悲苦之情，类似的写法如杜甫《宿府》“永夜角声悲自语”，辛弃疾《清平乐》“破纸窗间自语”。

② 郑允端《梧桐》的结尾和李商隐的“留得枯荷听雨声”颇为相近。

悲秋功能之强化，可以说这是一个“大传统”。但中唐以降，消解、抗衡也与之俱存，桐叶悲秋的心理结构开始受到挑战。宋朝之后，桐叶悲秋之否定与超越也成为一个“小传统”，“小传统”是文人意志理性与仁者情怀的“合力”作用。“大传统”体现了文学的延续性，“小传统”则体现了文学的弹性与活力，两者相辅相成。

程杰先生在《宋诗学导论》中的一段话颇有助于本节的论述：

> 在传统的诗歌理论中，“诗缘情”“诗可以怨”，诗是“不平之鸣”等说法是最基本的信念，借用现代心理学的术语，诗被看作是“爱欲”的表现。而在宋代文化中，在日趋深入的道德性命之学中，逐渐发展起来的是对人的实践“意志”的肯定……如“悲秋”，自宋玉以来，在一代一代的难以计数的袭用中内涵不断积淀，意象逐步完善，成了文人抒发种种“不遇”之感的有效模式，但这一模式从中唐时候开始受到挑战……如杜牧《齐安郡中偶题》所言：“秋声无不搅离心，梦泽蒹葭楚雨深。自滴阶前大梧叶，干君何事动哀吟？”已是对“悲落叶于劲秋”这一“情以境迁”的传统心态正面提出质疑……物色摇情不是一种必然存在，对于忘怀得失者来说，物色便无从施展其威力，关键在于主体自身达到的态度和立场。显然，这一关于情感之虚妄性的认识有了释道二教心性之学影响下的思想深度，体现了意志和理性的力量。[①]

宋代，随着主体意识的张扬，经过唐人强化的“桐叶悲秋”的心物关系失去了效力。

中唐之后，儒学复兴，士大夫以经世致用为己任；随着科举制度

① 程杰《宋诗学导论》第 141 页，天津人民出版社 1999 年版。

的完善，宋代文人从观念层面到实践层面普遍以儒家思想为指导，民本情怀几乎成了宋代文学创作的“主旋律”。秋天虽然是桐叶凋落、秋气肃杀，但也是农作物、果树、桑麻成熟之季；传统的悲秋情绪被民胞物与的民本情怀所替代，忧天下之所忧，乐天下之所乐。民本情怀也使得宋代文人“定向”发掘“秋美”，并对传统悲秋意象进行翻新、改造。

南宋时期，随着政治、文化中心的南移，诗歌中的物象也具有南方特色、风情。南方是中国稻米的重要产区，据浙江余姚河姆渡发掘考证，早在六七千年以前这里就已种植水稻。桐叶飘落之时也正是稻花飘香之时，岁稔的欣悦取代了悲秋的情绪。“梧桐夜雨”是文人抒发悲秋的常用意象；但是，对于久旱望雨的农夫而言，沛然而至的“梧桐夜雨”却无疑是最美的音乐。宋代文人对这一传统意象进行“翻案”，曾几《苏秀道中自七月二十五日夜大雨三日，秋苗以苏，喜而有作》：“……千里稻花应秀色，五更桐叶最佳音。无田似我犹欣舞，何况田间望岁心！”①

我们会发现一个有趣的现象，南宋以后，桐叶与稻子这两个看似不相干的意象在诗歌当中往往是联袂出现。这是文化心理与地域文化的协同作用，如：

蝉噪荒林桐叶老，风回半野稻花香。（黎道华《疏山》）

时节不相饶，俄当七月朝。未闻桐叶落，已觉稻香飘。（释师范《偈颂七十六首》其二六）

鹊惊梧叶坠，露压稻花香。（汪昭《秋夕遣兴》）

① “苏”即苏州；“秀”即秀州，也就是今天的浙江嘉兴。苏、秀都是江南重要的稻米产区。

珠玑推上稻花水，金铁敲残梧叶风。（方一夔《杂兴三首》）

何中《山中乐效欧阳公四首》则是全方位地展示了秋天的丰收、老成之美，除了青林红树外，还有芦菔、稻米、橙子等：

扇团自守不依人，桐叶知几寻脱路……旋庖芦菔美胜酥，精淅新秔香满户。山中之乐谁得知？我独知之来何为！青林红树人烟湿，护得金橙密处垂。

我们还可以用荷叶来为参证，枯荷同样是传统悲秋意象；然而在“最是橙黄橘绿时”的岁成之心观照下，“荷尽已无擎雨盖”的老成之美被发现。叶梦得《鹧鸪天》小序云：

梁范坚常谓：欣成惜败者，物之情。秋为万物成功之时，宋玉作悲秋，非是，乃作《美秋赋》云。东坡尝有诗曰：“荷尽已无擎雨盖……”此非吴人无知其为佳也。予居有小池种荷，移菊十本于池侧。每秋晚，常喜诵此句，因少增损，以为《鹧鸪天》，词云：“一曲青山映小池，绿荷阴尽雨离披。何人解识秋堪美，莫为悲秋浪赋诗。携浊酒，绕东篱，菊残犹有傲霜枝。一年好景君须记，正是橙黄橘绿时。”

叶梦得的小序中有一句话值得注意，“非吴人无知其为佳也”，稻米飘香、果树成熟往往是吴地等南方才有的秋天景象。

正是缘于民本情怀，苏轼的作品得到了普遍共鸣，枯荷也一反“常调”，再如：

菊暗荷枯一夜霜，新苞绿叶照林光。竹篱茅舍出青黄。（苏轼《浣溪沙 · 咏橘》）

菊暗荷枯秋已满，橙黄橘绿冬初满。（杨无咎《渔家傲 · 十月二日老妻生辰》）

新雨足，一夜满池塘。粳稻向成初吐秀，芰荷虽败尚余香。爽气入轩窗。（李纲《望江南》）

君家池上几时栽，千树玲珑亦富哉。荷尽菊残秋欲老，一年佳处眼中来。（朱熹《次吕季克东堂九咏 · 橘堤》）

三、桐叶题诗：文人雅趣；爱情心声

在纸张发明之前，原始形状为薄片的天然材料如树叶及纸草（Cyperus papyrus 或称莎草），这类物质都曾被人类用于书写，但在中国却从未见采用。[①]换言之，从实用功能而言，树叶从来就没有正式作为纸的替代品；中国文化中的“桐叶题诗”是一种诗意的书写方式，是文人雅趣、爱情心声。“题叶”爱情故事在唐代以多种渠道、多个版本流传，此处的“叶”多指桐叶；宋代之后，“桐叶题诗”让位于“红叶题诗”。

（一）“桐叶题诗”与文人雅趣

题叶是一种富有雅趣的题诗方式，由来已久，举凡叶形阔大者，无不成为文人信手拈来的题诗工具，如芭蕉叶、菖蒲叶、荷叶、柿叶等。梧桐是中国文化中的嘉木、柔木，桐阴之下是文人日常休憩、诗意栖居之所在，桐叶则更是文人题叶之首选。桐叶题诗是屈原以来文人“善鸟香花，以比忠贞”的比兴传统的延续，寄寓着芬芳品格。如孟郊《赠转运陆中丞》:“衣花野菡萏，书叶山梧桐。”“菡萏”即荷花、芙蓉，是《楚辞》中常见的香花。再如：

石栏斜点笔，桐叶坐题诗。（杜甫《重过何氏五首》）

去年桐落故溪上，把笔偶题归燕诗。江楼今日送归燕，正是去年题叶时。（杜牧《题桐叶》）

---

① 钱存训《中国纸和印刷文化史》第 37 页，广西师范大学出版社 2007 年版。

抱病独不饮，爱闲君所知。阶前碧梧叶，片片可题诗。（赵汝回《春山堂》）

新诗到处传桐叶，丽唱他年满竹枝。（韩元吉《季元衡寄示三池戏稿》）

参差剪绿绮，潇洒覆琼柯。忆在沣东寺，偏书此叶多。（韦应物《题桐叶》）

韦应物的"偏书此叶多"，可以更为补述；因为我们可以怀疑，韦应物在寺庙中书写的是佛经，而非诗篇。在古印度，佛经是写在多罗树，即贝树的树叶之上的，故称"贝经"。佛教传入中国时，造纸术早已发明；树叶写经并不是因为纸张的匮乏，而是一种"报本反始，不忘其初"的宗教虔诚与力行苦修。寺庙中多有树叶储存，如《尚书故实》：

（郑虔）学书而病无纸，知慈恩寺存柿叶数间屋，遂借僧房居止，日取红叶学书，岁久殆遍。

桐叶既然可以题诗，当然也就可以替代贝叶写经。而且，梧桐树本身也具有佛教意蕴，寺庙中普遍栽植。[①]

桐叶是文人之间问遗、邀约、聚会的题诗之具，如同信笺与纽带，寄托了清兴、逸兴、豪兴，如：

想到清秋无限兴，坐题桐叶寄殷勤。（郭奎《答人见寄》[②]）

梧桐叶上题佳句，乘兴重来不待招。（宋禧《题高氏万绿堂》[③]）

① 详参俞香顺《双桐意象考论》，《北京林业大学学报》（社会科学版）2011年第1期。

② 郭奎《望云集》（《影印文渊阁四库全书》）卷四，上海古籍出版社1987年版。

③ 宋禧《庸庵集》（《影印文渊阁四库全书》）卷七，上海古籍出版社1987年版。

寄兴题桐叶，长歌醉菊花。（戴复古《渝江绿阴亭九日宴集》）

戴复古“九日宴集”也可以更为补述。《魏书·彭城王勰传》：

高祖尝宴侍臣于清徽堂，日晏移于流化池芳林之下。高祖曰：“觞情始畅，而流景将颓，竟不尽适，恋恋余光，故重引卿等。”因仰观桐叶之茂，曰：“‘其桐其椅，其实离离，恺悌君子，莫不令仪’，今林下诸贤，足敷歌咏。”遂令黄门侍郎崔光读暮春群臣应诏诗。

“题叶”与“流觞”同为文人雅集之雅事。

（二）“桐叶题诗”与爱情心声

树叶随风飘荡、任水漂流，于是古人遂在树叶的传播功能上大作文章，以题叶作为现实中无法实现的爱情的红丝绳。《本事诗》“情感第一”云：

顾况在洛，乘间与三诗友游于苑中，坐流水上，得大梧叶，题诗上曰：“一入深宫里，年年不见春。聊题一片叶，寄与有情人。”况明日于上游，亦题叶上，放于波中。诗曰：“花落深宫莺亦悲，上阳宫女断肠时。帝城不禁东流水，叶上题诗欲寄谁？”后十余日，

有人于苑中寻春，又于叶上得诗以示况。诗曰：“一叶题诗出禁城，谁人酬和独含情？自嗟不及波中叶，荡漾乘春取次行。”

“题叶”类爱情故事在唐宋曾数见，如范摅《云溪友议》、孙光宪《北梦琐言》、刘斧《青琐高议》、王铚《补侍儿小名录》。虽然故事框架与结构大致相同，但是人物、地点均不同。这其实体现了民间文学

的某些特质，如口传性、变异性；青年女子渴望冲破桎梏寻求“有缘人”是这类作品共同的主题。

我们再看《广群芳谱》引用《本事诗》中的一例：

> 蜀侯继图倚大慈寺楼，偶飘一大桐叶，上有诗云：“拭翠敛蛾眉，郁郁心中事。搦管下庭除，书作相思字。此字不书石，此字不书纸。书向秋叶上，愿逐秋风起。天下有心人，尽解相思死。天下负心人，不识相思意。有心与负心，不知落何地。”后数年，继图卜任氏为婚，始知字出任氏。

图22　［明］唐寅《红叶题诗仕女图》。左上题诗为：“红叶题诗付御沟，当时叮咛向西流。无端东下人间去，却使君王不信愁。”画作色彩妍丽，气象高华。原作现藏于美国露丝和舍曼李日本艺术研究所，图片来自网络。

桐叶胜于石、纸之处就是在于其流动性。后代文学中，“桐叶题诗”遂成为重要的典故、意象。如蔡楠《鹧鸪天》：“惊瘦尽，怨归迟。休将桐叶更题诗。不知桥下无情水，流到天涯是几时。”

（三）从“桐叶题诗”到“红叶题诗”

入秋尤其是霜降之后，桐叶颜色转深，如孟郊《秋怀》：“棘枝风哭酸，桐叶霜颜高。”秋天的桐叶，我们一般称之为“黄叶”；而在唐宋文学作品中，也称之为“红叶”。红、黄两色本就相近，我们看诗例，祖可《小重山》“西风簌簌低红叶，梧桐影里银河匝”《全芳备祖》引顾吴峤诗句“井梧惊秋风，叶叶雕萎红”。

如前所述，“题叶”爱情故事在唐代曾数次出现，《青琐高议》所收张实的传奇作品《流红记》是其中最为详尽的一个版本：

> 唐僖宗时，有儒士于佑晚步于禁衢间。于时万物摇落，悲风素秋，颓阳西倾，羁怀增感。视御沟浮叶，续续而下。佑临流浣手，久之，有一脱叶差大于他叶，远视之若有墨迹载于其上，浮红泛泛，远意绵绵。佑取而视之，其上诗曰：“流水何太急？深宫尽日闲。殷勤谢红叶，好去到人间。”

最终，红叶为媒，成就了于佑与韩氏之间的姻缘。《流红记》传播最广，元人白朴、李文蔚分别改编成杂剧《韩翠苹御水流红叶》和《金水题红怨》。

《流红记》中，“桐叶题诗”让位于“红叶题诗”；仅是一字之别，由特指而变为泛化。“红”是一种热烈的颜色，是爱情故事中最常见的色调；而且中国古代情人之间用的信笺也往往是红色的，如“薛涛笺”为粉红色。晏殊《清平乐》：“红笺小字，说尽平生意。”红叶与红笺有着相同的功能，又别具浪漫气息。

“红叶题诗”中的“红叶”无需确指，但桐叶无疑是“红叶”族类中重要的一员，晏几道《诉衷情》就将桐叶与“流红”“题红”绾合在一起：“凭觞静忆去年秋，桐落故溪头。诗成自写红叶，和泪寄东流。”在后代，枫叶在“红叶”族类中的地位跃升，于是“红叶题诗”中的“红叶”在确指时往往是指枫叶；枫叶“一叶独尊”，而桐叶在“红叶”族类中的“元老”身份已渐渐不为人知。[1]

四、桐叶封弟·分桐·判桐·破桐

桐叶又作为历史典故与义理比喻，这也是因为梧桐在日常生活中随处可见，正如钱钟书《管锥编》“周礼正义二七则”之“二”所云：

理赜义玄，说理陈义者取譬于近，假象于实，以为研几探微之津逮，释氏所谓“权宜方便”也。古今说理，比比皆然。甚或张皇幽渺，云义理之博大创辟者每生于新喻妙譬，至以譬喻为致知之具、穷理之阶，其喧宾夺主耶？抑移的就矢也！[2]

“剪桐”或曰“桐叶封弟”是关于分封、兄弟之义；“分桐”则具有“比喻之两柄”[3]，桐叶既分之后，可以“合”，也可以“不合”。

（一）“桐叶封弟”的典故出处

“桐叶封弟”是一个著名的典故，《吕氏春秋·重言》有记载：

成王与唐叔虞燕居，援梧叶以为圭，而授唐叔虞曰：“余以此封女。”叔虞喜，以告周公。周公以请曰：“天子其封虞邪？”成王曰：“余一人与虞戏也。”周公对曰：“臣闻之，天子无戏言。天子言，则史书之、工诵之、士称之。”于是遂封叔虞于晋。周公旦可谓善说矣，一称而令成王益重言，明爱弟之义，有辅王室之固。

---

① 详参俞香顺《红叶辨》，《文学遗产》2001年第2期。上文引用了张实《流红记》：“差大于他叶”，从叶形上看，枫树的树叶很难说“大于他叶”，只有梧桐的树叶才配称“大于他叶”。

② 钱钟书《管锥编》第一册《周易正义二七则·乾》，第11—12页，中华书局1991年版。

③ 钱钟书《管锥编》第一册《周易正义二七则·归妹》，第37页，中华书局1991年版。

《史记》中的两处记载则稍异于《吕氏春秋》；而且这两处记载本身在细节上亦有出入：

《史记》卷三九："成王与叔虞戏，削桐叶为珪以与叔虞，曰：'以此封若。'史佚因请择日立叔虞。成王曰：'吾与之戏耳。'史佚曰：'天子无戏言。言则史书之，礼成之，乐歌之。'于是遂封叔虞于唐。"

《史记》卷五八："故成王与小弱弟立树下，取一桐叶以与之，曰：'吾用封汝。'周公闻之，进见曰：'天王封弟，甚善。'成王曰：'吾直与戏耳。'周公曰：'人主无过举，不当有戏言，言之必行之。'于是乃封小弟以应县。"

前者，向周成王的进谏的大臣由周公变成了史佚；后者，叔虞的分封地由晋变成了应县。不过，这些都无损于故事的大旨。

（二）"桐叶封弟"的典故涵义

"圭"，又作"珪"，是古代用作凭信的玉，上圆（或尖头形）下方，帝王、诸侯在举行朝会、祭祀的典礼时所用。梧桐叶形阔大，可以剪裁为"圭"的形状。这是"剪桐"典故产生的生物基础。甚至，相传民族艺术剪纸的渊源即可追溯到周成王的"剪桐"。此外，西北地区有句民谣："汉妃抱娃窗前耍，巧剪桐叶照窗纱。"这里的剪花材料亦为桐叶。

唐叔虞为周成王的弟弟，周公旦则是当时的摄政大臣。"桐叶封弟"其实有"正""副"两个主题。正主题所宣扬的是周成王过而能改、"行而世为天下法，言而世为天下则"的天子威仪及兄弟之义；副主题所宣扬的是周公旦的辅政、辅仁之德。"剪桐"后来成为分封的典实，如王勃《常州刺史平原郡开国公行状》"剪桐疏爵，分茅建社"、高适《信安王幕府》诗“剪桐光宠锡,题剑美贞坚”。“桐叶封弟”则与“棠棣之花”一样，是宣扬兄弟之义的常典，如：

忠孝之诚，桐叶疏封已侈;盘维之寄，棣华致好每敦。(曾肇《除皇弟似守太保依前开府仪同三司蔡王充保平镇安等军节度使制》①)

棣华袭庆，桐叶分封。(苏轼《赐皇弟武成军节度使祁国公偲生日礼物口宣》②)

棣华歌尚在，桐叶戏仍传……圣慈良有裕，王道固无偏。(张说《奉和暇日游兴庆宫作应制》)

棠棣又称郁李或六月樱,开白色或粉红色花,蔷薇科李属。《小雅·棠棣》云：“棠棣之华，鄂不韡韡。凡今之人，莫如兄弟。”旧说以为周公所作，《毛序》谓：“闵管、蔡之失道，故作《棠棣》也。”管、蔡是指管叔、蔡叔，是周公的弟弟；周成王时，管叔、蔡叔和霍叔勾结武庚及东方夷族叛周，周公奉命东征。

值得注意的是，“桐叶封弟”的可信性、合理性均是建立在对“封建制”肯定的基础之上;当“封建制”本身受到质疑、否定的时候，“桐叶封弟”也就成为悬案虚谈。柳宗元《封建论》云：

彼封建者，更古圣王尧、舜、禹、汤、文、武而莫能去之。盖非不欲去之也，势不可也。……封建，非圣人意也。

《桐叶封弟辨》则断言“故不可信”。我们虽不能断定柳宗元是质

① 曾肇《曲阜集》(《影印文渊阁四库全书》)卷一,上海古籍出版社 1987 年版。“盘维”指宗室封藩。盘,磐石;维,维城,即连城以卫国,借指皇子或皇室宗族。《旧唐书·高宗纪论》:“忠良自是胁肩,奸佞于焉得志,卒致盘维尽戮,宗社为墟。”

② 苏轼《东坡全集》(《影印文渊阁四库全书》)卷一一一，上海古籍出版社 1987 年版。

疑“封建制”“桐叶封弟”的第一人，但他确实是声名最著者。[①]

（三）分桐 · 判桐 · 破桐

桐叶的叶形阔大，可以剪裁，也可以判分、破分。“分桐”有“桐叶封弟”之义，如吴国伦《送姜太史节之使楚王》：“天子分桐叶，词臣下柏梁。”[②]明代实行藩镇制度，类似于“封建制”，此处的“分桐叶”则指楚王，而“词臣”则指姜太史。

此外，分桐具有“比喻之两柄”，即“同此事物，援为比喻……词气迥异”。[③]“分桐”一则取其可以续合，如同铜虎符、竹使符，如冯琦《奉使宛洛初出都门》：“奉使分桐叶，承颜御木兰。”[④]“分桐叶”即为“分符”，是使节的凭证、信物。“分桐”二则取其不复续合，如张栻《名轩室记》：

> 今日一念之差，而不痛以求改，则明日兹念重生矣，积而熟时习之功销矣，不两立也，是以君子惧焉。萌于中必觉，觉则痛惩而绝之，如分桐叶然，不可复续。[⑤]

“判桐”与“破桐”承接“不复续合”之“柄”。陈淳《隆兴书堂自警三十五首》：“颜子不贰境，如判桐叶然。一绝不复续，何尝有遗

---

① 柳宗元顺应历史潮流，否定“封建制”，认同秦始皇以来的“郡县制”。毛泽东有一首《七律 · 读〈封建论〉呈郭老》可以参看：“劝君少骂秦始皇，焚坑事件要商量。祖龙魂死业犹在，孔学名高实秕糠。百代都行秦政法，十批不是好文章。熟读唐人封建论，莫从子厚返文王。”“祖龙”是秦始皇的小名；“子厚”是柳宗元的字；“十批”是《十批判书》，这是郭沫若从1943年中至1945年集中研究先秦诸子的思想学说期间发表的一系列论文。

② 《御选宋金元明四朝诗 · 御选明诗》（《影印文渊阁四库全书》）卷九十三，上海古籍出版社1987年版。

③ 钱钟书《管锥编》第一册《周易正义二七则 · 归妹》第37页，中华书局1991年版。

④ 冯琦《宗伯集》（《影印文渊阁四库全书》）卷十，上海古籍出版社1987年版。

⑤ 张栻《南轩集》（《影印文渊阁四库全书》）卷十三，上海古籍出版社1987年版。

根。”[①]其理学色彩、取喻方式与《名轩室记》一脉相承。

《新唐书·李泌传》:“时李怀光叛，岁又蝗旱，议者欲赦怀光。帝博问群臣，泌破一桐叶附使以进，曰:‘陛下与怀光，君臣之分不可复合,如此叶矣。’由是不赦。”“破桐”比喻君臣之分断绝,再如《金史·完颜纲传》:“代之而不受，召之而不赴，君臣之义已同路人，譬之破桐之叶不可以复合，骑虎之势不可以中下矣。”

第四节　桐阴·桐影

桐阴与桐影是两个交渗的概念、意象，如若细辨，其“名实”略有差异。桐阴是梧桐树冠及其所垂直覆盖的下方，桐影是梧桐树冠、树干在日、月等光线下的投影；桐阴是立体的，桐影是平面的；桐阴具有“自在性”，有梧桐枝叶即有桐阴，桐影则具有“外源性”，必须依赖光线；桐阴是有色的，即“绿阴”，而桐影是暗色的；桐阴是固定的，桐影是移动的；桐阴侧重于昼，桐影侧重于夜。总体而言，桐阴与桐影基本通用。桐阴具有高广、清通的特点。桐阴、桐影在中国古人的日常生活中几乎无所不在，是季节变化的标志、是时间流逝的刻度。桐阴不仅是“物理场所”,也是“精神空间”;元代以后,“桐阴高士”成为绘画中的常见题材。

一、桐阴的物理特点：高广；清朗

桐阴历来受到重视、推崇，这除了梧桐精神原型的强大功能之外，与其自身的物理特点也是不可分的。贾思勰《齐民要术》卷五：“明年

① 陈淳《北溪大全集》(《影印文渊阁四库全书》)卷一，上海古籍出版社 1987 年版。

三月中，移植于厅斋之前，华净妍雅，极为可爱。”罗愿《尔雅翼》卷九：“梧者，植物之多阴最可玩者。”一曰“可爱”，一曰“可玩”。梧桐易生速长、挺拔修直、枝叶扶疏，三五年就可成荫。梧桐树叶碧绿清亮，树干光滑青碧，古人常用“青玉”来形容。《长物志》卷二“梧桐”：“青桐有佳荫，株绿如翠玉，宜种广庭中。”白居易《云居寺孤桐》则云：“一株青玉立，千叶绿云委。”

陈翥《桐谱·所宜第四》：

> 桐，阳木也。多生于崇冈峻岳、巉岩盘石之间、茂拔显敞高暖之地……今桐之所生未必皆茂于崇冈峻岳，但平原幽显之处、向阳之地悉宜之。

桐阴所在之地大多开阔通达。桐阴之下，少有杂草、藤蔓、沙石、竹木之根，颇为净洁，详见陈翥《桐谱·所宜第四》。桐阴之下，少有“虫虞”；槐树、榆树也是传统的行道树、绿化树，但却易生虫，梧桐则不然。

在中国文化中，松阴的精神意义与桐阴差可仿佛，但平心而论，松叶被称为“松针”，很难成荫。此外，桃阴、李阴较早被提及，《韩诗外传》卷七：“春种桃李者，夏得阴其下，秋得其实。”其实，桃树、李树均为小树种，其树阴亦有限。与其他树阴相比，桐阴有两大“优长”。

（一）高广

梧桐树干高大，高达十余米，在常见的树木中有出乎其类、拔乎其萃的气概。梧桐树冠广覆，古人常用“亩”来形容其覆盖面，如周邦彦《锁寒窗》：“桐花半亩，静锁一庭愁雨。”又如程俱《三峰草堂》：“庭前双梧一亩阴，禅房萧森花木深。”桐阴最显著的视觉特点即是高与广。

古人常用“盖”形容树阴，桐阴自亦不能例外，如陈翥《桐谱·诗赋第十》“桐阴”：“亭亭如张盖，翼翼如层构。”徐熥《山居杂兴》：“桐阴如盖午风凉。”[1]不过，以“盖”来形容桐阴还稍嫌局促；相形之下，桐亭、桐庐两个地名则尽显桐阴气势，尤其是后者：

郦道元《水经注》卷四十：“崿山东北太康湖，晋车骑将军谢玄旧居所在。右滨长江，左傍连山，平陵修通，澄湖远镜，于江曲起楼。楼侧悉是桐梓，森耸可爱，居民号为桐亭楼。”

乐史《太平寰宇记》卷九十五“江南东道七·睦州”：“桐庐县……汉为富春县地。吴黄武四年分富春县置此。耆旧相传云：桐溪有大椅桐树，垂条偃盖，荫数亩，远望似庐，遂谓为桐庐县也。”

梧桐树干修长，其投影也修“直”。萨都剌《登乐陵台倚梧桐望月有怀南台李御史》：“独倚梧桐看秋月，月高当午桐阴直。”[2]王昌龄《段宥厅孤桐》：“虚心谁能见，直影非无端。”

（二）清通

桐阴初始色“嫩”阴“细”，如杨万里《午憩》“嫩绿桐阴夹道遮”，元稹《三月二十四日宿曾峰馆，夜对桐花，寄乐天》“叶新阴影细”。进入夏天之后，桐阴渐浓渐密；但是，桐阴虽密却不实，有通透之感。梧桐修干弱枝、阔叶疏枝；这样的树干、树枝、树叶特点就使得梧桐迎风而疏风，夏侯湛《愍桐赋》即曰：“纳谷风以疏叶。”[3]陈翥《桐阴》：“日

---

① 徐熥《幔亭集》（《影印文渊阁四库全书》）卷十四，上海古籍出版社 1987 年版。

② 《佩文斋咏物诗选》（《影印文渊阁四库全书》）卷二百八十三，上海古籍出版社 1987 年版。

③ 严可均《全晋文》卷六十八，商务印书馆 1999 年。

午密影叠，风摇碎花漏。”即便是在浓阴密布的季节，正午时分，微风吹拂，日光仍然可以从树阴之间泄“漏”。

正因为桐阴轩敞、浓绿、通透，所以“清”且“润”。皮日休《初夏即事寄鲁望》：“紫桐阴正清。”《小三吾亭词话》[1]卷四谢章铤《踏莎行》：“桐阴润到无人处。”桐阴之下，是古人消暑、逃暑的好去处，如沈周《题画》：“消暑桐阴宜野服。”[2]

图23 [清]蒲华《梧桐庭院图》。画面题款为：“绿绮凤凰，梧桐庭院。蒲华笔。仿六如居士本。”“绿绮”是古琴名，“六如居士”是明代画家唐寅的号。图片来自网络。

梧桐适合作为行道路列植，“岳麓八景”中即有“桐荫别径”；不

---

① 王弈清、唐圭璋《词话丛编》，中华书局1986年版。

② 沈周《石田诗选》（《影印文渊阁四库全书》）卷八，上海古籍出版社1987年版。

过，梧桐更多的还是作为日常的绿化树，与我们的生活息息相关，庭梧、井桐都是经常出现的意象。

二、桐阴与日常生活：院；户；檐；窗；书屋；井

梧桐很早就成为“人化的自然”中的景致，我们看六朝作品：

有南国之陋寝，植嘉桐乎前庭……蔚童童以重茂，荫蒙接而相盖。春以游目，夏以清暑。（夏侯湛《愍桐赋》）

亭亭椅桐，郁兹庭圃。翠条疏风，绿柯荫宇。（伏系之《咏椅桐诗》）

植椅桐于广囿，嗟倏忽而成林；依层楹而吐秀，临平台而结阴。（萧子良《梧桐赋》）

梧桐被栽植于“庭”“圃”“囿”之中，矗立于“陋寝”“层楹”“平台”之前；既有“吐秀”“游目”的观赏价值，又有“荫宇”“清暑”的实用价值。

明代的陈继儒则对庭园树木配置进行了总结，《小窗幽记》卷六：

凡静室，须前栽碧梧，后种翠竹。前檐放步，北用暗窗……然碧梧之趣，春冬落叶，以舒负暄融和之乐；夏秋交荫，以蔽炎烁蒸烈之威。四时得宜，莫此为胜。

梧桐喜阳，所以适宜“前栽”；梧桐又是落叶乔木，其张荫、落叶均能适应人的季节之需。

桐阴可以覆盖数家宅院，种树之家颇得“独乐”不如“众乐”之趣。梧桐是人与人之间的纽带，如张说《答李伯鱼桐竹》“结庐桐竹下，室迩人相深。接垣分竹径，隔户共桐阴”、于鹄《过张老园林》“药气闻深巷，桐阴到数家”。《南史·陆慧晓传》：“慧晓与张融并宅，其间有池，池上有二株杨柳。”这在后代成为佳话，白居易《欲与元八卜邻先有是赠》

“绿杨宜作两家春”即用此典。但若从“资源共享”的角度来看，绿杨其实远不及梧桐；更何况，绿杨也不具备梧桐的比德意义。桐阴覆盖了庭院，如：

空庭静掩桐阴。（袁去华《宴清都》）

满院桐阴清昼。（方回《感皇恩》）

晚凉初、桐阴满院。（王质《红窗怨》）

桐阴隔离了燠热、烦嚣，庭院成为清凉、静谧的世界。桐阴甚至穿廊、入室，陪伴夏日昼寝，如：

槐影桐阴欲满廊，纶巾羽扇自生凉。（陆游《逃暑小饮熟睡至暮》）

倦脱纶巾，困便湘竹，桐阴半侵朱户。（周邦彦《法曲献仙音》）

人正静，桐阴竹影，半侵庭户。（张半湖《满江红》“夏”）

图 24　［清］任伯年《桐阴纳凉图》（现藏中国美术馆）。

桐阴为人们营造了凉、静、清的居住环境，文人闲适、萧散的情调常常流露其中；不须峨冠博带、正襟危坐，可以野服，可以倦躺。

桐阴可以攀檐而上，张元干《楼上曲》“沆瀣秋香生玉井，画檐深转梧桐影”、陆游《夏日杂题》“檐前桐影偏宜夏”，桐影在檐瓦之间流转，与屋檐“比高”。桐阴亦可以掩映窗前，毛开《点绛唇》：“起来人静，窗外梧桐影。”《偶为梧窗夜课小景并题以句》：“月色洁宜秋，桐阴疏胜柳……梧窗对古人，轩然逸兴发。”[1]窗子如同取景框，推窗而视，桐影婆娑，房间无疑“借景”于桐阴。楼采《法曲献仙音》“料燕子重来地，桐阴锁窗绮”却是另外一种截然不同的效果，窗子紧关、桐阴蒙窗，房间愈加深闭，更增幽暗、冷清，“锁”字有炼字之妙。

唐代刘慎虚《阙题》“深柳读书堂”的读书场景让后人心仪。不过，绿柳掩映的深窈景致可能需要多株柳树才能达到。现实生活中，“桐阴书屋”倒是更为常见、易行，如：

桐阴近屋可修书。（高翥《喜杜仲高移居清湖》）

书屋桐阴依旧圆，每因几暇此流连。（《御制夏日瀛台杂诗八首》）

桐阴细细白花攒，吾爱吾庐暑亦寒。（朱彝尊《夏日杂兴二首》[2]）

在桐阴掩映下的书斋中读书、写作是文人雅事，清代朱崇勋的文集就题为《桐阴书屋集》。桐阴与书屋的“地缘组合”为桐阴意象增添了文人雅趣。

---

① 《御制诗集》（《影印文渊阁四库全书》）“初集”卷二十六，上海古籍出版社1987年版。

② 朱彝尊《曝书亭集》（《影印文渊阁四库全书》）卷二十一，上海古籍出版社1987年版。

此外，在中国传统社会中，井和树有着由来已久的相依关系。《周礼·秋官·野庐氏》："宿昔井树。"郑玄注："井共饮食，树为蕃蔽。"凿井的选点很有讲究，必须选择林木茂盛之处。明文震亨《长物志·凿井》即云："凿井须于竹树之下，深见泉脉。"桐和井的关系尤为密切，桐阴为井提供泉脉、荫蔽。章孝标《和顾校书新开井》："霜锸破桐阴，青丝试浅深。"李郢《晓井》："桐阴覆井月斜明，百尺寒泉古甃清。"桐阴也倒映在寒井之中，如司空曙《石井》"苔色遍春石，桐阴入寒井"、史达祖《月当厅》"空独对、西风紧，弄一井桐阴"。井是妇女日常劳作的地点，桐阴的变化常常是妇女易感、神伤的触媒。[1]

三、桐阴与季节光阴：季节轮替；昼与夜

通过上文的分析，我们可以发现，桐阴几乎是无所不在地融入了中国古人的日常生活空间。陆机《文赋》："伫中区以玄览。"我们在此处不妨以庭院为"中区"，在"中区"谛观、"玄览"桐阴也几乎成了中国古人的日常行为。"遵四时以叹逝，瞻万物而思纷；悲落叶于劲秋，喜柔条于芳春"，桐阴不仅有"空间性"，而且具有"时间性"。桐阴随季节变化、昼夜移转摇荡性情。

（一）桐阴与季节

桐阴浓时高广、清通，进入秋冬之后，桐叶凋零，桐阴转"薄"、转"瘦"、转"碎"。俯仰桐阴可以察岁时变化，如：

芙蓉香卸桐阴薄，水窗未雨凉先觉。（卢祖皋《菩萨蛮》）

桐阴秋转薄，井气晓为霜。（虞集《送良上人赋得井

---

① 本书另有"井桐"一节，专门论述"井桐"意象。宣炳善《"井上桐"的民间文化意蕴》一文也可参考，《中国典籍与文化》2002 年第 2 期。

上桐》[1])

凄风吹露湿银床。凉月到西厢。蛩声未苦，桐阴先瘦，愁与更长。(张镃《眼儿媚》)

甚竹实风摧，桐阴雨瘦，景物变新丽。(梁栋《摸鱼儿》)

窈窕兮曲房空，桐阴碎兮玄云浓。(刘子翚《闻药杵赋》[2])

下阶踏碎梧桐影，千里江山千里情。(卢琦《中秋寄友》[3])

夜永风微烟淡，梧桐影、碎明月。(曹冠《霜天晓角》)

雨后、霜后，桐阴的变化尤为急剧、明显。张镃、卢琦作品中的闺怨、思念情绪都很具典型性。苏辙甚至用“穿”来形容桐叶凋落后的桐阴残败，《栾城集》卷十《次韵毛君山房即事十首》：“桐阴霜后亦成穿。”

（二）桐阴与日、昼：“桐阴转午”

“日晷”是中国古代利用日影测定时刻的一种计时仪器，由指针和圆盘组成。指针称之为“晷针”，垂直穿过圆盘中心，圆盘称之为“晷面”。“日晷”不可能成为“家庭必备品”，而古人却有天成、简易的替代品，那就是桐阴。梧桐为“晷针”，庭院为“晷面”，桐阴位置的转移、长短的变化是目测时刻的依据。虽然未必精准，却具有生活情趣。我们看以下诗例：

日脚何曾动，桐阴有底忙。倦来聊作睡，睡起更苍茫。(杨万里《午睡起》)

仰看阳光只见空，不如影里看梧桐。莫言日脚无行迹，偷转零分破寸心。(杨万里《小憩揭家冈谛观桐阴》)

---

① 虞集《道园学古录》(《影印文渊阁四库全书》)卷一，上海古籍出版社 1987 年版。

② 刘子翚《屏山集》(《影印文渊阁四库全书》)卷十，上海古籍出版社 1987 年版。

③ 卢琦《圭峰集》(《影印文渊阁四库全书》)卷上，上海古籍出版社 1987 年版。

寂寂青山一鸟啼，紫藤花落午风微。不知刻漏长多少，但觉桐阴半日移。（杨基《故山春日》[①]）

夕阳又带梧桐影，过到窗间第二棂。（董纪《闲情二首》[②]）

太阳为“本”，桐阴为“末”，察末而知本；谛视桐阴变化，“日脚”也就是太阳的运行轨迹就昭然可见。秋天白昼变短，桐阴则像车轮一样急速转动，王安石《秋日在梧桐》即云:“秋日在梧桐，转阴如转毂。”

桐阴尤其可以作为午时的标记，刘禹锡《昼居池上亭独吟》:“日午树阴正。”桐阴偏离“正”中，午时也随之“转”移。苏轼《贺新郎》即云:“乳燕飞华屋。悄无人、桐阴转午，晚凉新浴。”桐阴、乳燕、华屋的意象组合在后代成为经典范式。乳燕试飞是初夏景象，此时桐阴始密，正是春夏衔接的孟夏，充满生机；乳燕在桐阴间飞翔、呢喃正好可破密为疏，同时以动衬静，与古人称道的“鸟鸣山更幽”同趣，写出了午间的安静;“华屋”气象高华，虽不言人，而人在其中，“隐秀”一词约略可以形容这种境界。下列诗词例子均受到苏轼影响：

日转桐阴，正玉燕、飞来夏屋。（石孝友《满江红》）

高柳咽新蝉，奏熏风入弦之韵；华屋飞乳燕，正桐阴转午之初。（吴儆《宴邕守乐语》[③]）

乳燕试飞华屋静，桐阴初合画帘垂。（张昱《晏居有怀徐一夔教授》[④]）

---

① 杨基《眉庵集》（《影印文渊阁四库全书》）卷十一，上海古籍出版社 1987 年版。

② 董纪《西郊笑端集》（《影印文渊阁四库全书》）卷一，上海古籍出版社 1987 年版。

③ 吴儆《竹洲集》（《影印文渊阁四库全书》）卷十四，上海古籍出版社 1987 年版。

④ 张昱《可闲老人集》（《影印文渊阁四库全书》）卷三，上海古籍出版社 1987 年版。

（三）桐阴与月、夜："教人立尽梧桐影"

前面已经提到,桐阴"密"而不"实",透过疏落的桐阴可以仰观月色,月色也可以穿过桐阴映照地面，桐阴、月色不相妨。钟惺《月下新桐喜徐元叹至》:"是物多妨月，桐阴殊不然……绿满清虚内，光生幽独边。"[①]再如陈翥《桐径》:"月夕照影碎,春暮花光映。"韩元吉《晚来》:"疏桐影里月朦朣。"余彦成诗句:"荷露袭衣凉冉冉,桐阴转户月疏疏。"和由桐阴的变化可知太阳的运转一样，由桐影的变化亦可知月亮的升落，王鏊《庭梧七首》:"长夜梦初回，月上山之厓。何由知月上？梧桐影横斜。"[②]

如果说白昼桐阴类似于"日晷"，那么月下桐影则类似于"更漏"；桐影的方位移转、长度变化也是夜的时间刻度：

> 桂子香浓，梧桐影转，月寒天晓。（刘过《辘轳金井》）
>
> 梧桐影转三更月。（方回《八月二十日赵西湖携酒夜醒二更记事》）
>
> 鸡人唱筹宫漏浅，乌啼金井桐阴转。（胡奎《白苎辞》[③]）

"隔千里兮共明月"，中国传统文化中，月亮是感情的寄托、纽带。桐影之中望月，影消而月落，这是一个漫长的等待过程。暗色的桐影如同"舞台"，人伫立于桐影之中，如同舞台中心的"表演者"，月光则如同舞台周边的"灯光"。"灯光"渐落，"舞台"渐小，最后"舞台"与"表演者"同时退场，"独角戏"也就谢幕，这是极具戏剧情境的诗歌意境。宋周紫芝《竹坡诗话》云：

---

① 《广群芳谱》(《影印文渊阁四库全书》）卷七十三,上海古籍出版社 1987 年版。

② 王鏊《震泽集》(《影印文渊阁四库全书》）卷七，上海古籍出版社 1987 年版。

③ 胡奎《斗南老人集》(《影印文渊阁四库全书》）卷二，上海古籍出版社 1987 年版。

大梁景德寺峨眉院壁间，有吕洞宾题字。寺僧相传以为，顷时有蜀僧，号峨眉道者，戒律甚严，不下席者二十年。一日，有布衣青裘，昂然一伟人来，与语良久，期以明年是日复相见于此，愿少见待也。明年是日，日方午，道者沐浴端坐而逝。至暮，伟人果来，问道者安在，曰亡矣。伟人叹息良久，忽复不见。明日书数语于堂壁间绝高处，其语云："落日斜，西风冷。幽人今夜来不来？教人立尽梧桐影。"字画飞动，如翔鸾舞鹤，非世间笔也。宣和间，余游京师，犹及见之。

陈岩肖《庚溪诗话》、胡仔《苕溪渔隐丛话》后集卷三十八亦载此事，诗作字句稍异。诸书所记载的吕洞宾事虽然未必可信，然而"立尽梧桐影"却以其抒情功能而被"定格"在诗歌之中，如：

山抹修眉横绿净。浦溆生寒，立尽梧桐影。（方岳《蝶恋花》）

嘶骑不来银烛暗，枉教人、立尽梧桐影。谁伴我，对鸾镜。（李玉《贺新郎》）

云归月正圆，雁到人无信。孤损凤皇钗，立尽梧桐影。（魏子敬《生查子》）

桂影飘摇，桐阴立尽，多少征人霜满头。（李曾伯《沁园春》）

吕洞宾以"桐影"来写夜晚的时间移动，司马光则以"桐影"来写白天的时间变化，可以相映成趣。《温公诗话》："文德殿，百官常朝之所也。宰相奏事毕，乃来押班，常至日旰，守堂卒好以'厚朴汤'饮朝士。朝士有久无差遣，厌苦常朝者，戏为诗曰：'立残阶下梧桐影，吃尽街头厚朴汤。'亦朝中之实事也。"

四、桐阴的精神意趣：桐阴旧话；桐阴结社；桐阴高士

中国传统文化中，梧桐有阳木、柔木等美名，陈翥《桐谱·杂说第八》

引王逸少语“木有扶桑、梧桐、松柏，皆受气异于群类者”，梧桐与高洁品格潜息相通。这是梧桐的原型意义、中国文人心理的“深层结构”。桐阴不仅是身体休憩的“物理场所”，也是心灵超拔的“精神空间”。“精神空间”无须苦寻、力致，而就存在于日常生活中无所不在的“物理场所”桐阴之下。所谓“道不远人”，这体现了中国人生哲学的可近、可亲性。正如《坛经》所云：“法元在世间，于世出世间，勿离世间上，外求出世间。”前文提到了“松阴”，就精神品格而言，桐阴、松阴原本在伯仲之间，但是松阴却往往在深山古刹等险阻之处，不像桐阴那么常见。

陈翥在中国第一部梧桐专著《桐谱·诗赋第十》即描述了桐阴“理想国”：

《桐竹君咏》序言：“吾无锥刀之心，不迫于世利，但将以游焉而，至其中休焉而。坐其下，可以外尘纷，邀清风；命诗书之交，为文酒之乐，亦人间之逸老，壶中之天地也。”

《桐赋》：“望之而列戟与排矛，即而憩之若绿幄与翠裯。将以集鸑鷟，鸣飘鹠，玩之以兴咏，听之以消忧。于是招直谅之宾，命端善之友。坐萋萋之阴荫，论诗书之盛否。逍遥乎志气，宴乐以文酒。”

陈翥以“绿幄”与“翠裯”来形容桐阴。桐阴之下，可以“独与天地精神相往来”，也可以是志同道合者的聚会。桐阴的精神意趣有不同的生成、表现方式，本文胪列三个“断章”。

（一）“桐阴旧话”

《桐阴旧话》是南宋韩元吉记述家世的一部笔记。《直斋书录解题》卷十著录《桐阴旧话》十卷：“吏部尚书颍川韩元吉无咎撰，记其家世旧事，以京师第门有桐木故云。元吉，门下侍郎维之四世孙也。”《四库全书提要》云：

> 宋韩元吉撰。元吉字无咎，宰相维之玄孙……书中所记韩亿、韩综、韩绛、韩绎、韩维、韩缜杂事，共存十三条，皆其家世旧闻。以京师第门有桐木，故云《桐阴旧话》，盖北宋两韩氏并盛，世以桐木韩家别于魏国韩琦云。

北宋时期，“桐阴”成为韩维家族的“家徽”，李复《贺韩相太原礼上启》：“茂桐阴而垂荫，秀棣萼以连辉。伟然家世之异伦，卓尔衣冠之盛事。三朝旧老，四海具瞻。”[①]

韩元吉出身于奉儒守官的世家，在南宋声誉甚隆，黄昇《中兴以来绝妙词选》称曰“文献、政事、文学为一代冠冕”，与陆游、朱熹、辛弃疾、陈亮等名流、志士相善。隆兴年间，官至吏部尚书，乾道九年为礼部尚书出使金国。桐阴是韩元吉的家族徽章、精神渊源；梧桐“清”阴如“清”气、“清”流，警顽立儒。韩元吉的友朋均对韩元吉寄予厚望以及高度评价：

> 况有文章山斗。对桐阴、满庭清昼。（辛弃疾《水龙吟》“为韩南涧尚书甲辰岁寿”）
>
> 玉皇殿阁微凉，看公重试薰风手。高门画戟，桐阴阁道，青青如旧。（辛弃疾《水龙吟》“次年南涧用前韵为仆寿。仆与公生日相去一日，再和以寿南涧”）
>
> 几时一试熏风手，今日桐阴又满庭。（赵彦端《鹧鸪天》“为韩漕无咎寿”）
>
> 桐阴满地扫不得，金辔玲珑上源驿。（陆游《得韩无咎书寄使敌时宴东都驿中所作小阕》）

---

① 李复《潏水集》（《影印文渊阁四库全书》）卷二，上海古籍出版社 1987 年版。

图 25 ［明］唐寅《桐阴清梦图》。题诗为："十里桐阴覆紫苔，先生闲试醉眠来。此生已谢功名念，清梦应无到古槐。"现藏北京故宫博物院。

"文章山斗"是用同为韩氏的韩愈的典故，形容韩元吉的文章之才，语本《新唐书·韩愈传》："自愈之没，其言大行，学者仰之如泰山北斗云。""熏风"指东南风，用的是《南风歌》的典故，形容韩元吉的经国之才。《南风歌》："南风之薰兮，可以解吾民之愠兮。南风之时兮，可以阜吾民之财兮。""上源驿"是宋朝旧都汴京的一个规模较大的驿站，《新五代史》中出现过，陆游在另一首《得韩无咎书寄使敌，时宴东都驿中所作小阕》中有云："上源驿中搥画鼓，汉使作客胡作主。"这里是形容韩元吉的外交之才。

在中国古代社会中，世家对于文化、"道统"往往有着自觉的担当、承传意识；他们类似于西方社会中的"精神贵族"，在沧海横流、狂澜既倒中如中流砥柱。韩元吉撰写《桐阴旧话》既是家世追述，也是精神绍述。

有趣的是，南宋时有人把韩侂胄与韩元吉的家世混淆。韩侂胄是"魏国韩琦"的五世孙，韩元吉则是韩维的玄孙。"桐阴"之冠也被误戴于韩侂胄之顶，邵桂子《百字令》"韩知事美任"："三年幕画，是小试相业，桐阴相谱。"

（二）桐阴结社

图 26 ［明］仇英《桐阴清话图轴》，树下两人执手而谈，树旁奇石磊落。现藏中国台湾故宫博物院。

陈起是南宋时期临安著名的职业编辑家，他为流落江湖、沉沦下僚的诗人们刊刻了《江湖集》《江湖前集》《江湖后集》《江湖续集》等，“江湖诗派”因此而得名。陈起是江湖诗人们的知音，许棐《陈宗之迭寄书籍，小诗为谢》即云：“君有新刊须寄我，我逢佳处必思君。”

根据陈起及江湖诗人的酬唱之作，我们可以知道，陈起的临安书铺前有桐阴，江湖诗人们曾在桐阴之下结社：

> 桐阴吟社忆当年，别后攀梅结数椽。（陈起《挽梅屋》）
>
> 六月长安热似焚，廛中清趣总输君。买书人散桐阴晚，卧看风行水上文。（许棐《赠陈宗之》）
>
> 淡妆谁为容，古曲谁为弹？桐阴覆月色，静夜每独还。（郑斯立《赠陈宗之》）
>
> 旧雨江湖远，问桐阴门巷，燕曾相识。（吴文英《丹凤吟》“赋赠陈宗之芸居楼”）

陈起是商人，但也是文人，并不“唯利是图”；桐阴是他在市廛之内为自己及江湖诗人们构筑的精神家园，自得清趣。许棐《赠陈宗之》"卧看风行水上文"的"文"应该是一语双关，既是"文字"之"文"，也是斑驳、摇曳的桐阴，是自然之"文"。文人的精神家园在世俗社会中总是落落不合的，郑斯立《赠陈宗之》诗中的"谁为""独"写尽此意。

桐阴之下的文人雅集常常是"胜地不常，盛筵难再"，令人追慕、怅惘。清代戴璐《藤阴杂记》卷九"邵青门长蘅与阮亭尚书书"："奉别将十年，回忆寓保安寺街，踏月敲门，诸君箕坐桐阴下，清谈竟夕，恍然如隔世事。清景常有，而良会难再，念至增惆怅也。"

（三）桐阴高士

李日华《六研斋笔记·三集》卷三：

> 元人喜写《桐阴高士图》。子久、叔明、云林、幼文俱有之。虽景物各异，而一种潇洒超逸之趣，令人不知人间有利禄事则一也。丙寅六月，偶过石佛禅堂藏经室，前除四五桐，树间桐正作花，香雪满地，啜茶谈诗，亦自庆暂游诸公图画中也。

桐阴与高士的景致、人物组合是元代绘画的常见题材，其中既有社会政治的"外缘影响"，也遵循着山水风景画、文人画发展的"内在理路"。么书仪《元代文人心态》指出：

> 元朝文人……在不能"济世"时，仍然要捡起隐居以"励世"的破旗，于是创造了这种非隐非俗、半隐半俗、亦隐亦俗、名隐而实俗的隐逸形态。[1]

参差斑驳的"高士"群像的涌现是元代社会文化生活的一大特点，而绘画领域则顺应了这一潮流。山水画发展至元代，进入了"有我之境"，

---

① 么书仪《元代文人心态》第244页，文化艺术出版社2001年版。

注重笔墨意趣、人格襟怀[1]；钱选的“士气”说颇具代表性，他也有桐阴题材作品留世。“士气”是赵孟頫问画道于钱选时，钱选所标明的观点。《佩文斋书画谱》卷十六引述明代董其昌的《容台集》，赵文敏问画道于钱舜举，何以称士气？钱曰：

隶体耳。画史能辨之，即可无翼而飞。不尔，便落邪道，愈工愈远。然又有关棙：要得无求于世，不以赞毁挠怀。

“士气”除了以书法用笔入画的技法，即“隶体”之外，更重要的就是独立的人格。张庚《浦山论画》即云：“古人有云，画要士夫气，此言品格也。”绘画题材中高士的出现是“士气”的直观表现。

高士图中的桐阴绝不仅仅是作为背景而存在的，两者具有“互文性”，桐阴也具有“意味”；桐阴以梧桐的原型意义而成为铸塑高士形象的重要手段。邓文原《松雪翁桐阴高士图》“延佑七年十月八日子昂画”：

玉立桐阴十亩苍，托根何必在朝阳。迎风簌簌秋声早，洒雨阴阴月色凉。胜事只消琴在膝，野情聊倚石为床。高人自得坡头趣，不为花开引凤凰。

诗歌的前半部分就是咏梧桐，颈联扣高士，尾联梧桐、高士合写。

明代文人绘画沿袭了“桐阴高士”题材，如沈周、文徵明、唐寅等。元明两代，无论是啸傲王侯、甘隐林泉的“真名士”，还是妆点山林、附庸风雅的“假名士”，都偏爱“桐阴高士”题材；题材、意象一旦风行，很容易就形成“现成思路”，成为创作的捷径。清朝《御制诗集》中的相关题画诗即有《钱选桐阴抚琴图》《题陆治桐阴高士》《题张宗苍桐阴高士图》《题赵孟頫桐阴高士图》《崔子忠桐阴博古图》《题

---

① 李泽厚《美的历程》第 170—176 页，中国社会科学出版社 1992 年版。

图 27　［清］石涛《桐阴觅句图》。高梧修竹，土坡茂草，一士人临水远眺，画境静寂，但笔墨却极尽纵恣，浓淡枯湿，挥洒自如，磅礴轩昂的精神气度，奕奕动人。左上角题诗为：“百尺梧桐半亩阴，枝枝叶叶有秋心。何年脱骨乘鸾凤？月下飞来听素琴。”图片来自网络，文字介绍参考“阴山工作室”博客。

董诰四季山水册·桐阴琴趣》《题沈周桐阴玩鹤图》等。此外，明清诸多的画谱、绘画题跋集中，这一题材作品著录更多，如江珂玉《珊瑚纲》卷三十八有“桐阴宴息图”、卷四十二有“桐阴读书图”等。

现代绘画中沿袭了这一传统题材，张大千即有《桐阴觅句图》，款识云：“癸巳七月。大千居士爰饮光簃作。”“癸巳”即1953年。《桐阴觅句》原型出自明代陈洪绶作品，后作者甚多。

第五节　桐子·桐乳

桐子是梧桐树的果实，与梧桐的其他“部件”，如桐花、桐叶、桐枝、桐阴相比较，桐子渺小，容易为人疏略。桐子具有食用与药用价值。桐子是凤凰之食；文人食用桐子，不仅疗饥，亦且明志。梧桐果实离离，《诗经》中用以比喻君子的嘉德懿行，也比喻女子的繁衍生育。桐子易于繁殖，“桐实生桐”，《越绝书》中用以揭示遗传规律。桐子成串下垂，鸟雀栖息于梧桐，以桐子为食；“桐乳致巢”，《庄子》用以说明因果关系。桐子、梧子与“同子”“吾子”谐音，南朝乐府民歌用以抒发爱情心声。

一、桐子概念辨析：梧桐子；“桐子大”；油桐子；“桐花烟”

桐子是梧桐（青桐）的果实，典籍中又称桐实、梧子，民间也称为瓢儿果。梧桐果实分为五个分果，成熟前裂开呈小艇状，种子球形，生其边缘；分果成串下垂，状似乳房，所以又称之为“桐乳”。《埤雅》卷十四“梧”云：“梧橐鄂皆五焉，其子似乳，缀其橐鄂生；多或五六，少或一二，飞鸟喜巢其中。”

桐子可以食用，贾思勰《齐民要术》卷第五云：

桐叶花而不实者曰白桐，实而皮青者曰梧桐……成树之后，树别下子一石……炒实甚美，味似菱芡，多啖亦无妨也。白桐无子，冬结似子者，乃是明年之花房。

《广群芳谱》卷七十三云："仁肥嫩可生噉，亦可炒食。"可见，梧桐子是生吃、炒食"两相宜"。"菱"即菱角,"芡"即芡实（俗称"鸡头"），二物的淀粉含量均很高。梧桐是中国民间房前屋后常见的树种，秋天一到，桐子自然凋落，是俯拾即是、惠而不费的"零食"；而且产量很高，《齐民要术》云"一石"，这里的"石"虽然并未明言是容量单位还是质量单位，但均相当可观。松子虽然也味美，但是松树一般栽种于山谷之中，成熟的松子落于榛莽之中，拾取既不易，产量也逊于桐子。桐子亦可榨油，油为不干性油。《广群芳谱》卷七十三记载了桐子的取食方法：

桐子微炒，布包少许，砖地上轻轻板之，简出仁；未破者，再板，陆续收取。

桐子不仅具有食用价值，也有药用价值，具有顺气和胃、健脾消食、止血之功效；桐子中的生物碱成分可以治疗鼻衄。梧桐子主产于江苏、浙江；此外，甘肃、河南、陕西、广西、四川、安徽等地亦产。

桐子极为习见，中国古人遂以"桐子"为体积量化的形象表述，如米粒大、芝麻大之类。"如桐子大""如梧子大"在古代的医药典籍、笔记中比比皆是，如《续夷坚志》卷二"再将白面炒熟，蜜蜡为丸，如桐子大，温白汤或乳香汤下百丸"、《金匮要略》"杂疗方第二十三""炼蜜丸如梧子大,酒饮服二十丸。""桐子大",相当于直径 0.6cm 左右。《尔雅翼》卷九"梧":"食之味如芡。古今方书称丸药如梧桐子者，盖仿此也。"刘禹锡《和乐天闲园独赏八韵……》："榴花裙色好，桐子药丸成。”上句言裙子的颜色，下句即言药丸的大小。

不过，桐子又常指油桐果实；民间的桐子花、桐子树也常指油桐花、油桐树。油桐是大戟科油桐属，经济树木。油桐 4~5 月开花，果期 7~10 月；花后子房膨大，结球形核果，果顶端有短尖头；果内有种子 3~5 粒。桐子用来榨油，桐油是重要的工业用油。宋元以后，桐油的油烟成为制墨颜料，方回《赠寿昌墨客叶实甫》“燃爇膏脂磔桐实”，这里的“桐实”就是指油桐子，而非梧桐子。“桐花烟”中的“桐花”也不是通常意义上的泡桐花，而是油桐花，这也是我们需要特别注意的，如倪瓒《赠墨生》“岩谷春风起，桐花落涧红。隔水轻烟发，收煤石灶中”[①]、倪瓒《义兴吴国良用桐烟制墨，将游吴中求售，赋诗以速其行》：“生住荆溪上，桐花收夕烟。墨成群玉秘，囊售百金传”。[②]油桐是“中国植物图谱数据库”收录的有毒植物，桐实尤甚，张璐《本经逢原·卷三乔木部》“桐实”：“辛寒有毒。”笔者在后文对“油桐”还有论述，可以参看。

二、桐子的食用价值：凤凰；神仙；隐士；南宋时期流行

桐子与其“母体”梧桐一样，具有神话原型色彩。《庄子·秋水》云：“夫鹓雏发于南海，而飞于北海，非梧桐不止，非练实不食，非醴泉不饮。”鹓雏与凤凰相近，“练实”指竹实。梧桐和竹子在这里“分工明确”，一为“止”，一为“食”，梧桐和竹子的结盟自此开始；但是在后代，梧桐开始“越位”，身兼二职。范云《古意赠王中书诗》：“遭逢圣明后，来栖桐树枝。竹花何莫莫，桐叶何离离。可栖复可食，此外亦何为。”

① 倪瓒《清閟阁全集》（《影印文渊阁四库全书》）卷三，上海古籍出版社 1987 年版。

② 倪瓒《清閟阁全集》（《影印文渊阁四库全书》）卷三，上海古籍出版社 1987 年版。

诗中用了互文的修辞方式,竹子与梧桐都是既可栖又可食。刘基《杂诗》“兔食茅草根，凤食梧桐子。所嗜由性成，易之则皆死”[1]，夏良胜《青橘行》“梧子落落威凤来”[2]，都是专言桐子对凤凰的招致。

正是因为桐子的神话原型色彩，桐子在后代也顺理成章地成为神仙、方外之士的食物,具有延年益寿、轻身益气的功能,如同松子、柏子。《广群芳谱》卷四十八引《神仙传》:“康风子服甘菊花、桐实后得仙。”吴绮《同云止过石公房》:“一钵软烟梧子饭，半锄凉雨菊花泥。”[3]

前面所引的《齐民要术》已有关于桐子食用价值的记载；宋代笔记、诗文中记载尤多。宋代的文化一方面士人化、高雅化，一方面市井化、平民化，两者相辅相成，共同建构了宋代文化的总体风貌。宋代的饮食文化从一个小角度折射出宋代文化的特色，笔者在《中国荷花审美文化研究》中曾以“莲子”等为例来进行分析，[4]“桐子”亦复如此。戴表元《蔡岙食藕》“高岩童去收桐子，邻县人过问藕栽”，这是文人的清雅；《武林旧事》卷三“重九”“雨后新凉，则已有炒银杏、梧桐子吟叫于市矣”，这是市井的风尚。再看范成大《霜后纪园中草木十二绝》:

真珠缀玉船，梧子炒可供。莫嫌能堕发，老夫头已童。

“真珠”形容桐子，“玉船”则为桐果形状。桐子“堕发”应该是民间传闻；其实恰恰相反，桐子性味甘平，和何首乌、黑芝麻等煎服，

---

① 刘基《诚意伯文集》(《影印文渊阁四库全书》)卷二，上海古籍出版社 1987 年版。

② 夏良胜《东洲初稿》(《影印文渊阁四库全书》)卷十三，上海古籍出版社 1987 年版。

③ 吴绮《林蕙堂全集》(《影印文渊阁四库全书》)卷十七，上海古籍出版社 1987 版。

④ 俞香顺《中国荷花审美文化研究》322—325 页，巴蜀书社 2005 年版。

有治疗须发早白的功效。吴文英的《声声慢》则充满了绮罗香泽之态，词前有小序“宏庵宴席，客有持桐子侑俎者，自云其姬亲剥之”，上阕云：

寒筲惊坠，香豆初收，银床一夜霜深。乱泻明珠，金盘来荐清斟。绿窗细剥檀皱，料水晶、微损春簪。风韵处，惹手香酥润，樱口脂侵。

作者用“香豆”“明珠”“檀皱”等来形容桐子的形状、色泽等；“筲”是竹筐；“银床”是指井边的栏杆，古人常在井边栽种梧桐，即井桐。

南宋时期，梧桐子应该是在南方颇为流行的一种小吃。刘辰翁有两首《望江南》“秋日即景”均是以“梧桐子”开头，其一：“梧桐子，看到月西楼。醋酽橙黄分蟹壳，麝香荷叶剥鸡头。人在御街游。”这里描绘的即是江南秋天的生活场景、当令食物。“鸡头”即鸡头米，为芡实的别称。再如洪咨夔《官舍见月》其二：

庭下双梧桐，露重风飕飕。采实当剥芡，蠙珠丽琼舟。

桐子味同芡实，“蠙珠”即珍珠，形容桐子光滑，“琼舟”则形容艇状果壳；这和前面范成大诗歌中的“真珠”“玉船”之喻相似。

梧桐子还可用糖、蜜浸渍，明代宋诩《竹屿山房杂部》卷二“宜入糖物”：“梧桐子（去壳）”；“以蜜渍梧桐子煎，去壳，惟以蜜煮透渍”。

中国传统文化中，梧桐有阳木、柔木等美名，梧桐与高洁品格潜息相通。这是梧桐的原型意义、中国文人心理的“深层结构”。桐子是贫士、隐士的“救荒本草”，不仅疗饥，而且明志。我们如果将桐子与古代诗歌中另一常见的荒年粮食替代品橡子进行对比，就会有更显著的认识。橡子的淀粉含量高达 30~50 %，颗粒较大，其实更适合充饥。杜甫《乾元中寓居同谷县，作歌七首》：“有客有客字子美，白头乱发垂过耳。岁拾橡栗随狙公，天寒日暮山谷里。”张籍《野老歌》：“老农家贫在山住，耕种山田三四亩……岁暮锄犁傍空室，呼儿登山收橡实。”杜诗愁苦，张诗哀愍，都是荒年的“流民图”。皮日休有《正乐府十篇·橡媪叹》也可参看。桐子则具备象征意义，食用桐子是避世、清高、孤傲，如：

鸡犬三家市，蓬蒿一亩宫。春盘厌笋蕨，秋子积梧桐。客梦五年过，文盟千里同。时清台省贵，衮衮看诸公。（吴儆《拾梧子》）

雨多秋草盛，浓绿拥寒阶。吾庐奥且曲，退缩如晴蜗……梧子拾为果，拒霜伐为柴。（司马光《九月十一日夜雨，宿南园，韩秉国寄酒兼见招，以诗谢之》）

世传卖药翁，出市恒骑虎。竭来空山中，恨不辄与语。长啸归无家，独指梧桐树。既指梧桐树，复采梧桐子。持以赠所思，浩歌聊复尔。（谢翱《拟古寄何大卿六首》其三）

谢翱诗中用了上古药师“桐君”的典故，有着“微斯人，吾谁与归”的感慨与愤懑。

三、桐子的比兴功能：品德与子嗣；遗传与基因；因果；爱情

桐子除了因食用价值而衍生的文化意义之外，尚具备其他比兴功能，比兴的基础是其形状、繁殖特点，甚至是其声音特点。

（一）品德与子嗣：“其实离离”

《小雅·湛露》：“其桐其椅，其实离离。岂弟君子，莫不令仪。”孔颖达疏云：“言二树当秋成之时，其子实离离然，垂而蕃多。”简言之，“离离”是形容果实丰硕，成串下垂的样子；这里用来比喻“君子”诸多美好的品德、仪态。“椅”即山桐子，为山桐子属大风子科落叶乔木，秋来红果累累。清代姚炳的解释得其要义，破除了穿凿附会，其《诗

识名解》卷十四：

> 诗意不在桐椅，在桐椅之实。旧谓以柔木况令仪，非也。盖桐实参差悬缀，离离可爱；君子威仪跄济，亦蔼蔼可亲。此取喻大指耳。必谓下垂恭顺，亦是作时艺穿凿法矣。

李膺《晓至长湖戏赠德麟》："桐实离离秋带长，玉鞭骄马度垂杨。黄茅野店人争看，篱上红眉粉额妆。"诗的第一句赋中兼比，既写时间、景物，也暗喻友人美好的品德；三四两句写夹道争观的情形，和苏轼《浣溪沙》"旋抹红妆看使君"颇为相似。

《周南·桃夭》"桃之夭夭，有蕡其实"用桃树的硕果累累来预祝新嫁娘的繁衍生育；梧桐的"其实离离"也具有生殖崇拜的寓意，朱彝尊《名孙说二首》总括了梧桐易生速长、果实离离的两个特点：

> 昆田生子三龄矣，命之曰"桐孙"，为之说曰：天下之木，莫良乎梓桐也者。梓之属也，荣木也，易生而速长者也。……诗曰："其桐其椅，其实离离。"庶其蕃衍吾后乎？！[①]

（二）遗传与基因："桐实生桐""桐实养枭"

梧桐易生，种子自然繁殖的成活率高。陈翥《桐谱·种植第三》："凡桐之子轻而喜扬，如柳絮，飞可一二里。其子遇地熟则出。"《尔雅翼》卷九"梧"："此木易生，鸟衔坠者，辄随生殖。"一则依赖于"风力"，一则依赖于"鸟力"，殊途而同归。梧桐易生而速长，查慎行《初夏园居十二绝句》："去秋梧子收不尽，旋向根边两叶生。保得主人长闭户，四三年便看阴成。"[②]

---

① 朱彝尊《曝书亭集》（《影印文渊阁四库全书》）卷六十，上海古籍出版社1987年版。

② 查慎行《敬业堂诗集》（《影印文渊阁四库全书》）卷十三，上海古籍出版社1987年版。

梧桐是古老的树种，春秋时期，中国古人就从梧桐的繁殖发现了遗传现象。《越绝书》卷四：

人固不同。慧种生圣，痴种生狂。桂实生桂，桐实生桐。

这是带有农业文明特点的表述方式，桂与桐都是古代的"嘉木"。战国末期的《吕氏春秋·用民》则云"夫种麦而得麦，种稷而得稷"，也揭示了遗传现象。当然，有遗传则有变异，宋代张世南《游宦纪闻》卷三：

《治宅编》云："《越绝书》曰：'慧种生圣，痴种生狂；桂实生桂，桐实生桐。'沙随先生云：'以世事观之，殆未然也……'先生又尝谓：'桂生桂、桐生桐者，理之常也；生异类者，理之变也。'"

"沙随先生"关于"异类"的举证翔实，既有动物、植物，也有人物，不赘引。

凤凰以桐子为食，但如果用桐子饲养鸱枭，鸱枭却永远无法"基因突变"，转化为凤凰；"性"是生而有之的，不是后天习得的。刘基《郁离子》中有一则"桐实养枭"的寓言借古喻今：

楚太子以梧桐之实养枭，而冀其凤鸣焉。春申君曰："是枭也，生而殊性，不可易也，食何与焉？"朱英闻之，谓春申君曰："君知枭之不可以食易其性而为凤矣，而君之门下无非狗偷鼠窃、亡赖之人也，而君宠荣之，食之以玉食，荐之以珠履，将望之以国士之报。以臣观之，亦何异乎以梧桐之实养枭，而冀其凤鸣也？"春申君不寤，卒为李园所杀，而门下之士，无一人能报者。[①]

春申君谙于“物理”，却昧于“人事”，这是悲剧的根源。这则寓言可以和杜牧的《春申君》对照来读：“烈士思酬国士恩，春申谁与快冤魂。三千宾客总珠履，欲使何人杀李园。”

（三）因果关系：“桐乳致巢”

《太平御览》卷九五六引《庄子》“空门来风，桐乳致巢”，司马彪注曰：

门户空，风喜投之；桐子似乳，著叶而生，鸟喜巢之。

庄子用两种现象形象地说明了事物之间的因果联系。“空穴来风”从“空门来风”衍出，唯词义古今差别比较大，古意为“事出有因”，今意为“无中生有”。

嵇含《南方草木状》亦曰：

梧桐子似乳缀其橐。多或五六，少或二三，故飞鸟喜巢其中。昔人谓“空门来风，桐乳致巢”是也。

司马彪、嵇含均从桐子的“形”来考察，而罗愿则进一步延伸，从桐子的“味”来考察，《尔雅翼》卷九“梧”：

考庄子曰“空阅来风，桐乳致巢”，盖子生累然似乳，鸟悦于得食，因巢其上；亦犹枳椇之来巢，以味致之也。[②]

鸟雀喜食梧桐子，这才是“巢”于其中的最根本的原因。《尔雅翼》

① 刘基《诚意伯文集》（《影印文渊阁四库全书》）卷十七，上海古籍出版社1987年版。

② “空阅来风”即“空穴来风”。《老子》第五十二章：“塞其兑，闭其门。”清代俞樾有按语：“‘兑’当读为‘穴’。《文选·风赋》‘空穴来风’，注引《庄子》‘空阅来风’。‘阅’从兑声，可假作‘穴’，‘兑’亦可假为‘穴’也。‘塞其穴’正与‘闭其门’文义一律。”

中提到的“枳椇”又写成“枳句”，别名拐枣，果实甜美，也吸引鸟雀。宋玉《风赋》“枳句来巢，空穴来风，所托者然也，则风气也殊焉”所言事理与庄子相同。

（四）爱情心声：“桐子”“梧子”

南朝民歌中的爱情诗篇常用谐音双关的手法，如“丝”谐“思”“莲”谐“怜”等。梧桐之“梧”与“吾”谐音，“桐”与“同”谐音。梧桐在中国民间广为栽植，青年男女歌咏爱情时，往往就地取材、就近取譬，如：

怜欢好情怀，移居作乡里。桐树生门前，出入见梧子。（《子夜歌四十二首》）

仰头看桐树，桐花特可怜。愿天无霜雪，梧子解千年。（《秋歌十八首》）

我有一所欢，安在深阁里。桐树不结花，何由得梧子。（《懊侬歌十四首》）

上树摘桐花，何悟枝枯燥。迢迢空中落，遂为梧子道。（《读曲歌八十九首》）

南朝乐府民歌中的梧子、桐子的谐音双关方式“伏脉千里”，在明朝中后期的文人诗歌中频繁出现，这是一个很有意味的现象。陈鸿绪《寒夜录》引卓人月语：“我明诗让唐、词让宋、曲让元，庶几《吴歌》《挂枝儿》《罗江怨》《打枣竿》《银绞丝》之类，为我明一绝耳。”这种变化与明朝中期开始的工商经济发展、市民阶层崛起是同步的。冯梦龙致力于整理民歌，而在明末清初的文人诗歌中也出现了含思宛转、风神摇曳的“吴歌”风格作品，梧子、桐子均常见，如：

强言共寝食，十日九不俱。桐花夜夜落，梧子暗中疏。（李

攀龙《子夜歌》[①]）

夜半倚梧桐，明月何历历。梧子在其上，可见不可摘。（宗臣《子夜吴歌九解赠李顺德于鳞》[②]）

露井冻银床，秋风生桐树。任吹桐花飞，莫吹梧子去。（于慎行《子夜秋歌二首》[③]）

人采莲子青，妾采梧子黄。置身宛转中，纤小欢所尝。（吴伟业《子夜词》[④]）

李攀龙与宗臣属于明代后期的“后七子”，其创作蕲向体现了“前七子”巨擘李梦阳的“真诗在民间”的观点。

---

① 李攀龙《沧溟集》（《影印文渊阁四库全书》）卷二，上海古籍出版社1987年版。

② 宗臣《宗子相集》（《影印文渊阁四库全书》）卷三，上海古籍出版社1987年版。

③ 于慎行《谷城山馆诗集》（《影印文渊阁四库全书》）卷一，上海古籍出版社1987年版。

④ 吴伟业《梅村集》（《影印文渊阁四库全书》）卷十七，上海古籍出版社1987年版。

第四章　梧桐“形态”研究

梧桐具有很高的实用价值，因此很早就有人工栽植，如《穆天子传》卷五“乃树之桐”，郭璞注曰：“因以树梧桐，桐亦响木也。”梧桐“响木”的树性适合制琴，这是梧桐在古代最主要、最显赫的用途。此外，梧桐树形挺秀，也适合绿化与美化环境，古人常常栽植于井边，是为“井桐”。梧桐有不同的生长形态，可以孤植，是为“孤桐”；也可以双植，是为“双桐”。此外，梧桐因生命状态的不同，也有“半死桐”“焦桐”之谓。孤桐、双桐、井桐、半死桐、焦桐都是梧桐“意象丛”的组成部分，各有其文化内涵。[1]

第一节　孤　桐

就字面意义而言，孤桐就是一株梧桐；但是在中国文化中，孤桐所指绝不仅仅是梧桐的客观计量。孤桐既是音乐文化符号，又是人格象征符号。“峄阳孤桐”出自《尚书·禹贡》，是绝佳之琴材，是古琴的美称；峄山的历史地位、地形特点造就了特殊的桐材。孤桐琴声既

① 本章的部分内容以单篇论文的形式发表过，详参俞香顺《孤桐意象考论》，《温州大学学报》（社会科学版）2012 年第 4 期；《“半死桐”考论》，《中国韵文学刊》2011 年第 3 期；《双桐意象考论》，《北京林业大学学报》（社会科学版）2011 年第 1 期。

有礼乐教化功能，具有清和、安乐的特点；又有个人抒怀功能，具有清高、孤苦的特点。知音意识是孤桐琴声的重要主题。孤桐“比德”既有“孤直”之意，又有“刚直”之意。本节即对“峄阳孤桐”进行语义分析，探讨孤桐的琴声意蕴与比德内涵。

一、“峄阳孤桐”探赜

梧桐木材纹理通直，色泽光润，轻柔，无异味，所以适合制琴，《诗经·鄘风·定之方中》云：“椅桐梓漆，爰伐琴瑟。”“峄阳孤桐”成为琴材、古琴符号，并非偶然，这与峄山的历史地位、地貌特点与梧桐的树木属性等密切相关。本节将探赜索隐，分析“峄阳孤桐”的层次结构、生成机制。“峄阳孤桐”这个短语的中心词是“桐”，而每一个前缀词都提升、强化了“桐”的内涵与品格。

（一）峄山的历史地位：儒学发源；鲁国“地标”

峄山，又作绎山，位于今天的山东省邹城市东南，先秦时期声名甚隆。《诗经·鲁颂·閟宫》：“泰山岩岩，鲁邦所詹……保有凫峄，遂荒徐宅。”[①]“峄”即峄山。《孟子·尽心上》曰：“孔子登东山而小鲁，登泰山而小天下。”“东山”亦为峄山。鲁国为礼乐之邦、儒学发祥地，峄山是鲁国的“地标”之一，其地位仅次于泰山。秦始皇登基之后，巡游天下、勒石记功，峄山为其首站，《史记·始皇本纪》曰：“二十八年，始皇行郡县，上邹峄山，立石，与鲁诸儒生议，刻石颂秦德。”

“峄阳孤桐”因峄山而贵，在儒家思想绵延千年的传统社会中，成为文人心目中的文化符号。

① “凫”指凫山，位于山东邹城市郭里镇政府驻地郭里集西南。“徐宅”，古代徐戎所居之地，指徐国，在今天的淮河中下游，即江苏西北部和安徽东北部一带。

（二）峄山的地貌特点：怪石连绵；梧桐成材缓慢

峄山的海蚀石地貌被地理学家称为世界奇观，怪石层叠、连绵为峄山的一大特点。《太平御览》卷四十二“峄山”条引《尔雅》曰：“鲁国邹县有峄山，绝石相积构，连属而成山。”又引《地理志》曰：

峄山在邹县北，峄山……东西二十里，南北一十三里，高秀独出，积石相临，殆无壤。石间多孔穴，洞达相通，往往有如数间居处，其俗谓之“峄孔”。

正是因为山石络绎，所以“峄山”又名“绎山”。虽然人世更迭，但山形依旧，我们看三则后代笔记、游记中的材料：

《唐语林》卷八：“兖州邹县峄山，南面半腹，东西长数十步。其处生桐，相传以为《禹贡》‘峄阳孤桐’者也。土人云：此桐所以异于常桐者，诸山皆发地土多，惟此山大石攒倚，石间周回，皆通人行，山中空虚，故桐木响绝，以是珍而入贡也。”①

王士性《广志绎》卷三：“邹峄山，始皇所登以立石颂功德处，一山皆无根之石，如溪涧中石卵堆叠而成，不甚奇峭，而颇怪险。”②

王思任《游峄山记》：“盖予游峄山，而幻躯凡数化。泰山之石方，而峄山之石圆。山如累卵，大小亿万，以堆磊为奇巧。”

王士性、王思任均提到了峄山的石形，峄山之石如“卵”形。峄

① 王谠撰、周勋初校正《唐语林校正》第722页，中华书局1997年版。“发地”，是指土壤疏松。

② 王士性撰、吕景林点校《广志绎》第56页，中华书局1981年版。

山少土多石，地力贫瘠，所以树木生长缓慢。梧桐虽有琴材之用，但是并非不择而用，梧桐之间也有着“级差”。大致来说，高山石间之桐优于平地沃土之桐，梧桐的“孙枝”优于树身，多年桐材（如木鱼、桐柱等）要优于新鲜桐木。梧桐易生速长，水分含量高，密度较小，如果用这样的桐材制琴的话，琴音则发散虚浮。高山之桐、梧桐孙枝、多年桐材,则无此弊。《太平御览》卷九百五十六引《齐民要术》:“梧桐，山石间生者，为乐器则鸣。”柳宗元《霹雳琴赞》则更为详尽：

> 琴莫良于桐,桐之良,莫良于生石上,石上之枯,又加良焉。火之余，又加良焉。[①]

峄山独特的地貌特点造就了特殊的琴材。

（三）峄山之阳：梧桐，“阳木”

梧桐有“阳木”之称，适合生长于崇岗峻岳、茂拔显敞之地，《大雅·卷阿》即云:“梧桐生矣，于彼朝阳。”《陆氏诗疏广要》“卷上之下”:

> 木有扶桑、梧桐、松柏，皆受气淳矣，异于群类者也。松柏冬茂，阴木也。梧桐春荣，阳木也。扶桑，日所出，阴阳之中也。

换言之，只有生长于山之东南的梧桐才能称得上“得天独厚”；东汉应劭《风俗通》更云：“梧桐生于峄山之阳、岩石之上，采东南孙枝为琴，声极清亮。”

魏晋时期的琴赋、梧桐赋，无不着力于渲染梧桐作为“阳木”的生长环境，如：

> 含天地之醇和，吸日月之休光。（嵇康《琴赋》[②]）

---

① 董诰《全唐文》卷五百八十三，中华书局 1991 年版。

② 严可均《全三国文》卷四十七，商务印书馆 1999 年版。

挺修干，荫朝阳，招飞鸾，鸣凤凰。甘露洒液于其茎，清风流转乎其枝。丹霞赫奕于其上，白水浸润于其陂。（刘义恭《梧桐赋》[①]）

贞观于曾山之阳，抽景于少泽之东。（袁淑《梧桐赋》[②]）

山之南为“阳”。“峄阳孤桐”之“阳”正是契合了梧桐的“阳木”属性，所以品质不凡。

（四）孤桐之“孤”：特生；“special”

《尚书·禹贡》：“厥贡惟土五色……峄阳孤桐。”孔安国传曰：“孤，特也。峄山之阳特生桐，中琴瑟。”这是“孤”字的本意。也就是说，梧桐林中“出于其类，拔乎其萃”的方可称为“孤桐”，才适合作为琴材。如果用英文来镜鉴的话，“孤桐”之“孤”并非“single”之意，而是“special”之意。

《尚书》的注疏著作基本上恪守“家法”，对于“孤”字的理解并无二致，我们看两例。《尚书全解》卷八：

孤桐者，特生之桐，可以中琴瑟也。《诗》云：“梧桐生矣，于彼朝阳。”盖桐之生，以向日者为良。必以孤桐者，犹言孤竹之管也。[③]

孤桐与孤竹可以互为“转注”，《周礼·春官·大司乐》：“孤竹之管，云和之琴瑟，云门之舞，冬日至，于地上圜丘奏之。”[④]郑玄注：“孤竹，竹特生者。”贾公彦疏：“孤竹，竹特生者，谓若峄阳孤桐。”再如《夏

---

① 严可均《全宋文》卷十一，商务印书馆 1999 年版。

② 严可均《全宋文》卷四十四，商务印书馆 1999 年版。

③ 林之奇《尚书全解》（《影印文渊阁四库全书》）卷八，上海古籍出版社 1987 年版。

④ 圜（yuán）丘：指祭祀的祭台。

氏尚书详解》卷六：

> 孤桐，特生之桐也，可中造琴瑟之用……峄山固多桐也，而生于山南者为难得。生于山南者固难得也，而介然特生于山南者，禀气尤为全，故尤为可贵。此所以必责贡于峄阳之特生者也。[①]

但在文学作品中，孤桐之“孤”渐渐偏离本意，衍变为孤单之意，王士性《广志绎》卷三：“《禹贡》‘峄阳孤桐’，乃特生之桐，非以一树为孤也……今则枯桐寺前果只留一桐，足称孤矣。”[②]孤竹亦发生了同样的变化，如《古诗十九首》“冉冉孤生竹”即是。

二、孤桐与琴韵

“峄阳孤桐”与半死桐、焦桐等同为优质琴材；但因为材质不同，琴韵也有别。孤桐琴韵可以概括为“一个中心,两个基本点”。“一个中心”即为知音意识，这是古琴、梧桐题材作品的共同主题；知音即为知心，知音意识是民族文化心理的积淀。“两个基本点”是孤桐琴韵的乐声特质，一为清和、安乐，一为清高、孤苦。前者关乎礼乐教化，对应于孤桐之“孤”的本来之意“高特”；后者关乎个人抒情，对应于孤桐之“孤”的后起之意“孤单”。

---

① 夏僎《夏氏尚书详解》（《影印文渊阁四库全书》）卷六，上海古籍出版社1987年版。

② 王士性撰、吕景林点校《广志绎》第56页，中华书局1981年版。可能到了清代，这仅有的一棵桐树也枯萎了，金埴《不下带编》卷二：“峄阳孤桐在邹县峄山孤桐观，前有小桐繁枝，相传夏禹时孤桐久枯后，从孤根发生者。初，桐曾发枯枝，绿叶婆娑。中丞万含台于对面巨石大书，镌‘峄阳孤桐’四字。有道士叹曰：‘老桐不欲留名，不久将去矣。’遂成枯落。或题诗云：‘千载孤根偶发扬，幻形羽士遁何方？孤桐亦自存韬晦，不欲留名在峄阳。’”

（一）知音意识：制琴者与琴材；弹琴者与听者

在古琴、梧桐作品中，有两组知音关系：制琴者与琴材、弹琴者与听者。孤桐、半死桐、焦桐等琴材的特性英华内敛、隐而不彰，从外表看来，平平无奇，甚至焦枯濒死。制琴之人超越“色相”，慧眼辨材，琴材方能完成从“木”到“琴”的质变，自我价值得以实现。琴材的这一蜕变历程寄托了中国古代众多文人、寒士的愿望，如：

师旷听群木，自然识孤桐。正声逢知音，愿出大朴中。知音不韵俗，独立占古风。（孟郊《送卢虔端公守复州》）

大乐潜生气，徐方暗结融。峄阳钟异物，山木得孤桐……功用施清庙，声华发大东。知音何以报，愿为奏南风。（华镇《峄阳孤桐》）

《吕氏春秋·本味》《列子·汤问》篇中所记载的钟子期、俞伯牙“高山流水”的故事为我们所熟知。《诗经·小雅·伐木》亦云：“嘤其鸣矣，求其友声。相彼鸟矣，犹求友声；矧伊人矣，不求友生。”人具有社会性，知音诉求是本能之一。“乐为心声”，“知音”亦为古琴题材作品历时不变的主题，如：

月明江静寂寥中，大家敛袂抚孤桐。古人已矣古乐在，仿佛雅颂之遗风。妙手不易得，善听良独难。犹如优昙华，时一出世间。（黄庭坚《听崇德君鼓琴》）

念子抱孤桐，窈窕弦古词。清商奋逸响，激烈有余悲。不辞弹者劳，正恐知音稀。知音何足贵，我顾不可追。（刘珙《送元晦》）

琴声不仅可以沟通朋友，同声相应，也可以尚友古人。

（二）礼乐教化：清和；安乐

历代学者大多认为，《尚书 · 禹贡》为大禹所制贡赋之法；“孤桐”是上贡给大禹的古琴，其原型即有“美政”之意。

谢惠连《琴赞》：

> 峄阳孤桐，裁为鸣琴。体兼九丝，声备五音。重华载挥，以养民心。孙登是玩，取乐山林。

“重华”即虞舜；“孙登”是魏晋时期的高士，和嵇康、阮籍有交游。音乐承担着“养民心”的教化功能和“乐山林”的陶冶功能，这与传统的“温柔敦厚”的诗教合拍，所展露的是“安而乐”的治世之音。宋孝武帝《孤桐赞》亦云：“名列贡宝，器赞虞弦。”

“重华”“虞”是指上古三皇之一的虞舜，相传为五弦琴的发明者；后来周文王、周武王各增一弦，为七弦，遂成古琴定制。《孔子家语·辨乐解》：“昔者舜弹五弦之琴，造《南风》之诗，其诗曰：‘南风之熏兮，可以解吾民之愠兮。南风之时兮，可以阜吾民之财兮。’”《南风》之曲体现了虞舜体恤民情、关心民瘼的情怀。《史记 · 乐书第二》亦云：“昔者舜作五弦之琴，以歌南风。”正是因为虞舜有制琴、歌诗之事，所以“孤桐”虽然出自《禹贡》，但与大禹的关系却比较疏离，而与虞舜的关系比较密切；“南风”亦成为吟咏孤桐的常典：

> 峄阳生孤桐，擢干八尺高。风雨萌枝叶，鸾皇栖羽毛。天质自含响，众木非其曹。斫为绿绮琴，古人贞金刀……其声清以廉，闻者不贪饕。其音安以乐，令人消郁陶。弹宫听于君，君德如轩尧。弹商听于臣，臣道如夔皋……一弹南薰曲，解愠成歌谣。（田锡《拟古》）

> 峄阳之孤桐，蹐自霹雳斧……堂上平戎不敢听，且激南

风召时雨。（晁补之《听阎子常平戎操》）

吾闻峄阳有孤桐，凤凰鸣处朝阳红。安得斫为宝琴献，天子解愠歌南风。（鲜于枢《望峄山》[①]）

这三首作品中都出现了“南风”或者“南薰”。田锡的《拟古》诗可谓集大成之作，对于古琴的教化功能作了全方位的描述，限于篇幅，不能一一引述。古琴的教化功能、清和安乐之音与“孤桐”之“孤”的高特、卓异本意榫合。

（三）个人抒情：清高；孤苦

“孤桐”之“孤”在后代衍变为孤单、独生之意；而且就流行程度来说，更是后来居上。与之相适应，孤桐琴韵也更趋于个性化的清高、孤苦：

后夜月明空似水，孤桐横膝向谁弹。（李若水《次韵宋周臣留别》）

万事竟当归定论，寸心那得愧平生。悠然酌罢无人语，寄意孤桐一再行。（陆游《旅思》）

爱松声，爱泉声。写向孤桐谁解听，空江秋月明。（陆游《长相思》）

五柳传中寻靖节，孤桐声里见嵇康。（释善珍《破衲》）

袅烟石壁对孤桐，与和长松瑟瑟风。不为野夫清两耳，为君留目送飞鸿。（张雨《听琴图》[②]）

“向谁弹”“无人语”“谁解听”诸语都是在孤高之中夹杂着清苦、寂寞；鼓琴的情境大多是明月之下、空江之上、空山之中。

---

① 孙元理《元音》（《影印文渊阁四库全书》）卷二，上海古籍出版社1987年版。

② 顾嗣立《元诗选》（《影印文渊阁四库全书》）初集卷六十六，上海古籍出版社1987年版。

三、孤桐与人格

孤桐之“体”为“树”，其“用”为“琴”。作为树木的孤桐，在中国文化中是人格象征符号。魏晋南朝时期，鲍照作品中明确出现了孤桐意象，沈约、谢朓等人也有吟咏孤桐的作品，但孤桐的树木特性并未充分揭示，人格内涵也并未形成。唐代，张九龄、王昌龄等人发现了孤桐树干之“直”、树心之“虚”；白居易在此基础上明确赋予了孤桐“孤直”的人格内涵。宋代，王安石更进一层，赋予孤桐“刚直”的象征意义。章士钊以“孤桐”为号，体现了人格之砥砺。

（一）魏晋南朝：滥觞期；鲍照；“寒士”

司马彪《赠山涛》中出现了孤桐之雏形：

迢迢椅桐树，寄生于南岳。上凌青云霓，下临千仞谷。处身孤且危，于何托余足。昔也植朝阳，倾枝俟鸾鷟。今者绝世用，倥偬见迫束。班匠不我顾，牙旷不我录。焉得成琴瑟，何由扬妙曲。

“班匠”是古代巧匠公输班和匠石的并称；“牙旷”是古代音乐家俞伯牙和师旷的并称。鲍照《山行见孤桐》则明确出现了孤桐意象：

桐生丛石里，根孤地寒阴。上倚崩岸势，下带洞阿深。奔泉冬激射，雾雨夏霖淫。未霜叶已肃，不风条自吟。昏明积苦思，昼夜叫哀禽。弃妾望掩泪，逐臣对抚心。虽以慰单危，悲凉不可任。幸愿见雕琢，为君堂上琴。

司马彪之梧桐“孤危”，映射政治环境，鲍照之梧桐“孤寒”，流露寒士心态。两人的作品中虽然亦有孤桐之“树”，但是由“体”达“用”，其指向主要还是孤桐之“琴”，所以对于梧桐的物态不约而同地疏略；所谓“曲终奏雅”，知音意识、为世所用是两人共同的主题。两人着力于渲染梧桐的生长环境，其目的是宣扬琴声之动达人心。

孤桐意象首次明确出现在鲍照的作品中并非偶然，而是“双向选择”的结果。鲍照才秀人微，《解褐谢侍郎表》云：“臣孤门贱生，操无炯迹。”《拜侍郎上疏》云：“臣北州衰沦，身地孤贱。”在门阀制度森严的六朝，鲍照出生“寒门”，“孤”字在其作品中触目皆是，如：

自古圣贤皆贫贱，何况吾辈孤且直。（《拟行路难》）

孤贱长隐沦。（《行药至城东桥诗》）

不怨身孤寂。（《绍古辞七首》之六）

孤兽啼夜侣。（《还都道中诗三首》之一）

孤鸿散江屿。（《绍古辞七首》之四）

孤雁集洲沚。（《赠傅都曹别》）

朱自清《诗言志辨》云：“咏物之作以物比人，起于六朝。如鲍照《赠傅都曹别》述惜别之怀，全篇以雁为比。”[①]孤桐、孤雁与特定处境、心态的人形成一种明显的同质异构的对应关系。

宋孝武帝《孤桐赞》：“珍无隐德，产有必甄。资此孤干，献枝楚山。梢星云界，衍叶炎廛。名列贡宝，器赞虞弦”，强调梧桐材质的珍异。沈约《咏孤桐》：“龙门百尺时，排云少孤立。分根荫玉池，欲待高鸾集”，沿袭了《大雅·卷阿》的梧桐凤凰模式，带有神话原型色彩。谢朓《游东堂咏桐》：

孤桐北窗外，高枝百尺余。叶生既婀娜，叶落更扶疏。无华复无实，何以赠离居？裁为圭与瑞，足可命参墟。

孤桐的生长地已由远古的荒山移至现实的窗前，即目所见，枝叶的描写虽谈不上穷形尽相，但已经显示了体物的进步。谢朓“孤桐”

① 《朱自清全集》（第六册）第214页，江苏教育出版社1992年版。

之“孤”是一个客观的计量单位，而非主观情感的投射；虽然也有梧桐枝叶的描摹，却缺乏个性与情感。谢朓的主旨本在咏史，而非抒怀。最后两句是借周成王“桐叶封弟”典故以咏桐，吴挚甫曰“此殆为明帝除宗室而发”，揭示了谢朓的题旨。

总之，魏晋时期虽然已经出现了孤桐意象，但或者描写其环境，或者强调其器用，或者沿用其神话原型，均未有效揭示孤桐的树木属性，更未发现其人格象征内涵。

（二）唐朝：形成期；白居易；“孤直”

孤桐意象内涵在陈子昂、张九龄时期有了提升。陈子昂在《与东方左史虬〈修竹篇〉序》中高度评价了东方虬的《咏孤桐篇》“骨气端翔，音韵顿挫。不图正始之音，复睹于兹”[①]，并进而提出了“兴寄”“风骨”的主张。这篇序言具有横制颓波、肃清齐梁绮靡文风的作用，在唐代文学史上有着非常重要的地位。激发陈子昂的就是东方虬的《咏孤桐篇》。《咏孤桐篇》已经失传，但是我们可以肯定，它应该已经跳出了六朝窠臼，注重主体精神气节的贯注。张九龄《杂诗五首》：

孤桐亦胡为，百尺旁无枝。疏阴不自覆，修干欲何施。高冈地复迥，弱植风屡吹。凡鸟已相噪，凤凰安得知。

“百尺旁无枝”“修干欲何施”等扣合了梧桐修干弱枝的树木特点，而这一点在魏晋南朝诗歌中未经人道；张九龄藉此展现了其特立独行的直臣形象。王昌龄《段宥厅孤桐》：

凤凰所宿处，月映孤桐寒。槁叶零落尽，空柯苍翠残。虚心谁能见，直影非无端。响发调尚苦，清商劳一弹。

诗有“寒”“苦”之音，但是颈联却振起全篇；在对梧桐物性的发

① 陈子昂《陈伯玉文集》（《四部丛刊》影印明刊本）卷一，商务印书馆 1929 年版。

掘体认方面，较张九龄更进一层。王昌龄由表及里，从外在的“直影”进而触及内在的“虚心”，这与士大夫的处世、涵养相契合，从而具备人格象征意味。

白居易《云居寺孤桐》标志着孤桐人格象征意义的正式形成，诗云：

一株青玉立，千叶绿云委。亭亭五丈余，高意犹未已。山僧年九十，清净老不死。自云手种时，一颗青桐子。直从萌芽发，高自毫末始。四面无附枝，中心有通理。寄言立身者，孤直当如此。

诗的立意受到《孟子》“拱把之桐梓”及《老子》“合抱之木，生于毫末”的影响；在对梧桐物性的发掘方面，则综合了张九龄与王昌龄。“四面无附枝”合于“百尺无旁枝”，“中心有通理”合于“虚心谁能见”。白居易的最大贡献乃在于卒章显志，以“孤直”二字明确道出孤桐的人格象征内涵。“孤直”的君子人格在朋党之患渐显的中唐时期具有警世意义，白居易在另一首作品中也借竹子道出，《酬元九对新栽竹有怀见寄》：“昔我十年前，与君始相识。曾将秋竹竿，比君孤且直。”

（三）宋朝：深化期；王安石；“刚直”

孤桐的人格象征内涵在宋代得到了完善、深化，这植根于宋代道德意识普遍高涨的社会文化背景。细味白居易的“孤直”二字，更偏重于虚静自洁、道德退守的一面，即“狷”者的“有所不为”；而宋代的王安石却着意抉发孤桐贞劲刚健、对抗环境的一面，即“狂”者的“进取”。宋代花木“比德”呈现出“清”“贞”和合的特点，梧桐的“清”性早在《世说新语》“新桐初引，清露晨流”中已见端倪；其“贞”姿在白居易的作品中尚处于“初级阶段”，而在王安石的作品中则达到了“高级阶段”。

王安石《孤桐》：

天质自森森，孤高几百寻。凌霄不屈己，得地本虚心。岁老根弥壮，阳骄叶更阴。明时思解愠，愿斫五弦琴。

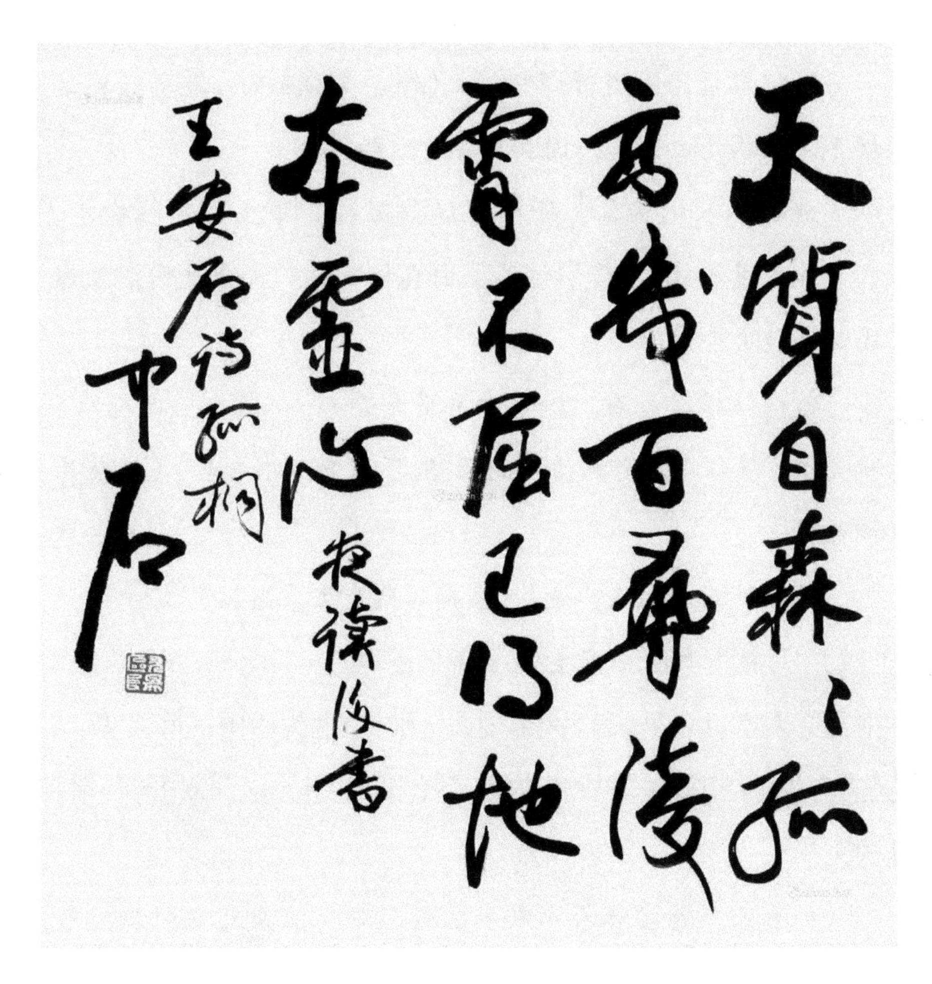

图 28　欧阳中石书法作品（图片来自网络）。

“不”“本”“弥”“更”等虚字均有画龙点睛的作用；诗末两句则用《南风》典故，体现了“兼济天下”的胸怀。我们可以用宋代包恢的《莲花》来对照：“暴之烈日无改色，生于浊水不染污。疑如娇媚弱女子，乃似刚正奇丈夫。”“无”“不”等虚字的使用与王安石如出一辙，宋人花木“比德”的倾向可以见微知著。我们如果也用一个词去概括王安石的孤桐，那就是“刚直”。

“孤直”“刚直”互补，孤桐的人格象征内涵方无剩意，而且也充实、丰富了个性化的琴韵，我们看诗文例子：

孤桐本贞高，缓节调勿催。（韩淲《初五日，孔野云同酌楼下，取琴作白云曲，因和周倅所赠韵》）

老我不入杞梓林，峄阳深隐如孤桐。平生习气扫欲尽，只有愧处著力攻。（楼钥《吴少由惠诗百篇，久未及谢，又以委贶，勉次来韵》）

孤桐结根倚崖石，俯瞰清溪照虚碧……人不识，多苦心，樵夫斤斧莫相寻。宁教枯死倒涧壑，不从爨下求知音。（戴昺《孤桐行》）

琅然孤桐，不谄其逢。（袁桷《戴先生墓志铭》[①]）

（四）“孤桐”其人：章士钊；高二适

中国文人常以名号、斋名等明志、自励，梧桐为中国民间常见，以“孤桐”见志者也不乏其人，其中声名最著者当推章士钊。[②]章士钊，字行严，号孤桐。

岁辛丑，愚读书长沙东乡之老屋中，前庭有桐树二，东隅老桐，西隅少桐。老者叶重影浓，苍然气古，少者皮青干直，油然爱生。时愚年二十耳，日夕倚徙其间，以桐有直德，隐然以少者自命……愚以桐为号，乃有取于桐德，至别构一字

① 袁桷《清容居士集》（《影印文渊阁四库全书》）卷二十八，上海古籍出版社1987年版。

② 近代江苏如东的蔡观明也号“孤桐先生”。蔡观明（1894—1970），字处晦，笔名孤桐（因居处前曾长一梧桐，遂名其室为“孤桐馆”），尝自称“孤桐先生”。

以状之，本无一定。早岁青桐，中岁秋桐，其为变动，已甚不居。香山《孤桐诗》云："直从萌芽拔，高见毫末始。四面无附枝，中心有通理。寄言立身者，孤直当如此。"孤桐孤桐，人生如尔，尚复何恨。诵云居之诗，取峄阳之义，愚其皈依此君，以没吾世焉矣。因易字"孤桐"，缘周刊出版布之。[①]

章士钊之所以舍青桐、秋桐而取孤桐，正是缘于孤桐的人格象征意义。

著名书法家高二适是章士钊的"小友"，两人相契甚深。1963年，章士钊推荐高二适入江苏文史馆；在1965年的"《兰亭集序》真伪"大辩论中，章士钊更是力挺高二适。高二适斋号"孤桐堂"，当是受到章士钊的影响。高二适敢于挑战位高权重的郭沫若，力持《兰亭集序》为王羲之真迹，足见其风骨，不负"孤桐"。

此外，清代纪晓岚斋名"孤桐馆"；近代广东惠州名士江逢辰有《孤桐词》，后人为了纪念他，建有"孤桐馆"。

第二节　双 桐

梧桐本来野生于崇岗峻岳之间，但很早就作为"人化的自然"之景而被人工栽植。吴王夫差即有梧桐园，任昉《述异记》："梧桐园在吴宫，本吴王夫差旧园也，一名琴川。"梧桐树干通直青绿、树阴广袤疏朗，是行道绿化、园林观赏的良木。同时，凤凰"非梧桐不栖"，栽植梧桐也有祈求祥瑞、托物明志之意。

梧桐可以从植成片，也可以列直成行；传统社会中，梧桐常以偶

① 孙郁《孤桐老影》，《读书》2008年第8期。

数栽植,“双桐”极为常见。双桐在造景上有优胜之处。梧桐修长挺拔,如同天然的“廊柱”;双桐的枝叶在空中交织,形成绿色“门廊”“高亭”,既有掩映之美,也有通畅之趣。双桐具有对称之美,也有吉祥之意,顾炎武《日知录》卷三十引用史籍记载,云:“喜偶憎奇,古人已有之矣。”而且,在中国民间一直有这样的传说,“梧桐”是雄雌双树,梧为雄,桐为雌(梧桐其实是雌雄同株);梧桐双植体现了古人阴阳和合的自然观与植物观。

双桐可以栽植于村头、门口、井边,修干高耸、绿荫匝地,是乡土社会的“地标”、家园的象征。文人于双桐庇荫的书屋中著书立说,有清雅之趣。双桐枝叶交接,象征着男女之间“在地愿为连理枝”的缠绵爱情。佛教进入中土之后,佛教“双树”被置换为双桐,双桐成为佛门圣物。中国文化中,双桐是“有意味的形式”。本节即围绕上述问题展开论述。

一、双桐与家园:乡土社会;公共空间;精神化石

梧桐易生而速长,可以取阴,也可以实用,与槐树、榆树、柳树一样,是中国民间栽种最广的树木之一。梧桐可以栽于村头、门前、院中,井边。栽植梧桐树还有观念性的因素,梧桐历来被认为是祥瑞、高洁的“佳树”。“栽下梧桐树,引来金凤凰”至今仍是流传的谚语。《天中记》卷五十一记载了“佳树酬直”的佳话:

> 王义方为御史,买宅数日,忽对宾朋指庭中青桐树一双,曰:“此无酬直。”亲朋言:“树当随此,别无酬例。”义方曰:“此佳树,非他物比。”召宅主付钱四千。

在亲友看来,双桐是“随赠产品”,而王义方却坚持“专款另付”。

中国乡土社会的一个特点即为聚族而居、聚村而居,具有自治、自足的特征，村落中一般有祠堂之类的公共场所。梧桐树阴广布，是自然形成的户外“议事厅”，可以议事，也可以闲话。“豆棚瓜架”终不如桐阴之下轩敞，劳作之余，桐阴之下也是休憩场所。梧桐与古人日常生活关系密切。传统社会中，水井是村庄的象征，梧桐则是村庄的景观，井边之桐更是家园的象征，具有至为重要的地位。可以这么说，星罗棋布的梧桐、井桐是安土重迁的乡土社会中的“坐标点”，是漂泊游子心灵的“归宿点”。乡土社会中的梧桐往往双双对植，具有对称之美，同时亦具有吉祥寓意；井边之桐也是如此：

颍城百战后，荒宅四邻通……唯余一废井，尚夹双株桐。（元行恭《过故宅诗》）

宅门南北双桐木，篱径高低万菊苗。（方回《葺园》）

自种双桐已四年，秋来匏瓠小篱穿。（晁补之《怀缗居》）

我家百丈下，井上双梧桐。自从别家来，江海信不通。（范梈《苦热怀楚下》[①]）

这些诗作抒写的都是故园之思，而村头、井边和家门前的双桐，自然而然成为维系诗人故园之情的一个文化符号。杨维桢为王逢《梧溪集》所写的小序云：“逢，字原吉，名寓所曰：梧溪精舍，自号梧溪子。盖以大母徐尝手植双梧于故里之横江，志不忘也。”(王逢《梧溪集》，中华书局 1985 年)。

双桐是文人述志、“归去来兮”的象征景物，方回《次前韵述将归》“宅门夏荫双高桐，园径秋香万丛菊”，下句隐然有陶渊明《归去来兮辞》“三径就荒，松菊犹存”之意。

传统乡土社会，包括双桐景致已与我们渐行渐远；然而，我们可

① 范梈《范德机诗集》卷二，《四部丛刊》初编本，商务印书馆 1922 年版。

以发现全国仍有不少以“双桐”命名的村落、街巷。“循名责实”，我们可以遥想旧时风光；“双桐”地名本身也堪称“非物质文化遗产”，是乡土社会的“精神化石”。笔者通过网络检索，制作“双桐”地名表如下，不免遗漏：

序号	省	市	县区	镇	村巷
1	安徽省	芜湖市	镜湖区		双桐巷
2	甘肃省	庆阳市	西峰区	肖金镇	双桐村
3	四川省	泸州市	古蔺县	永乐镇	双桐村
4	浙江省	金华市	东阳市	南马镇	双桐村
5	广东省	揭阳市	榕城区	梅云镇	双梧村
6	四川省	绵竹市		九龙镇	双桐村

二、双桐与文人：地缘组合；精神意趣

梧桐可称得上是文人雅士生活中“不可一日无”的“此君”。梧桐树下可以优游，梧桐雨滴或梧桐月色也是可以赏玩的清景；“双桐”也频繁出现在文人的诗歌创作中：

庭下双高桐，枝叶蔚以繁。种者意自远，岂并群木论。（文同《子骏运使八咏堂》“桐轩”）

幽轩处清奥，前有双桐起。婆娑势初合，修耸意未已……主人相对乐，性静穷物理。（冯山《利州漕宇八景》“桐轩”）

双梧尤惬雨中听。（黄裳《和张枢密西斋》）

文同与冯山所吟咏的“桐轩”当为同一建筑，主人为鲜于子骏；鲜于子骏曾担任利州转运使判官，和当时的苏轼、苏辙、秦观等文人多有交往。苏辙也有《和鲜于子骏益昌八咏》“桐轩”诗，益昌为利州的属县。

双桐衔接、交互形成的绿阴如同帷幄，覆盖在轩、斋、亭之上，与文人的诗意生活密不可分。唐代刘慎虚《阙题》“深柳读书堂”的读

书场景让后人心仪。不过，绿柳掩映的深窈景致需要多株柳树才能达到。桐阴书屋倒是更为常见、易行，如：

桐阴近屋可修书。（高翥《喜杜仲高移居清湖》）

桐阴细细白花攒，吾爱吾庐暑亦寒。（朱彝尊《夏日杂兴二首》）

书屋桐阴依旧圆，每因几暇此流连。（《御制夏日瀛台杂诗八首》）

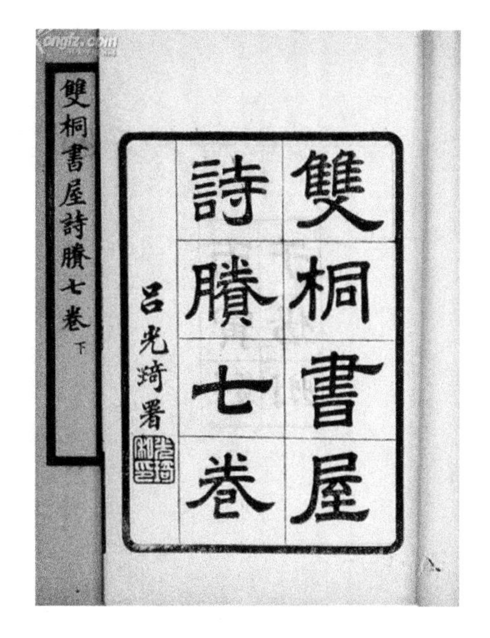

图 29　《双桐书屋诗剩》书影（图片来自网络）。

梧桐的树枝有对称之美，树冠延展，所以“瀛台杂诗”用“圆”来形容桐阴。在桐阴掩映下的书斋中读书、写作是文人雅事，清代朱崇勋的文集就题为《桐阴书屋集》。梧桐与书屋是自然而然的“地缘组合”。

梧桐不仅是“物质”存在，而且是“精神”载体，与文人关系密切。毋庸讳言，在中国文化中，梧桐并未达到“岁寒三友”“四君子”或者荷花的比德高度。但是，梧桐在中国文学中发端不凡，先秦时期，梧桐已经成为“阳木”“柔木”的代表。《世说新语 · 赏誉》：“时（王）恭尝行散至京口谢堂，于时清露晨流，新桐初引，恭目之曰：‘王大故自濯濯。’”与传统的松柏之类的坚贞拟象不同，“新桐”所形容的是六朝人物的风流高标，张潮《幽梦影》也云：“桐令人清，柳令人感。”唐宋时期，“孤桐”刚直坚贞的人格象征意义也渐趋成熟。总之，梧桐也与文人品德之间建构了对应关系，具有“清”“贞”和合的特点。

图 30　［清］李鱓《双桐茅屋图》，画面题诗为：“双桐茅屋水云隈，老捻鱼竿守钓台。昨夜星缠窥有曜，又持书卷诗山来。”“星缠”指列星环绕，“有曜”指月亮。图片来自“阴山工作室”博客。

梧桐分布普遍，所谓“其则不远”“德不孤、必有邻”，梧桐成为文人精神世界的良友；也因为双桐在造景上的特点，中国古代文人以“双桐”为名号、书房、文集的颇为不少，体现了“惟吾德馨”的精神意趣与人格自许。笔者略加整理，制作简表如下：

序号	字号、文集、室名	主人	备　注
1	双梧主人	袁句	袁句，字大宣，号双梧主人，河南洛阳人，清代医家，乾隆十年进士。曾任职于刑部，精研痘科，历十六载，于1753年撰成《天花精言》六卷（又名《痘症精言》）。
2	双梧	杨廷理	杨廷理（1747—1813），字清和，号双梧。他一生的事业与台湾的历史密不可分。自乾隆五十一年升台湾府同知，后曾三任台湾知府；著有《双梧轩诗草》行世。
3	双梧	宁熙朝	宁熙朝，字双梧，号柑堂，湖北潜江人，嘉庆丙子举人。著有《江南游草》《蜀游草》《庚辰草》。
4	双梧书屋医书四种	曹禾	曹禾，字青岩，号畸庵，清代医家，江苏武进人，咸丰二年（1852）自刊《双梧书屋医书四种》。
5	双梧山馆文钞	邓瑶	邓瑶（1812—1866），字伯昭，又字小耘。湖南新化人。道光十七年（1837）拔贡，任麻阳教谕。主讲新化濂溪书院，并办当地团防。著有《双梧山馆文钞》等。
6	双梧吟馆诗抄	张景旭	张景旭，字子初，贵州镇远人，清光绪十五年（1889年）进士，与赵钟莹、程小珊、何金龄有“都门四杰”之称。历官四川丹棱、南部等县知县。善书法。著有《双梧吟馆诗抄》。
7	双梧阁	沈曾植	沈曾植（1850—1922），字子培，号乙庵，晚号寐叟，别号甚多，以“硕学通儒”蜚声中外，被誉为“中国大儒”。曾任总理衙门章京、上海南洋公学（上海交通大学前身）监督（校长）。
8	双梧馆诗文集	古应芬	古应芬（1873—1931），字勷勤，亦作湘芹，广东番禺人。同盟会成员。参与策划广州起义和二次革命。曾任大元帅府秘书、广东省财政厅长、中央监察委员。著有《孙大元帅东征日记》《双梧馆诗文集》。
9	双梧居士	粟培堃	粟培堃（1878—1950），字厚庵，号墨池、墨持，自署“双梧居士”。光绪二十三年（1897）留学日本，就读早稻田大学。回国后与蔡锷共事多年。辛亥革命以后移居武昌，民国二年（1913）在武昌租了一间房子做藏书楼，取名“双梧寄庐”，自称“双梧寄庐主人”“鄂渚寓公”。藏书甚富。

10	双桐 书屋	张琴溪 杨皋兰	以“双桐书屋”为室名者颇多，略钩沉两则如下： （1）扬州私家园林名，《履园丛话》卷二十：“双桐书屋，即王氏旧园，关中张氏增筑之，在左卫街。” （2）淮安私家园林名，主人杨皋兰，道光年间名儒，宅前有双桐，初名“双桐书屋”，漕运总督松筠书额。
11	双桐书屋 剩稿	李光谦	李光谦，字东园，顺天通州人。道光戊子举人，历官镇雄知州。有《双桐书屋剩稿》。
12	双桐书屋 诗剩	李应莘	李应莘，字稼门，咸丰丙辰进士，有《双桐书屋诗剩》存世，传本极稀。
13	双桐山房 诗草	陈凤图	陈凤图，嘉庆、道光年间人。
14	双桐馆	江孔殷	江孔殷，字少荃，号兰斋、霞公，室名双桐馆，广东南海人。光绪三十年进士，官至江苏候补道，清末任广东清乡总办。
15	双桐馆诗 钞	张因	张因（1741—1807），字净因，江苏扬州人，张坚女，黄文阳妻。善山水、花鸟，工填词。著有《绿秋书屋诗集》《双桐馆诗钞》。

三、双桐与爱情：双桐、双鸟组合；“半死桐”与丧偶

在树木意象中，梧桐堪称“爱情树”。梧桐与爱情之间的联姻可以追溯到其出现时的“原生态”，《大雅·卷阿》奠定了梧桐与凤凰的组合。凤凰为雌雄双鸟，可指男女双方，司马相如《琴歌二首》即云：“凤兮凤兮归故乡，遨游四海求其凰。”凤凰“非梧桐不栖”，梧桐与“爱情鸟”的伴生成为经典模式。

梧桐还与“合欢”有形似之处，晋崔豹《古今注》下“草木”：“合欢树，似梧桐。枝叶繁，互相交结。”“合欢”顾名思义，指男女之间的爱情、欢情。“合欢”常与双鸟组合，如卢照邻《望宅中树有所思》“我家有庭树，秋叶正离离。上舞双栖鸟，中秀合欢枝”、李商隐《相思》“相思树上合欢枝，紫凤青鸾共羽仪”。梧桐与合欢树的形似更为梧桐的爱情内涵“增值”。

古代的墓地，多种树木，用以坚固坟茔的土壤，并作为标志，便于子孙祭扫，仲长统《昌言》：“古之葬者，松柏梧桐，以识其坟也。”汉代民间也有“平陵东，松柏桐”的歌谣。坟边之树往往也是双数，形成拱卫之势。汉乐府民歌《古诗为焦仲卿妻作》中出现了双桐意象之雏形：

两家求合葬，合葬华山傍。东西植松柏，左右种梧桐。枝枝相覆盖，叶叶相交通。中有双飞鸟，自名为鸳鸯。

在墓地旁种植松柏梧桐符合现实，“双飞鸟”则是精诚所至的浪漫图景。

魏明帝《猛虎行》中明确出现了双桐与双鸟：“双桐生空枝，枝叶自相加。通泉浸其根，玄雨润其柯。绿叶何蔘蔘，青条视曲阿。上有双飞鸟，交颈鸣相和：何意行路者，秉丸弹是窠。”梁简文帝的《双桐生空井》无论从命意、字句都是承魏明帝之启发。萧子显《燕歌行》“桐生井底叶交枝，今看无端双燕离”，孟郊《列女操》“梧桐相待老，鸳鸯会双死。贞女贵徇夫，舍生亦如此”，都明确出现了双鸟意象，而双桐意象隐含其中。双桐枝叶相交，象征着纠结缠绵、至死不渝的爱情。

在“双桐与家园”小节中，笔者已经谈到井和梧桐之间关系；魏明帝、梁简文帝更是奠定了“双桐”与“空井”的组合。古代闺怨诗中，井边“双桐”是习见的意象：

辘轳井上双梧桐，飞鸟衔花日将没。深闺女儿莫愁年，玉指泠泠怨金碧。（常建《古兴》）

风飘白露井梧落，叶上丸丸缀灵药。琴枝连理凤鸣晨，辘轳双转银瓶索。（谢翱《双桐生空井》）

空井双桐落叶深，铜瓶百丈响哀音。美人不见凉风至，

愁对秋云日暮阴。(朱彝尊《古兴二首》)

图 31 双桐连理图(网友提供)。

以上诗例中均是以双桐或者双鸟来反衬抒情女主人公的形只影单。正因为梧桐为爱情双树，所以“半死桐”即可指双树一死一生，亦即丧偶。“半死桐”的丧偶喻意在唐代定型，这就“层累式”地丰富了枚乘《七发》、庾信《枯树赋》以来的“半死桐”意蕴。详参后文关于“半死桐”的论述。

四、双桐与佛教 :“双桐”是中土化的“娑罗双树”

南朝何逊《从主移西州，寓直斋内，霖雨不晴，怀郡中游聚诗》是文学作品中第一次将双桐置于寺庙环境之中 :“不见眼中人，空想山南寺。双桐傍檐上，长杨夹门植。”何逊诗中双桐意象的出现当与“双桐沙门”有关。《高僧传》卷十二《亡身》:

> 释僧瑜……以宋孝建二年（公元455年）六月三日，集薪为龛，并请僧设斋，告众辞别……其后旬有四日，瑜房中生双梧桐，根枝丰茂，巨细相如，贯壤直耸，遂成连树理，识者以为娑罗宝树……因号为“双桐沙门”。

无独有偶，《高僧传》同卷中尚有两则梧桐、双桐的材料：

> 释慧绍……乃密有烧身之意……绍临终谓同学曰：“吾烧身处，当生梧桐，慎莫伐之。”其后三日，果生焉……故双梧表于房里，一馆显自空中，符瑞彪炳与时间出。

“双桐沙门”的个中消息可以从“识者以为”的“娑罗”树切入、把握。娑罗，又名摩诃娑罗树、无忧树，俗称柳安，原产于印度、东南亚等地。佛祖的降诞、入寂均与娑罗树有关。相传释迦牟尼在印度拘尸那城阿利罗拔提河边涅槃，其处四方各有两株双生的娑罗树，故谓之“娑罗双树”。《涅槃经 · 寿命品》：“一时佛在拘尸那国，力士生地，阿利罗跋提河边娑罗双树间。”娑罗双树或双树、双林是佛门圣物、寺庙标志，如梁简文帝《往虎窟山寺》“蓊郁均双树，清虚类八禅”、阴铿《游巴陵空寺诗》“网交双树叶，轮断七灯辉”。娑罗树产于印度、东南亚，中土土壤、气候不适合其生长。娑罗树和梧桐都是树身高大，枝繁叶茂，树质优良。中郎不在，但典型犹存，于是，梧桐成了娑罗树的替代品，或者说，梧桐成了中土化的娑罗树[①]。

印度佛教中作为圣物的花木在中土往往存在置换情形，不仅梧桐

① 李邕《楚州淮阴县娑罗树碑》：“娑罗树者，非中夏物土所宜有也”，娑罗树的有效引进是在8世纪中叶。详参〔美〕谢弗著、吴玉贵译《唐代的外来文明》第273—274页，中国社会科学出版社1995年版。

替代了娑罗树，荷花也替代了睡莲，栀子花则替代了薝卜花[1]。梧桐、荷花、栀子都是中国分布非常广的花木，选择它们作为替代品，体现了佛教贴近本土、贴近世俗的传播策略和“亲民”姿态。葛兆光先生有一段话可以解释这种现象：

文化接触中常常要依赖转译，这转译并不仅仅是语言。几乎所有异族文化事物的理解和想象，都要经过原有历史和知识的转译，转译是一种理解，当然也羼进了很多误解，毕竟不能凭空，于是只好翻自己历史记忆中的原有资源。[2]

南朝以后，随着佛教在中国社会中的铺展盛行，“双桐”成为诗歌常典，指涉佛门寺庙：

擢本相对，似双槐于夹门；合干成阴，类双桐于空井。（《东阳双林寺傅大士碑》[3]）

又当舍寿之夕，房前双桐无故自枯，识者以为双林之变。但真乘妙理绝相难思，嘉瑞灵祥应感必有。（《宋高僧传》第九《唐润州幽栖寺玄素传》）

南阶双桐一百尺，相与年年老霜霰。（李颀《爱敬寺古藤歌》）

十年不扫先师塔，闻有双桐护石根。（释德洪《云庵塔有双桐，作此寄因侄》）

---

① 详参俞香顺《荷花佛教意义在唐宋以后的发展变化》，《南京师大学报》（社科版）2003 年第 4 期；《中国栀子审美文化探析》，《北京林业大学学报》（社科版）2010 年第 1 期。

② 葛兆光《历史乱弹之二 · 把圣母想象成观音》，《中国典籍与文化》2001 年第 2 期。

③ 徐陵撰、吴兆宜笺注《徐孝穆集笺注》（《影印文渊阁四库全书》）卷五，上海古籍出版社 1987 年版。

只余手植双桐在，此外仍兼洗砚池。（杨万里《游定林寺即荆公读书处四首》）

随着中印文化的交流，中国梧桐已经融合了印度娑罗树的“文化因子”，在固有的高洁之外又平添圣洁；佛教意蕴成为“双桐”意象内涵的有机组成部分。杭州即有“双桐庵”，《武林梵志》卷五：“双桐庵在紫云山栖霞岭侧，新安许太史买山构庵，额曰‘双桐’。”

梧桐不同于梅兰菊竹等，后者更多的是文人清供、清赏；而梧桐既是中国传统花木中的“清流”，又具有“大众化”的特点。梧桐树身高大、根系发达，广泛分布于华夏大地，与人们的日常生活更具千丝万缕的联系。梧桐丰富的文化内涵由双桐意象的分析即可见一斑；双桐意象内涵具有“多维性”，指涉丰富；研究双桐意象具有文学、民俗、宗教等多方面的价值。乡土社会里，双桐是家园的象征，“双桐”村落分布南北；士人文化中，双桐则又是精神的盟友，“双桐”室名历代不乏。世俗世界里，双桐是爱情的表征；宗教世界里，双桐则是佛门圣物。

第三节　井　桐

井桐，即井边之梧桐树，而非如有的学者所说的是用井字形栏杆所围护的梧桐树[①]。宣炳善《“井上桐”的民间文化意蕴》一文认为在水井边栽种梧桐树是上有龙、下有凤的龙凤呈祥民俗观念的形式化呈

① 陈衍《宋诗精华录》，巴蜀书社 1992 年校注本第 50 页“井桐叶落池荷尽”注：“井桐，即梧桐树，树四周有井状的护栏，故名。”又见该书第 570 页“寒声初到井梧知”注。

现[1]。这是笔者所见的唯一专题探讨井桐的论文；本节则在此基础上更作补充、延伸、发覆。

井和树有着由来已久的相依关系。《周礼·秋官·野庐氏》："宿昔井树。"郑玄注："井共饮食，树为蕃蔽。"井和树阴，借指饮食休息之所；先秦时期，井、树的设置被视为政府惠政。桃树、李树是常见的井边之树，如乐府诗《鸡鸣》："桃生露井上，李树生桃旁。"桃阴、李阴也很早被提及，《韩诗外传》卷七："春种桃李者，夏得阴其下，秋得其实。"其实，桃树、李树均为小树种，其树阴均单薄、有限。与桃、李相比，梧桐最大的优点是树阴广覆。井、桐相依在传统社会中极为常见，如储光羲《闲居》："梧桐渐覆井，时鸟自相呼。"而且，井边的梧桐往往还是以偶数栽植，具有对称之美，如郑世翼《过严君平古井》"如何属秋气，唯见落双桐"，李商隐《景阳宫井双桐》。

一、井桐与家园

中国乡土社会中，水井是村庄的象征，梧桐则是常见的树种，井桐自然而然就成为家园的象征，如：

> 门柳故人陶令宅，井桐前日总持家。（王安石《即事》）
>
> 衣杵相望深巷月，井桐摇落故园秋。（陆游《秋思》）
>
> 归去井梧应好在，白头江令自堪悲。（方回《次韵仁近见和怀归五首》）

王安石诗中的"总持"、方回诗中的"江令"均指南朝诗人江总，江总字总持，其《南还寻草市宅诗》云："红颜辞巩洛，白首入轘辕……见桐犹识井，看柳尚知门。"本篇"巩洛""轘辕"等地名是借指南朝郊畿之地。首二句言辞乡时还年轻，还家时已经老了，颇有"少小离

① 宣炳善《"井上桐"的民间文化意蕴》，《中国典籍与文化》2002年第2期。

家老大回”之慨。江总早年在南朝陈后主时期担任过尚书令，文辞出众；后来出使北朝被扣留，陈亡之后才回归南京故里。江总当年的房屋可能已经不在了，但池水、楼台、院子中的竹子和树木都还在；江总与井桐遂成为故园之思的常典。

赵琳《从唐宋诗词看唐宋民居院落》一文说到：“‘井’在唐宋诗词中被反复提到，可见当时院落普遍有井……当时人们喜在井边种植梧桐，因此‘井’与‘梧桐’又总是两两出现。”[①]浙江省慈溪市掌起镇洪魏村境内有一口名为“桐井”的古井，井呈正方形，边长1.3米，深2米，是慈溪三大古井之一。“桐井”之得名当与中国传统社会中井与梧桐的组合景观、习俗有关。全国尚有一些名为“井桐”或“桐井”的地名，各举一例：浙江省丽水市遂昌县妙高镇有“井桐坞”，广东省江门市蓬江区棠下镇有“桐井村”。

前面已经提到，井边梧桐往往是偶数栽植，所以井边双桐更是家园的象征，如隋元行恭《过故宅诗》：“颓城百战后，荒宅四邻通……唯余一废井，尚夹双株桐。”范梈《苦热怀楚下》：“我家百丈下，井上双梧桐。自从别家来，江海信不通。”全国“双桐”地名颇多，此处不赘举。

二、井桐与闺怨

中国古代女子的生活空间相对封闭，所谓“庭院深深深几许”，而“井”则处于庭院之中，是女子日常生活、伫立遐想的地点。闺怨诗歌中，与“井”相关的“金井”“井桐”“银床”“辘轳”等都是常见的意象。本小节即分析井桐意象以及与之相关的意象组合与闺怨情绪。

① 赵琳《从唐宋诗词看唐宋民居院落》，《博物馆研究》2010年第3期。

（一）桐花

中国的木本花卉中，桐花非常惹眼，梧桐高大、桐花硕大。而且，更为重要的是，在农耕文明中，桐花是清明的象征。春到清明，已经过去了三分之二，方回《伤春》:“等闲春过三分二，凭仗桐花报与知。”桐花可以说是宽泛意义上的“殿春”之花，吴泳《满江红》“洪都生日不张乐自述”即云 :“手摘桐华，怅还是、春风婪尾。”婪尾即最后、末尾之意。井桐之花是流光抛人的伤春、闺怨情绪的触媒。如张窈窕《春思二首》:“井上梧桐是妾移，夜来花发最高枝。若教不向深闺种，春过门前争得知。”李贺《染丝上春机》:“玉罂泣水桐花井，蒨丝沉水如云影。美人懒态燕脂愁，春梭抛掷鸣高楼。”桐花与一般的草木之花相比，是“花发最高枝”，需仰视才可见；桐花之外的辽远天空与女子身处的逼仄空间形成对比，更能怅触万端、思绪无穷。

再如刘氏《有所思》:“朝亦有所思，暮亦有所思。登楼望君处，蔼蔼萧关道。掩泪向浮云，谁知妾怀抱。玉井苍苔春院深，桐花落尽无人扫。”“玉井”与“桐花”也是组合出现。“萧关”在今天的宁夏固原东南，是西北的重要关隘。

（二）双桐与双鸟

在爱情文学中，连理树、相思鸟是常见意象。双桐枝叶相交，象征着纠结、缠绵的爱情，双鸟则是双飞双宿，这都让闺中女子睹物伤情。萧子显《燕歌行》“桐生井底叶交枝，今看无端双燕离”，出现了双鸟意象，而双桐意象隐含其中；再如苏轼《菩萨蛮》“回文”“井桐双照新妆冷，冷妆新照双桐井。羞对井花愁，愁花井对羞”，借井边双桐以反衬女子之孤寂。

常建《古兴》“辘轳井上双梧桐，飞鸟衔花日将没。深闺女儿莫愁年，玉指泠泠怨金碧”，双桐与桐花并皆出现；李复《和人子夜四时歌》“井上梧桐树，花黄落点衣。夜深花里鸟，相并不相离。美人朝汲水，惊起却双飞”，双鸟与桐花联袂出现。两者均是“刻意伤春复伤别”，用双桐、双鸟反衬女子的形只影单。

（三）井桐与辘轳、银瓶

井桐傍井而生，在闺怨诗歌中，井桐亦常常作为背景而存在，而中心意象则是井具，如辘轳、银瓶等。“辘轳”是利用轮轴原理制成的井上汲水的起重装置，“银瓶”则是银制的汲水器具。

陆龟蒙《井上桐》：“美人伤别离，汲井常待晓。愁因辘轳转，惊起双栖鸟。独立傍银床，碧桐风袅袅。”“双栖鸟”已见于上文论述，直接引发闺愁的则是“转”动的辘轳。中国古典文学中，用轮、盘之“转”来形容愁肠百回是常见的比喻，如《古歌》“离家日趋远，衣带日趋缓。心思不能言，肠中车轮转”、孟郊《秋怀》“肠中转愁盘”。再如胡奎《双桐生》：“双桐生古井，井上桐花落。妾心如辘轳，系在青丝索。”[①]落花无言、辘轳有声，女子心绪也是借助于辘轳、依傍于井桐而发。

张籍《楚妃怨》：“梧桐叶下黄金井，横架辘轳牵素绠。美人初起天未明，手拂银瓶秋水冷。”井桐黄叶纷飞，女子持瓶而立。张籍诗中女子“手拂银瓶”，很容易让人想起中国当代油画家谢楚余的名作《陶》中“抱陶少女”的造型，不知二者之间是否有渊源关系。张籍诗歌其实也类似于绘画，抓住了女子踯躅的“片刻”；而李涉则表达了“时间上的后继”[②]，是一幕完整的“女子打水剧”，《六叹》：

---

① 胡奎《斗南老人集》（《影印文渊阁四库全书》）卷二，上海古籍出版社 1987 年版。

② 详参钱钟书《读〈拉奥孔〉》，《七缀集》第 47 页，上海古籍出版社 1994 年版。

深院梧桐夹金井，上有辘轳青丝索。美人清昼汲寒泉，寒泉欲上银瓶落。迢迢碧甃千余尺，竟日倚阑空叹息。惆怅不来照明镜，却掩洞房抱寂寂。

“寒泉欲上银瓶落”是中道而绝、希望落空；“瓶沉”与“簪折”同在中唐以后流行，比喻离别。再如白居易《井底引银瓶》：“井底引银瓶，银瓶欲上丝绳绝。石上磨玉簪，玉簪欲成中央折。瓶沉簪折知奈何？似妾今朝与君别。”元稹《梦井》：“梦上高高原，原上有深井……浮沉落井瓶，井上无悬绠。念此瓶欲沉，荒忙为求情。”

（四）井桐与乌惊、乌啼

井桐突兀、高耸于庭院之中，是乌鸦的栖息所在。乌鸦胆小易惊、栖止不定，这在诗文中多有描写，如许浑《登蒜山观发军》“惊乌散井桐”，欧阳修《夕照》“乌惊傍井桐”。闺中之人极易被乌鸦扑簌飞起的声音惊动，周邦彦《蝶恋花》“月皎惊乌栖不定”即是女子枕上听来，想到即刻面临的离别，从而“唤起两眸清炯炯，泪花落枕红绵冷”。

此外，中国民间以为“乌啼”是预兆吉祥、带来希望，其由来已久。董仲舒《春秋繁露 · 同类相动》引《尚书传》：“周将兴之时，有大赤乌衔谷之种，而集王屋之上者，武王喜，诸大夫皆喜。”段成式《酉阳杂俎》亦云：“人临行，乌鸣而前行，多喜。”乐府古题有《乌夜啼》，元稹《听庾及之弹乌夜啼引》以亲身经历验证民间传闻之不诬，诗云：

君弹乌夜啼，我传乐府解古题。良人在狱妻在闺，官家欲赦乌报妻。乌前再拜泪如雨，乌作哀声妻暗语。后人写出乌啼引，吴调哀弦声楚楚。四五年前作拾遗，谏书不密丞相知。谪官诏下吏驱遣，身作囚拘妻在远。归来相见泪如珠，唯说闲宵长拜乌。君来到舍是乌力，妆点乌盘邀女巫……

乌啼声声所代言的是女子的心声、希冀，如：

檐欹碧瓦拂倾梧，玉井声高转辘轳。肠断西楼惊稳梦，半留残月照啼乌。（欧阳修《井桐》）

西风半夜惊罗扇，蛩声入梦传幽怨。碧藕试初凉，露痕啼粉香。　　清冰凝簟竹，不许双鸳宿。又是五更钟，鸦啼金井桐。（黄升《重叠金》）

照水羞见影，汲水嫌手冷。闲立梧桐阴，乌啼秋夜永。（高启《金井怨》[①]）

乌啼声与辘轳声、蛩声、钟声等交织错综，渲染、描绘出闺中女子细腻、敏感的内心世界。

三、井桐与悲秋

梧桐是落叶乔木，秋天桐叶颜色转深、转黄以至凋零。宋玉《九辩》描写萧瑟的秋景即云："白露既下百草兮，奄离披此梧楸。"阔大的桐叶从高空飞舞、飘坠，枝干光秃、高耸，格外醒目而惊心。井桐因其与日常生活居所的密切关系而成悲秋的常见意象，如宋之问《秋莲赋》"宫槐疏兮井梧变，摇寒波兮风飒然"、徐铉《祭韩侍郎文》"露泫门柳，霜凋井桐。物感于外，悲来自中"[②]。

井桐枝桠伸展空际，与寒风抗行，如张祜《秋夜宿灵隐寺师上人》"露叶凋阶藓，风枝戛井桐"、陆游《饭后登东山》"井桐亦强项，叶脱枝愈劲"。中唐以后，桐叶秋声，尤其是"梧桐夜雨"成为诗歌中摹写悲秋情绪的重要听觉意象；由近在咫尺的井桐秋声即可悬想天下皆秋，如：

萧萧风雨五更初，枕上秋声独井梧。（张耒《萧萧》）

---

① 高启《大全集》（《影印文渊阁四库全书》）卷二，上海古籍出版社 1987 年版。

② 徐铉《骑省集》（《影印文渊阁四库全书》）卷二十，上海古籍出版社 1987 年版。

欲知此地愁多少，一夜秋声入井梧。（周紫芝《秋夕卧病效唐人作语》）

一夜秋声恼井桐。（杨万里《寄题刘元明环翠阁二首》）

厌听点滴井边桐，起看空蒙一望中。（杨万里《秋雨叹十解》）

正是因为生于井边，井桐树叶飞落井栏、落入井底也成为凝观谛视的特写，桐叶敲打井栏更是别样的秋声，如：

梧桐落金井，一叶飞银床。（李白《赠别舍人弟台卿之江南》[①]）

花开残菊傍疏篱，叶下衰桐落寒井。（白居易《晚秋夜》）

梧桐叶落敲井阑。（韩偓《寄远》）

古屋寒窗底，听几片，井桐飞坠。（周邦彦《夜游宫》）

桐敲露井，残照西窗人起。怅玉手，曾携乌纱，笑整风欹。（吴文英《采桑子慢》）

井桐常与荷叶联袂出现。荷花凋败、荷叶枯残与桐叶凋落大致同时；而且荷叶与桐叶都很阔大，尤其是荷叶，残破的大叶更能穷形尽相秋天的萧飒。从较远、较低的“池”中之荷到较近、较高的“井”边之桐，既有空间的并置，又有层次的区分。我们看诗例：

① “银床”是井栏的美称。《能改斋漫录》卷六“银床”：“杜子美诗：‘风筝吹玉柱，露井冻银床。’潘子真《诗话》以杜用《晋史·乐志》‘淮南篇’。淮南王自言：‘百尺高楼与天连，后园凿井银作床，金瓶素绠汲寒浆。’潘引此未尽也。按，《山海经》曰：‘海内昆仑墟，在西北，帝之下都。高万仞，面有九井，以玉为槛。’郭璞注曰：‘槛，栏也。’故梁简文《双桐生空井》诗云：‘银床系辘轳。’庾肩吾《九日》诗云：‘银床落井桐。’苏味道《井》诗：‘澄澈泻银床。’陆龟蒙《井上桐》诗：‘独立傍银床，碧桐风袅袅。’盖银床者，以银作栏，犹《山海经》所谓以玉为栏耳。”

池影碎翻红菡萏，井声干落绿梧桐。（齐己《惊秋》）

摇落何须宋玉悲，齐亭遗恨莫沾衣。池中菡萏香全减，井上梧桐叶乍飞。（刘骘《馆中新蝉》）

荏苒荷盘老柄枯，飘尽丹枫落井梧。（李唐宾《李云英风送梧桐叶》）

井桐叶落池荷尽，一夜西窗雨不闻。（欧阳修《宿云梦馆》）

桐叶雨声、荷叶雨声都是中唐以后所产生的听觉意象，营造悲秋情境；欧阳修诗中则已无雨打桐叶、荷叶的声音，秋已至尽头。苏泂《再吟三首》“翠被承恩罗扇弃，一年一度一相逢。功成者去终当尔，分付池莲与井桐”的淡定、静观则是典型的宋诗特色，体现了宋人意志与理性的力量。

四、深井高桐与文人心理

井桐不惟与乡思、闺怨、悲秋相关，也映射了文人心理、体现出理学意趣，这与梧桐的原型意义、根系特点有关。

（一）深井高桐与龙、凤

中国古人认为，蛟龙藏于深井，凤凰栖于高桐，所以宣炳善《“井上桐”的民间文化意蕴》一文认为井桐呈现了民间龙凤呈祥的观念。其实不惟如此，井桐还体现了文人“用则行，舍则藏”“修德以来之”的心理诉求。《大雅 · 卷阿》云：“凤凰鸣矣，于彼高冈。梧桐生矣，于彼朝阳。菶菶萋萋，雍雍喈喈。”“菶菶萋萋”形容梧桐，“雍雍喈喈”描摹凤鸣。梧桐具有崇高的原型意义，梧桐之上“有凤来仪”是君子品德臻备、效君用世的象征与先兆。另外，汉代，井神即已成为五种家神之一，《白虎通 · 五祀》谓门、户、井、灶、土为五祀，乡村社会中的井神就是龙王爷；[1]在《易经》中，“亢龙”“飞龙”“潜龙”等卦象都用以比喻君子命运。凤凰难至于“桐”，蛟龙深藏于“井”，士大夫常以“井桐”抒发难为世用的命运嗟叹，如：

湛湛碧井水，其上有梧桐。春随井气生，白花飞濛濛……桐既无凤凰，井岂潜蛟龙。乃知至神物，未易令人逢。（梅尧臣《和永叔桐花十四韵》）

君家井泉深百尺，上有高桐十寻碧。凤鸟不至独何忧，蛟龙深潜莫能识。迅雷烈风来击时，地轴翻倒海水飞。正直摧伤岂天意，爨不成琴殊未迟。（刘敞《黄寺丞井上桐树为雷所击》）

桐阴秋转薄，井气晓为霜……高巢翠羽下，澄水玉虬藏。（虞集《送良上人赋得井上桐》[2]）

梅尧臣的诗歌直陈凤凰与蛟龙的虚无，最是无望。

（二）深井高桐与“源”“本”

文震亨《长物志·凿井》云：“凿井须于竹树之下，深见泉脉。”梧桐不仅为井提供荫蔽，更为井提供了水源。梧桐树干高耸、树冠广大，相应的，梧桐根系发达，深扎大地。古代吟咏梧桐，尤其是井桐的作品，常常着眼于其树根，如：

有南国之陋寝，植嘉桐乎前庭。阐洪根以诞茂，丰修干以繁生。（夏侯湛《愍桐赋》[3]）

---

① 详参胡英泽《水井与北方乡村社会》，《近代史研究》2006 年第 1 期。

② 虞集《道园学古录》（《影印文渊阁四库全书》）卷一，上海古籍出版社 1987 年版。

③ 严可均《全晋文》卷六十八，商务印书馆 1998 年版。

根蔫条茂，迹旷心冲。（袁淑《桐赋》[1]）

玄根通彻于幽泉。（刘义恭《桐树赋》[2]）

双桐生空井，枝叶自相加。通泉溉其根，玄雨润其柯。（魏明帝《猛虎行》）

宋代陈翥在《西山桐十咏》中更专门有一首《桐根》，描写梧桐树根的深潜、粗壮、延绵、凸起等特征，这是梧桐树身高大之"始"：

吾有西山桐，密邻桃与李……上濯春云膏，下滋醴泉髓。盘结侔循环，岐分类枝体。乘虚肌体大，坟涨土脉起。扶疏向山壤，蔓衍出林地……倘议大厦材，合抱由兹始。

树木的树根往往与树干是等长的，根深则干高，梧桐即是如此；根深则可以汲取充沛的水分。在理学思维的观照下，高桐之"根"即是"君子务本，本立而道生"之"本"，为梧桐生长提供水分的深井之"源"即是"道源"之"源"，如：

山溪涨易涸，为无千里源。桐孙绕云枝，下有百尺根。物理不虚发，本厚末始繁。功名岂易力，旧德资深蟠。不知所从来，意气行轩轩。（冯山《幽怀十二首》第十一）

树环嘉木桐阴合，井冽寒泉地脉通。彩凤九霄应有待，道源千古自无穷。（薛瑄《桐井甘泉》[3]）

梧桐是中国民间种植最广的树种之一，随着乡土社会向现代社会的转变，作为生活景物的井桐渐渐消逝；然而，作为文学意象的井桐却长存于作品之中。井桐意象是日常情感，如乡情、闺怨、悲秋的起

① 严可均《全宋文》卷十一，商务印书馆 1998 年版。

② 严可均《全宋文》卷四十四，商务印书馆 1998 年版。

③ 薛瑄《敬轩文集》（《影印文渊阁四库全书》）卷一，上海古籍出版社 1987 年版。

兴之具。此外，井桐树干高耸、树根深扎，井桐意象也蕴含了文人心理、理学意趣。

第四节　焦　桐

焦桐，或称爨桐、爨下桐等，并非自然生长的梧桐，典故出自《后汉书》卷六〇下：

> 吴人有烧桐以爨者，（蔡）邕闻火烈之声，知其良木，因请而裁为琴，果有美音，而其尾犹焦，故时人名曰“焦尾琴”焉。

《搜神记》卷十三记载相同。焦桐或焦尾琴遂为古琴之代称、美称。焦桐意象有“正题”“反题”两方面的内涵。

一、焦桐之“正题”：知音意识；太古之音；人生意义

（一）焦桐与知音

知音是古琴、梧桐题材作品的恒定主题；焦桐意象承载、折射着知音主题。“知音”可以细分为两组关系：制琴者与琴材；弹琴者与听者。

先看第一组关系。焦桐是废弃的桐材，以充薪柴之用；而蔡邕却能“化腐朽为神奇”。这种“戏剧性”的命运变化是困厄、绝境中的文人、士子的梦想；蔡邕遂为知音的最佳代表、焦桐亦遂为知音的典型意象：

> 众皆轻病骥，谁肯救焦桐？（姚鹄《书情献知己》）
>
> 中郎今远在，谁识爨桐音？（刘得仁《夏日感怀寄所知》）
>
> 尾焦期入爨，谁识蔡中郎？（文彦博《井上桐》）
>
> 感君裁鉴多清赏，收拾焦桐爨下琴。（王洋《秀实再用前韵惠诗再答》）

焦桐会有知音在，未必终为爨下薪。（徐鹿卿《次韵史宰贺受荐》）

俊敏今非无李白，沉深古自有扬雄。和音直可奏宗庙，叹息无人知爨桐。（彭汝砺《和吴县丞》）

前三例不约而同地用了“谁肯”“谁识”的反问，语气愤激。“千里马常有，而伯乐不常有”，魏源《默觚·治篇八》亦云：“世非无爨桐之患，而患无蔡邕。”“骥服盐车”与焦桐两个同类的典故常常连用，又如陈师道《何复教授以事待理》：“负俗宁能累哲人，昔贤由此致功名。骥收盐坂车前足，琴得焦桐爨下声。”此外，蔡邕还发现了柯亭之竹，同为知音雅谈，可以并观，伏滔《长笛赋》序言：“初，邕避难江南，宿于柯亭。柯亭之观，以竹为椽。邕仰而眄之曰：‘良竹也。’取以为笛，奇声独绝。历代传之，以至于今。”

再看第二组关系。人具有社会性，知音诉求是人的本能之一。操琴者的期待视野中总有“闻弦歌而知雅意”者在，但往往难以遂愿：

情知此事少知音，自是先生枉用心。世上几时曾好古，人前何必更沾襟……三尺焦桐七条线，子期师旷两沉沉。（李山甫《赠弹琴李处士》）

平生识面有千百，屈指论心无四五。偶然流水遇知音，为抱焦桐弄宫羽。（郭印《陪程元诏、文彧、李久善游汉州天宁，元诏有诗见遗，次韵答之》）

独抱焦桐游海角，纷纷俗耳少知音。（黄庚《寓浦东书怀》）

（二）焦桐与悲苦之韵、“太古”之音

梧桐为“体”，古琴为“用”；梧桐是天籁的载体，又是音乐的源体，以古琴为“中介”，将自然之声直指人心。这体现了古人的哲学观念、

音乐观念，正如嵇康《琴赋》所云："假物以托心。"梧桐的材质决定了古琴的音韵。焦桐与半死桐、孤桐、桐孙之音韵各不相同。焦桐命运屯蹇、置身"死地"，所以音韵悲苦：

饱霜孤竹声偏切，带火焦桐韵本悲。今日知音一留听，是君心事不平时。（刘禹锡《答杨八敬之绝句》）

惟君知我苦，何异爨桐鸣。（顾非熊《冬日寄蔡先辈校书京》）

焦桐因为经过烤炙，所以颜色暗深，古貌苍颜；因为水分挥发，所以材质干燥，音色低沉。焦桐琴声合于所谓的"太古之音"：

巧出焦桐样，淳含太古音。（释师范《琴枕》）

节同老柏岁寒操，心契焦桐太古声。（龚大明《和鹤林吴泳题良泓轩》）

焦桐有良材，函彼太古音。良工巧斫之，可歌南风琴。（葛绍体《喜闻韩时斋捷书》）

焦桐初不受文理，弦以朱丝奇乃尔。坐中忽闻太古音，宠辱顿忘那有耻。（王庭珪《次韵罗伯固听琴》）

"上古"与"今世"相对而言，不仅是一个时间概念，而且是一个价值判断，有着高雅、淳朴、治世等涵义。

（三）焦桐与人生、修行

焦桐从枯木到良琴的命运转折诠释了否极泰来、祸福相依的观念。中国先秦典籍《老子》《易经》中包含着这类丰富的朴素辩证法思想。这种哲学观指导之下的人生态度是淡定泰然、随意合道：

老马伏枥鸣，终有万里志。枯桐爨下焦，中抱千古意。凡物有所遭，时亦有泰否。古木根柢深，春风有时至。（周密《古

意四首》)

劝子持难复居易，吕梁之舟先历试。焦桐邂逅爨下薪，良玉磋磨庙中器。谁言怒海鲲鲸恶，别有晴川鸥鸟戏。心亨习坎行自孚，安流傥寄相思字。[①]（叶适《送黄竑》）

“习坎”为六十四卦之一，重险之意；“心亨习坎行自孚”大意即虽然身处险境，但只要心态镇定，自然就能履险为夷。

焦桐的质变也合乎佛家的精进苦修理念，《了庵和尚语录》卷第七《勉庵赠邵上人》:“要会此门风，须凭策励功。孜孜忘早夜，矻矻感秋冬。自弃沟中断，相成爨下桐。一拳恢活业，千古继先宗。”如果孜孜矻矻，终能从枯桐变为名琴，离凡而入佛;如果自暴自弃，则终为沟中之断木，自迷而不悟。关于“沟中断”，后文还有论述。

二、焦桐之“反题”：知音之虚妄；焦桐之失性

上文论述了焦桐的知音主题、人生喻义，这是焦桐的“正题”；但同时，焦桐也有着丰富的“反题”意义。正、反的“合题”才是焦桐意象的完整内涵。

（一）知音之虚妄

刘敞《杂诗二十二首》其十二：“爨桐深灶下，埋剑古狱间。怨声动旁人，愤气凌彼天。当时颇见旌，后世称为贤。自古闻知音，此事

① “吕梁”用《庄子·达生》篇典故：“孔子观于吕梁，县（悬）水三十仞，流沫四十里，鼋鼍鱼鳖之所不能游也。见一丈夫游之，以为有苦而欲死也，使弟子并流而拯之。数百步而出，披发行歌而游于塘下。孔子从而问焉，曰：‘吾以子为鬼，察子则人也。请问：蹈水有道乎？’曰：‘亡，吾无道。吾始乎故，长乎性，成乎命。与齐俱入，与汩偕出，从水之道而不为私焉。此吾所以蹈之也。’孔子曰：‘何谓始乎故，长乎性，成乎命？’曰：‘吾生于陵而安于陵，故也；长于水而安于水，性也；不知吾所以然而然，命也。’”“吕梁之舟”则兼用《庄子》同篇“津人操舟”的寓言。

或偶然。”蔡邕与焦桐的故事在历史长河中只是“小概率事件”。文人津津乐道焦桐故事其实是出于一种心理补偿，“英俊沉下僚”“贤者处蒿莱”方是古今同慨。

此外，后人对蔡邕还有求全之责，吴泳《和张宪登乌尤山》其二：“寸碧亭亭还绿绕，知音不待爨桐焦。”真正的知音者应该在梧桐“绿”时就能识鉴，而不必等待梧桐“焦”时。甚至认为蔡邕是惺惺作态、“作秀”，刘敞《别西掖手种小梧桐，赠三阁老》：“亭亭高未足，玩玩意空深。颇似少陵叟，能留一院阴。幸今长勿翦，无用晚知音。莫作吴侬态，翻从爨下寻。”

（二）焦桐之琴与失“性”

梧桐的本“性”为树木，制成古琴则为丧失本“性”，陈棣《次韵葛教授新辟柏桐轩》：“柏桐有正性，梁琴岂其天。丹雘自辉耀，弦徽漫锵然。深惭社旁栎，政尔终天年。复愧南城槁，犹知过飞仙。庙前今安在，爨下亦浪传。”“柏”为栋梁，“桐”为古琴，虽有大用，却已经丧失了天“性”；反不如社旁栎树、南城槁木，可以自生自灭，保持本性，终其天年。“漫”“浪”都是具有贬义的字眼，作者的观点、立场也于此可见。

这种“逆向”的思维方式体现了文人坚贞自持的气节与人格，陆游作品中屡借焦桐意象阐发、申明，陆游《杂言示子聿》“福莫大于不材之木，祸莫惨于自耀之金。鹤生于野兮何有于轩，桐爨则已兮岂慕为琴”、《八十三吟》“枯桐已爨宁求识，敝帚当捐却自珍”。

陆游还将爨桐之琴与沟中断木进行了对比。《庄子 · 天地》：

> 百年之木，破为牺尊，青黄而文之，其断在沟中。比牺尊于沟中之断，则美恶有间矣，其于失性一也。

与废弃于沟中相比，在一般人看来，礼乐器用是木材更好的命运归宿与价值体现，韩愈《题木居士》诗即云："为神讵比沟中断？遇赏还同爨下余。"虽然《庄子》云"失性一也"，但是细绎之下，却未必"一也"。木材废弃于沟中，其"性"仍然为"木"；而破为牺尊、制为乐器，正如前面所引的陈棣作品，已经丧失了"木"之天性。陆游《夜坐偶书》："已甘身作沟中断，不愿人知爨下音。""已甘""不愿"之间有着自觉的价值判断与人生选择。

第五节　半死桐

贺铸《鹧鸪天》："重过阊门万事非，同来何事不同归。梧桐半死清霜后，头白鸳鸯失伴飞。"这是宋词中的悼亡名作。影响所及，"半死桐"遂成为"鹧鸪天"词牌之别名，"半死桐"也成为比喻丧偶的常典。俞平伯先生《唐宋词选释》注释"梧桐半死清霜后"这一句时，引用了枚乘的《七发》、庾信的《枯树赋》，但是"引"而未发。一般的注释文字、鉴赏文章囿于体例，也大多止步于此，语有未详，意有未惬。《枯树赋》中的"半死桐"意象虽然从语源上可以追溯到《七发》，但其实已经形同而神非、出蓝而胜蓝；两者均不具有丧偶喻意。《七发》中的琴声琴韵、《枯树赋》中的人生感怀与《鹧鸪天》中的丧偶悼亡共同构成了"半死桐"的三重内涵。

一、枚乘《七发》"半死桐"与琴声琴韵

梧桐是重要的琴材，龙门之桐更是优质琴材，《周礼·春官·大司业》云："龙门之琴瑟"，"龙门"为山名，在今陕西境内、黄河之边。《周礼》

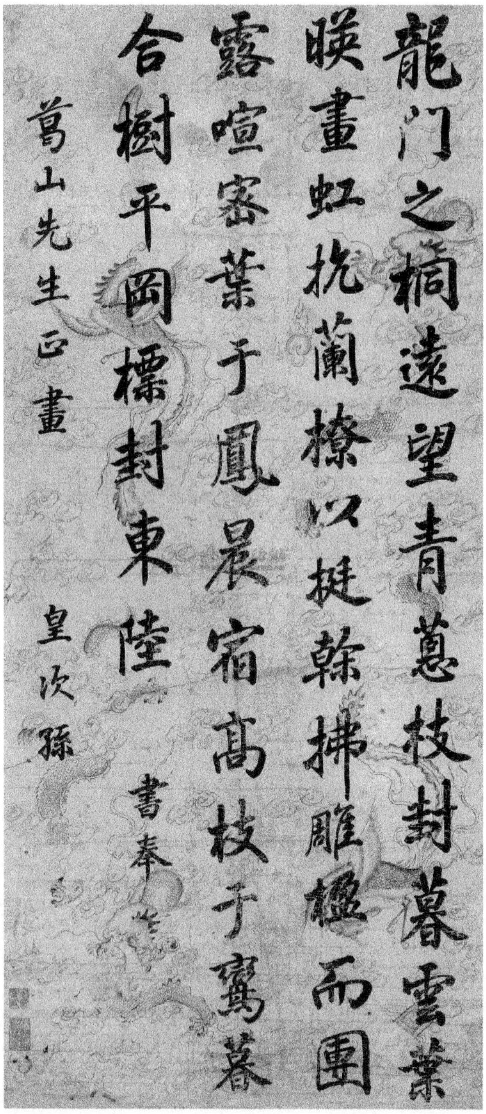

只是交代产地，枚乘《七发》则着意铺陈渲染：

龙门之桐，高百尺而无枝，中郁结之轮菌，根扶疏以分离。上有千仞之峰，下临百丈之溪，湍流溯波，又澹淡之。其根半死半生。冬则烈风、漂霰、飞雪之所激也，夏则雷霆、霹雳之所感也。朝则鹂黄鳱鴠鸣焉，暮则羁雌、迷鸟宿焉。独鹄晨号乎其上，鹍鸡哀鸣翔乎其下。斫斩以为琴……飞鸟闻之，翕翼而不能去；野兽闻之，垂耳而不能行；蚑蟜蝼蚁闻之，拄喙而不能前，此亦天下之至悲也。

图 32 ［清］爱新觉罗·旻宁（道光帝）书法作品《桐赋》（图片来自网络）。

这是“半死桐”意象的最早出处。枚乘夸饰其辞，极力描写梧桐生长环境之险恶；他想要突出的是琴声惊心动魄的魅力，以期为楚太子开塞动心。生于险域的梧桐是天地异气所钟，用它制琴，正如嵇康《琴赋》所说是“假物以托心”。梧桐是天籁的载体，也是音乐的源体，是将自然之声直指人心的中介,这体现了古人的哲学观念、音乐观念。汉魏六朝的琴赋中,描写梧桐的“生态环境”已经成了先入为主、不可或缺的部分;前文所引到的嵇康《琴赋》即是如此。

“半死桐”所传达的是激楚悲怨的声韵,如鲍溶《悲湘灵》:“哀响云合来,清余桐半死。”龙门桐或“半死桐”后来遂成为描写梧桐、描摹琴声的重要意象,如:

> 水映寄生竹,山横半死桐。(庾肩吾《春日诗》)
>
> 奇树临芳渚,半死若龙门。(刘臻《河边枯树诗》)
>
> 半死无人见,入灶始知音。(沈炯《为我弹鸣琴诗》)

二、庾信《枯树赋》“半死桐”与人生感怀

庾信后期的作品中屡屡出现枯树、枯木意象,[1]《枯树赋》中的“半死桐”意象虽然肇端于枚乘《七发》,却推陈出新,融入了个人的身世感慨。

《枯树赋》以“桂”“桐”来比喻自己的处境、心境:

> 桂何事而销亡,桐何为而半死……若乃山河阻绝,飘零离别;拔本垂泪,伤根沥血。火入空心,膏流断节。横洞口而欹卧,顿山腰而半折。文衺者合体俱碎,理正者中心直裂。[2]

短幅之中可见作者出仕北朝的矛盾忧伤、思家念国之情。“半死桐”即是作者若存若殁、煎熬“碎”“裂”的生存状态写照。这种心绪弥漫于庾信后期的诗赋创作中,《拟连珠四十四首》两次出现龙门“半死桐”意象:

---

① 臧清《枯树意象:庾信在北朝》,《中国文化研究》1994 年第 2 期。

② 严可均《全后周文》卷九,商务印书馆 1999 年版。

盖闻五十之年，壮情久歇，忧能伤人，故其哀矣。是以譬之交让，实半死而言生；如彼梧桐，虽残生而犹死。

盖闻十室之邑，忠信在焉，五步之内，芬芳可录。是以日南枯蚌，犹含明月之珠；龙门死树，尚抱《咸池》之曲。①

乡关之思、忧生之嗟尽借“半死桐”以发。此外，《慨然成咏诗》中也出现了半生半死状态的梧桐：“交让未全死，梧桐唯半生。”“半死桐”为我们理解庾信后期心态提供了一个具象的例证。

庾信选择“半死桐”为枯树、枯木之代表并非偶然。先秦时期，梧桐已经成为“柔木”“阳木”之典型，君子美德之象征，鲁迅先生《再论雷峰塔的倒掉》中关于“悲剧”的名言非常契合庾信作品中的“半死桐”意象：“悲剧是将人生有价值的东西毁灭给人看。”梧桐的“半死”是君子“违己交病”、茫然若失的悲剧人生的对象化载体。

上引庾信作品中，“交让”两次与梧桐并皆作为“半死树”的代表。梁任昉《述异记》卷上：“黄金山有楠树，一年东边荣西边枯，后年西边荣东边枯，年年如此。张华云：交让树也。”

枯树、枯木的枝干虽存，但心已半空，《枯树赋》中即有“火入空心”之句，《北园射堂新成诗》“空心不死树，无叶未枯藤”，《别庾七入蜀》“山长半股折，树老半心枯”也有半心、空心的描写；这也是庾信内心状态的形象写照。“半心”“空心”是描写枯树、枯木的常见意象，这不能排除庾信作品的影响因素，如虞世基《零落桐诗》“零落三秋干，摧残百尺柯。空余半心在，生意渐无多”、长孙佐辅《拟古咏河边枯树》“野火烧枝水洗根，数围孤树半心存”。

---

① 严可均《全后周文》卷十一，商务印书馆 1999 年版。

正是因为庾信的范式效应，“半死桐”或“半死树”常用来形容人生多艰、生意萧索，尤其用来形容“终始参差，苍黄翻覆”的屈节出仕所带来的痛苦矛盾，如：

途遥已日暮，时泰道斯穷。拔心悲岸草，半死落岩桐。（李百药《途中述怀》）

昔慕能鸣雁，今怜半死桐。秉心犹似矢，搔首忽如蓬。（李端《长安感事呈卢纶》）

身如桐半死，天尚罚枯株。（刘克庄《记医语》）

言念半死树，类我晚节乖。（方回《和陶渊明饮酒二十首》）

此处对方回略作申说。南宋末年，方回以知州身份开城降敌，后又以遗民自居，为时论所不许，周密《癸辛杂识》攻击尤力，清代纪昀亦云：“文人无行，至方虚谷而极矣。”但从“半死树”意象及其后期作品来看，他的内心未尝没有悔意。

三、刘肃《大唐新语》“半死桐”与丧偶悼亡

“半死桐”的丧偶悼亡喻意定型于唐朝，但是作为其喻意基础的“双桐”意象却是起源甚早。在爱情文学中，连理树、相思鸟是常见意象，[①]“双桐”更是爱情双树。民间传说，梧为雄树，桐为雌树。我们看唐代诗歌例子，顾况《弃妇词》“自从离别后，不觉尘埃厚。常嫌玳瑁孤，独恨梧桐偶”，[②]即以梧桐的偶数来反衬“弃妇”的独处。“半死桐”可以如《七发》《枯树赋》中所指的单株梧桐半死半生，也可指双树一死一生，亦即丧偶。“半死桐”的丧偶喻意在唐代定型；这就“层

① 王立《古代相思文学中的相思鸟、连理树意象探秘》，《华南师范大学学报》（社会科学版）2000年第6期。

② 《御定全唐诗录》（《影印文渊阁四库全书》）卷四十三，上海古籍出版社1987年版。

累式”地丰富了枚乘、庾信以来的“半死桐”意蕴。《大周无上孝明高皇后碑铭》云：

悲一剑之先沉，怨双桐之半死。昔时宝镜，怆对孤鸾；旧日瑶琴，悲闻独□。

“一剑”是用“双剑”的典故，下面还会提及；“先沉”就是先逝的意思。再参照下文的“孤”“独”，“半死桐”亦即“双桐半死”的涵义已经非常显豁。再如刘肃《大唐新语》卷三：

给事中夏侯銛驳曰：“公主初昔降婚，梧桐半死；逮乎再醮，琴瑟两亡。则生存之时，已与前夫义绝；殂谢之日，合从后夫礼葬。”

《通典》卷八十六、《唐会要》卷五十四记载相同。“梧桐”与“琴瑟”对举，再参照后文句意，“梧桐半死”即指丧偶。再如韩愈《梁国惠康公主挽歌二首》其一：

河汉重泉夜，梧桐半树春。

惠康公主之夫为山南东道节度使于頔之子于季友，参酌诗意，这里的“梧桐半树春”也是挽悼公主去世，哀悯驸马独存。唐代诗文中，“半死桐”已经成为常见的丧偶悼亡意象：

呜呼！偕老斯阙，从失犹卑，不及中年，梧桐半死。安仁悼亡之叹，人皆代而痛之。（刘长卿《唐睦州司仓参军卢公夫人郑氏墓志铭》[①]）

某悼伤以来，光阴未几，梧桐半死，方有述哀，灵光独存。（李商隐《上河东启三首》[②]）

① 董诰《全唐文》卷三百四十六，中华书局 1991 年版。

② 李商隐撰、徐树谷笺注《李义山文集笺注》（《影印文渊阁四库全书》）卷五，上海古籍出版社 1987 年版。

箪怆孤生竹，琴哀半死桐。（李峤《天官崔侍郎夫人挽歌》）

全凋蕣花折，半死梧桐秃。暗镜对孤鸾，哀弦留寡鹄。（白居易《和梦游春诗一百韵》）

半死梧桐老病身，重泉一念一伤神。手携稚子夜归院，月冷空房不见人。（白居易《为薛台悼亡》）

峄阳桐半死，延津剑一沉。如何宿昔内，空负百年心。（唐暄《赠亡妻张氏》）

"半死桐"在作悼亡之用时，往往与枚乘、庾信作品中的"半死桐"复合，从而语意双关，含蕴丰厚，如李峤作品中的"半死桐"悼亡兼写悲惋琴声，白居易作品中的"半死桐"悼亡兼写生存状态。唐暄的"峄阳"句显然是双桐之一死一生，是悼亡意象，这可以从"延津"句来反观。"延津"是双剑，典出《晋书·张华传》。

唐代以后，"半死桐"就成为常用的悼亡意象，贺铸"梧桐半死清霜后"更为之扬波而助澜。"鸳鸯"为双鸟，我们同样可以据此推断"梧桐"为双树。与贺铸同时代的张耒的悼亡作品中亦有"半死桐"意象，可以和贺铸的作品并观，《悼亡九首》其五："新霜已重菊初残，半死梧桐泣井阑。可是神伤即无泪，哭多清血也应干。"

"半死桐"意象具有琴声琴韵、人生感怀、丧偶悼亡三重涵义。从上文的分析，我们可以发现，文学意象的传承并非是一成不变地因袭，而是"层累式"地发展、递进。"半死桐"意象虽然可以推溯到枚乘《七发》、庾信《枯树赋》，但是其丧偶悼亡涵义的明确却是在唐朝；"半死桐"意象的丧偶悼亡功能指向又与琴声琴韵、人生感怀"复合"，从而风神绵邈、蕴藉多端。

第五章　梧桐“制品”研究

梧桐应用广泛。梧桐材质优良，除了制作古琴外，还可以制成家具、工艺品、梁柱、棺材、桐马等，可以雕刻成桐人、桐鱼，也可以斫削为桐杖、桐杵。梧桐树皮柔软，可以制成桐皮帽子，是隐士的“行头”；也可以卷成“梧桐角”，在春天吹响。桐叶清香，可以焙制“桐叶茶”；桐花芬芳，也可以窨制“桐花茶”。桐叶与桐花在古代都用作饲料，饲猪或者养鱼。总之，梧桐与中国古人的日常生活关系密切，可以说须臾不可缺，本章即对中国古代的梧桐制品略作钩沉，只能是挂一漏万。[1]不过，中国古代也有一些名为“梧桐”的制品，却与梧桐无关，本章也略作辨正，如“梧桐泪”其实是“胡杨泪”，“桐花布”其实是“木棉布”。

第一节　桐棺·桐人·桐杖

中国古代桐木制品，尤其是泡桐制品应用非常广泛，《桐谱》“器用第七”描述了桐木质地:“采伐不时，而不蛀虫;渍湿所加，而不腐败;风吹日曝，而不坼裂；雨溅泥淤，而不枯藓；干濡相兼，而其质不变。”

① 本章的部分内容以单篇论文的形式发表过，详参俞香顺《桐木器具与丧葬文化》，《农业考古》2011年第4期；《桐叶茶小考》，《农业考古》2011年第2期。

本节主要论述桐木制品在丧葬中的应用。

桐棺、桐人、桐杖等桐木器具在中国古代的丧葬中运用很普遍。桐棺是节俭之德，另有惩罚之意；桐棺也是文人、贫士特有的葬具，具有清苦自持的符号意味。桐人是陪葬、镇墓之物，也是巫蛊之具，与针灸的起源之间或许亦有关系。桐杖是孝子丧母所执的丧杖，民间仍有此习。

一、桐棺：节俭之德；惩罚之意；贫士之具

（一）桐棺的广泛应用：泡桐；山东；产业

中国第一部泡桐学专著《桐谱》“器用第七”云：

> 又世之为棺椁，其取上者则以紫杪茶为贵，以坚而难朽，不为干湿所坏，而不知桐木为之尤愈于杪茶木。杪木啮钉，久而可脱。桐木则粘而不锈，久而益固，更加之以漆，措诸重壤之下，周之以石灰，与夫杪茶可数倍矣。但识者则然，亦弗为豪右所尚也。

泡桐可以说是“惠而不费”的制棺材料。清代姚炳《诗识名解》卷十四亦云：“梧固非琴瑟材，即棺椋亦从无用梧者，桐棺自是桐木，不可以梧通也。”如果用单称，“梧”一般指梧桐，而“桐”一般指泡桐。姚炳明确指出，制作棺材的原料是泡桐。

泡桐耐腐烂、耐酸碱，所以民间至今常用来制作棺材。在“百度”上以“桐木棺材”为搜索词，搜索项鱼贯而出。我们发现，在山东省的很多地方，以泡桐木制作棺材已经成为重要的加工业、出口业。在中国的北方地区，兰考泡桐生长最快，楸叶泡桐次之。兰考泡桐集中分布在河南省东部平原地区和山东省西南部；楸叶泡桐以山东胶东一带及河南省伏牛山以北和太行山的浅山丘陵地区为主要产区。可见，

山东是中国泡桐的主要产区之一，桐木加工已成支柱产业，其中尤以菏泽为著：

进入80年代，菏泽把泡桐作为振兴农村经济的产业来抓，至1987年建成全省最大的桐木生产基地……菏泽唐和木业有限公司是生产桐木棺材的合资企业，年产量为3.9万套，产品全部销往日本、韩国，由于销路稳定，也表现出了较好的规模经营特性。[①]

可见在日本、韩国，桐木棺材颇为畅销。

（二）桐棺的文化意义：俭；罪；寒士

桐木取材方便，不是“难得之货”；在丧礼尚“奢”的古代，桐棺是“薄葬”的象征：

帝尧富而不骄，贵而不舒……夏日衣葛，冬日鹿裘。其送死，桐棺三寸。(《册府元龟》卷五十六“帝王部 · 节俭”)

禹葬会稽之山，衣衾三领，桐棺三寸，葛以缄之。(《墨子·节葬下》)

中国古代的丧制繁复，难以明究细表，天子之葬更是穷奢极侈；尧、禹两位“先王”不同于“后王”，以三寸之厚的薄薄桐棺葬身，堪称俭德。

在先秦诸子中，墨子是非常特殊的一家，在丧礼这一点上，可以说是“法先王”的典型：

墨者之葬也，冬日冬服，夏日夏服，桐棺三寸，服丧三月，世主以为俭而礼之。(《韩非子 · 显学》)

墨者亦尚尧舜道……其送死，桐棺三寸，举音不尽其哀。

① 王新春《山东省菏泽市林业产业化进程及实现途径研究（之三）》，《农业科技与信息》2007年第1期。

教丧礼，必以此为万民之率。使天下法若此，则尊卑无别也。夫世异时移，事业不必同，故曰“俭而难遵”。（《史记·太史公自序》）

墨子主张在丧礼中取消等级差异，混为一体，这与儒家礼制不合；“世主”以及“天下”对墨子只是“尊而不亲”。庄子则从尊重个体的角度对墨子提出了根本性的质疑：

《庄子·天下》：“天子棺椁七重，诸侯五重，大夫三重，士再重。今墨子独生不歌，死无服，桐棺三寸而无椁，以为法式。以此教人，恐不爱人；以此自行，固不爱也。”

“棺椁”可以泛指棺材，但如果细分的话，“棺”是指棺材，“椁”是指套棺，有内外之分。

后代丧礼不断地踵事增华，而且贫富分化、社会鸿沟在丧葬中毕露无疑。《盐铁论》卷第六“散不足第二十九”：

古者，瓦棺容尸，木板堲周，足以收形骸，藏发齿而已。及其后，桐棺不衣，采椁不斫。今富者绣墙题凑，中者梓棺楩椁，贫者画荒衣袍，缯囊缇橐。[1]

桐棺薄葬是俭以明志、法则先圣之举，《后汉书》卷三十九“周盘”传：“若命终之日，桐棺足以周身，外椁足以周棺，敛形悬封，濯衣幅巾。编二尺四寸简，写《尧典》一篇，并刀笔各一，以置棺前，云不忘圣道。”《尧典》为《尚书》篇目之一，记载了唐尧的功德、言行。蔡襄《仁宗皇帝挽词七首》其四：“俭薄留遗诏，遵行在继承。桐棺会稽冢，瓦器

① “画荒衣袍，缯囊缇橐”八个字殊难理解。“画荒”是指有画饰的棺罩，“衣袍”是指罩在棺材外面的布罩。“囊”“橐”都是指口袋，“缯”“缇”都是丝织物。大意可能是棺材外面蒙上一层布袋下葬，而不像“富者”有华美的墓室，“中者”有质地上乘的棺材且棺外还有椁。

孝文陵。”“会稽冢”用大禹之典，已见上文。“孝文陵”则用汉孝文帝之典，《汉书·文帝纪》:“文帝治霸陵，皆瓦器，不以金银铜锡为饰。”

先秦儒家礼制中未有桐棺之例，桐棺有着特殊的涵义：示罚。《左传·哀公二年》:“若其有罪，绞缢以戮，桐棺三寸……下卿之罚也。”《春秋左传正义》卷五十七孔颖达疏：

> 记有杝棺、梓棺，杝谓椵也，不以桐为棺。简子言桐棺者，郑玄云：“凡棺用能湿之物，梓、椵能湿，故礼法尚之。”桐易腐坏，亦以桐为罚也。

梓为梓树，杝为椵树，都是名贵的棺料。郑玄、孔颖达等人认为，桐棺不能耐湿，容易腐烂；我们如果参之以陈翥《桐谱》记载、证之以现代林木科学，这是对桐木的误解。桐棺之所以有“罚”意，最主要的原因应该还是在于桐木普遍、价廉，为“庶民”所乐用；丧葬制度是礼制的重要组成部分，体现了细致的阶层划分，“降格”即意味着惩罚。

《吕氏春秋·高义》载楚国将军子囊与吴国作战，敌众我寡，为保全兵力与声名，自行遁逃，后向楚王请罪自杀：

> 遂伏剑而死。王曰：“请成将军之义。”乃为之桐棺三寸，加斧锧其上。

《荀子·礼论》则规定得很明细：“刑余罪人之丧，不得合族党，独属妻子，棺椁三寸，衣衾三领，不得饰棺，不得昼行。”

在后代，桐棺则成为文人、贫士的葬具，具有清苦自持的符号意味，我们看宋诗中的例子：

> 桐棺三寸更何疑，却取江枫短作碑。惟有一般蒿里曲，长箫欲断更教吹。（林光朝《哭伯兄鹊山处士蒿里曲》其三）

病入秋来不可当，便从此逝亦何伤。百钱布被敛首足，三寸桐棺埋涧岗。（陆游《病少愈偶作二首》其二）

五十余年事，都将作梦看。早方磨铁砚，老遂葬桐棺。（牟巘《挽岳君举》）

时移世易，丧葬制度已经发生了重大的变化。一些新型的丧葬方式开始为人们所采纳，但是如果采用传统土葬，桐木棺材依然是佳选，桐木棺材在韩国即被奉为殡葬礼仪的上等品。

二、桐人：陪葬之物；巫蛊之具

桐木材质优良、取用方便，桐雕木人在中国古代颇为常见。寺庙中的佛像一般用名贵的檀木雕成，但若无檀木，桐木亦可替代，《太平广记》卷一六一引《梦隽》：

何敬叔少奉佛法。作一檀像，未有木。先梦一沙门，衲衣杖锡来云："县后何家桐甚惜，苦求庶可得。"如梦求之，果获。

桐人往往用为陪葬之物、厌胜之具。

（一）陪葬与镇墓

"俑"又名"偶"，是中国古代的陪葬之物，有陶俑、石俑等，桐木制作的木俑亦很常见，尤其是在南方。《礼记·檀弓篇》注："俑，从葬木偶人也。古之丧者，束草为人形，以为死者之从卫，略似人形而已。""中古为木偶人，谓之俑，则有面目机发，而大似人矣。设机而能踊跃，故名之曰俑。"木俑是"草人"的演进，《说文》云"偶，桐人也"；"机发"指机关制动。桐人也可以视为中国木刻艺术的滥觞，韩愈《题木居士二首》中的"木居士"即可追溯到桐人。

桐人相传起源于齐国虞卿，《太平御览》卷五百五十二"礼仪部三十一”引用王肃《丧服要记》：

鲁哀公葬父。孔子问曰：“宁设桐人乎？”哀公曰：“桐人起于虞卿。虞卿，齐人，遇恶继母不得养，父死不得葬，知有过，故作桐人。吾父生得供养，何用桐人为？”

虞卿出于“补偿心理”制作了桐人，俑的职能之一即为“侍奉被葬者”。[1]孔子主张对待父母“生，事之以礼”，不必以木俑殉葬来代孝，对虞卿之举其实不以为然。孔子“挟知而问”、明知故问，鲁哀公与孔子在这一问题上的看法不谋而合。

孔子虽然不至于像墨子一样走向“薄葬”的极端，但是从“节用爱民”“仁者爱人”之心出发，他是反对厚葬，尤其反对以木俑殉葬的。《孟子·梁惠王上》：“仲尼曰：‘始作俑者，其无后乎！’为其象人而用之也。”《淮南子·缪称训》云：“鲁以偶人葬，而孔子叹。”宋本许注云：“偶人，桐人也。”

先秦两汉时期，桐人陪葬之习很流行，而且“衣冠楚楚”，《越绝书》第十卷记吴王占梦云：“桐不为器用，但为俑，当与人俱葬。”桓宽《盐铁论》卷第六“散不足”：“匹夫无貌领，桐人衣纨绨。”生人尚不如木偶，这就揭示了社会的不公平。

《太平御览》卷七百六十七引《灵鬼志》曰：

人姓邹坐斋中，忽有一人通刺诣之，题刺云“舒甄仲”。既去，疑其非人，寻其刺曰：“吾知之矣，是予舍西土瓦中人耳！”便往令人将锸掘之，果于瓦器中得桐人，长尺余。

“刺”，类似于今天的名片。此事也见于《幽明录》。这里用的是“拆字法”，“舒甄仲”拆解之后就是“予舍西土瓦中人”。这是桐人所留下

① 松崎权子等《关于战国时期楚国的木俑与镇墓兽》，《文博》1995 年第 1 期。

的线索。我们也可以看出，魏晋时期桐人殉葬之风仍存。

桐人不仅履行侍奉之事，更担当镇墓之责。《事物纪原·农业陶渔·桐人》："今丧葬家，于圹中置桐人，有仰视俯听，乃蒿里老人之类。""圹"，墓穴的意思。《事物纪原》一般认为是宋代高承所作，但是也有学者认为是明代作品。[①]要之，宋明之间，桐人殉葬之风未歇。"蒿里"指草根之下、阴间；"蒿里老人"又名"蒿里丈人"，是"唯一可以确认其形象的墓葬神煞"。[②]

此外，桐人还可以作为祭品，用于冥婚，《太平广记》三六三引《酉阳杂俎》：

> 经年，复谓刘曰："我有女子及笄，烦主人求一佳婿。"刘笑曰："人鬼路殊，难遂所托。"姥曰："非求人也，但为刻桐木稍工者，可矣。"刘许诺，因为具之。

正因为木制桐人在幽冥之事中广泛应用这一基础，古代笔记中也有"桐郎"的记载，《广群芳谱》卷七十三引祖台之《志怪》：

> 骞保至檀丘坞，上北楼宿，暮鼓二下，有人着黄练单衣、白袷，将人持炬火上楼。保惧，藏壁中。须臾，有二婢上帐，使婢迎一女子上，与白袷人入帐宿。未明，白袷辄先去。保因入帐中，持女子问："向去者谁？"答曰："桐郎，道东庙树是也。"至暮二更，桐郎复来，保乃斫取之，缚着楼柱。明日视之，形如人，长三尺余。槛送诣丞相，渡江未半，风浪起。桐郎得投入水，风波乃息。

再如南宋洪迈《夷坚丙志》卷七"新城桐郎"：

---

① 张志和《〈事物纪原〉成书于明代考》，《东方论坛》2001 年第 4 期。

② 余欣《唐宋敦煌墓葬神煞研究》，《敦煌学辑刊》2003 年第 1 期。

练师中为临安新城丞，丞廨有楼，楼外古桐一株，其大合抱，蔽荫甚广。师中女及笄，尝登楼外顾，忽若与人语笑者。自是，日事涂泽，而处楼上，虽风雨寒暑不辍。师中颇怪之，呼巫访药治之，不少衰。家人但见其对桐笑语，疑其为祟，命伐之，女惊嗟号恸，连呼“桐郎”数声，怪乃绝。女后亦无恙。询其前事，盖恍然无所觉也。

（二）巫蛊与针灸

古人认为，桐人与真人之间具有“感应”关系，《论衡 · 乱龙篇》：“李子长为政，欲知囚情，以梧桐为人，象囚之形，凿地为埳，以芦为椁，卧木囚其中。囚罪正，则木囚不动，囚冤侵夺，木囚动出。不知囚之精神着木人乎？将精神之气动木囚也？”正是因为这样，桐人成为诅咒、巫蛊之具：

巫术信仰者在传统的偶像祝诅术和葬俑风俗的影响下创造了埋偶人的咒法；又在桐棺葬制的影响下养成了专用桐偶的习惯。所有这些事实，都表明巫蛊术是在中原传统文化背景上自然形成的一种巫术。[①]

不过，我们尚难断定桐棺与桐人之间有必然的因果关系。

最有名的巫蛊事件见于《汉书 · 江充传》，江充在太子宫中预先埋下桐木人，嫁祸太子：

是时，上春秋高，疑左右皆为蛊祝诅，有与亡（通“无”），莫敢讼其冤者。充既知上意，因言宫中有蛊气……遂掘蛊于太子宫，得桐木人。太子惧，不能自明，收充，自临斩之。骂曰“赵虏！乱乃国王父子不足邪！乃复乱吾父子也！”……

① 胡新生《论汉代巫蛊术的历史渊源》，《中国史研究》1997 年第 3 期。

太子繇是遂败。

相关记载逐步充实了细节，《太平御览》引《三辅旧事》：

江充为桐人，长尺，以针刺其腹，埋太子宫中。充晓医术，因言其事。

以针刺腹是致人死地之举，有学者据此认为，这或与针灸的起源有关，巫蛊与医术之间具有“藕断丝连的关系”。[①]《礼记正义》卷十三“王制第五”更是言之凿凿、如同目验，桐人数量都已分明：

初江充曾犯太子，后王将老，欲立太子。太子立必诛充，充遂谋太子，为桐人六枚，埋在太子宫中，乃谗太子于帝曰：“臣观太子宫有巫气。”王遂令江充检之，果掘得桐人六枚，尽以针刺之。太子以自无此事，意不服，遂杀充。

王先谦《汉书补注》引用了《礼记正义》的记载。

我们再看唐代之例。胡三省音注《资治通鉴》卷第二〇五引刘子玄《太上皇实录》云：

韦团儿谄佞多端，天后尤所信任。欲私于上而拒焉，怨望，遂作桐人潜埋于二妃院内，僭杀之，又矫制按问上。

唐代历史上另一例针刺桐人的巫蛊、“厌胜”之术则与高骈有关，《太平广记》卷二八三：

后，吕用之伏诛。有军人发其中堂，得一石函，内有桐人一枚，长三尺许。身披桎梏，贯长钉，背上疏（高）骈乡贯、甲子、官品、姓名，为厌胜之事。以是，（高）骈每为用之所制，如有助焉。

《资治通鉴》卷二五七的记载与此相似。

---

① 李建民《〈汉书·江充传〉“桐木人”小考》，《中国科技史料》2001年第4期。

《太平广记》卷一二八引《逸史》也记载了一例桐人巫蛊：

唐王屋主簿公孙绰，到官数月，暴疾而殒。未及葬，县令独在厅中，见公孙具公服，从门而入。惊起曰："与公幽显异路，何故相干？"公孙曰："某有冤，要见长官请雪，尝忝僚佐，岂遽无情！某命未合尽，为奴婢所厌，以利盗窃。某宅在河阴县，长官有心，倘为密选健吏，赍牒往捉，必不漏网。宅堂檐从东第七瓦垅下，有某形状，以桐为之，钉布其上，已变易矣。"言讫而没。令异甚，乃择强卒素为绰所厚者，持牒并书与河阴宰，其奴婢尽捕得，遂于堂檐上搜之，果获人形，长尺余，钉绕其身。

小说中，类似的厌胜之术频见，如《红楼梦》第二十五回《魇魔法叔嫂逢五鬼，通灵玉蒙蔽遇双真》。不过，也有人质疑此针刺桐人的厌胜之术，曹安《谰言长语》(文渊阁四库全书本)："胡致堂曰：'桐人桎梏，世所谓咒诅也。或见高骈之诛，以为验。彼吕用之之死，又谁咒诅哉！苟明乎理，则不以此惑矣。'"

三、桐杖：母丧之杖

桐木纹理通直，只需简易加工，就可以制成长形的棍、杖、杵、柱等，本节专论桐杖。

（一）桐杖与古代丧制

"杖"是中国古代文人的重要的"行头"，[①]藤杖、筇杖均很常见。然而，桐木虽然常见，桐杖却一般不能随便用。桐杖是孝子丧母所执的丧杖。

① 沈金浩《"一枝藤杖平生事"——宋代文人的杖及其文化蕴涵》，《中国社会科学》2007 年第 1 期。

《礼记正义》卷五十六“问丧第三十五”：

孝子丧亲，哭泣无数，服勤三年，身病体羸，以杖扶病也……此孝子之志也，人情之实也，礼义之经也。非从天降也，非从地出也，人情而已矣。

孝子形销骨立、以杖策扶，这是孝杖的实用功能；父母丧制有别，孝子所持之杖也有别。我们看《礼记》《仪礼》《白虎通义》中的材料以及相关注疏，并在此基础上略作分说与总结。

《礼记正义》卷三十二“丧服小记第十五”：“苴杖，竹也。削杖，桐也。”孔颖达疏云：

苴者，黯也。夫至痛内结，必形色外章，心如斩斫，故貌必苍苴……必用竹者，以其体圆性贞，履四时不改，明子为父礼中痛极，自然圆足，有终身之痛故也，故断而用之，无所厌杀也。

削杖者，削，杀也，削夺其貌，不使苴也。必用桐者，明其外虽被削，而心本同也，且桐随时凋落。此谓母丧，示外被削杀，服从时除，而终身之心当与父同也。

“苴”是粗恶之意，苴布即粗布，苴服即粗服。苴杖是未加工的竹杖，削杖是削制的桐杖。这里将父丧、母丧所持之杖进行了区分：父丧持竹杖，母丧持桐杖。

《仪礼注疏》卷二十八“丧服第十一”：“苴杖，竹也。削杖，桐也。杖各齐其心，皆下本。”贾公彦疏云：

然为父所以杖竹者，父者子之天，竹圆亦象天，竹又外内有节，象子为父，亦有外内之痛。又竹能贯四时而不变，子之为父哀痛亦经寒温而不改，故用竹也。为母杖桐者，欲取桐之言同，内心同之于父，外无节，象家无二尊，屈于父。为之齐衰，经时而有变。又案：变除削之使方者，取母象于地故也。

两段注疏文字颇有相同之处，父丧执竹杖，母丧执桐杖。竹杖的杖端为圆形、桐杖的杖端为方形，取象于天圆地方，父为天，母为地；竹之节显露于外，桐之节隐含于内，喻指为男外女内；竹子终年常绿，桐树秋冬枯瘁，父之丧期要长于母之丧期。总之，父丧高于母丧。

《白虎通义》卷十“丧服”云：

以竹何？取其名也。竹者，蹙也；桐者，痛也。父以竹、母以桐何？竹者阳也，桐者阴也。竹何以为阳？竹断而用之，质，故为阳。桐削而用之，加人功，文，故为阴也。

竹是出于自然为“质”，桐杖略加人功为“文”；“质”胜于“文”，父丧高于母丧。

通过对孔、贾两人注疏以及《白虎通义》的分析，我们探赜索隐，概而言之：丧母之“痛”同于丧父之“痛”；父丧高于母丧。前者是人伦常情，而后者则是父权彰显。

“桐杖”在后代遂成为丧母之典，如陈元光《太母魏氏半径题石》诗：“竹符忠介凛，桐杖孝思凄”；王柏《马华父母叶氏挽词》：“慈颜开喜兮家国之祥，熏风自南兮草木正长……使者菲屦兮桐杖皇皇，一道生灵兮悲如我伤。”“熏风”即南风，用《邶风·凯风》“凯风自南，吹彼棘心。棘心夭夭，母氏劬劳”之典，颂扬母亲的勤劳养育之恩。再如苏颂《累年告老……》：“复土裕陵日，杖桐方守殡。”

《仪礼》《礼记》的丧制作为礼制的组成部分而被后代所继承，如《金史》列传第四十四：“(张) 暐奏：‘慈母服齐衰三年，桐杖布冠，礼也……’

上从其奏。”《清史稿 · 礼十八》:“曰齐衰杖期，嫡旁及下际缉，麻冠、致、草屦、桐杖……”历代的政书、类书、杂记中也经常引用《礼记》等书的记载。

（二）桐杖的民间遗存

所谓“礼失而求诸野”,我们在古代小说中也可以发现“桐杖”材料，这具有民俗价值，清代《歧路灯》第四十一回《韩节妇全操殉母　惠秀才亏心负兄》:

> 本年本月前十日，婆婆钱氏病故，韩氏大哭一场，央及邻舍去木匠铺买了一口棺材，不要价钱多的，只一千七百大钱……到了第三日，一起儿土工来抬棺木，韩氏独自一个，白布衣衫，拄桐杖，跟着送殡。

现代社会中，手执桐杖为母送丧基本已成纸上“遗文”了。然而这种古制在民间并未绝迹，尤其是在少数民族地区、客家居住地区仍有孑遗。我们看几则材料。

周濯街《“吴头楚尾”系列民俗调查》:

> 父、母死后，孝子必须披麻戴孝，手托哭丧棒去请和尚、道士主持上祭。同时还要委托亲友到远处亲友家中去报丧。请和尚、道士谓之“持杖诉哀”。因为男人死了必须托竹制哭丧棒去请，所以叫“竹杖诉哀”；女人死了则托桐子树枝做成的木制哭丧棒去请，因而叫“桐杖诉哀”。竹杖诉哀为的是保佑儿孙步步登高——有“火烧竹子节节爆，脚踏楼梯步步高”之说为据；桐杖诉哀则是为了保佑其后代多子多孙，同样有“桐子桐子，多花多籽”之说为据（湖北武穴市“吴楚民间文化研究基地”会刊《吴楚民间文化研究》第一辑）。

周濯街所记载的民俗对竹杖、桐杖作出了“别解”，与《仪礼》《礼记》颇不同，具有民间地域特点。需要特别指出的是，这里“多花多籽”的“桐”是指油桐。中国古代典籍中的“桐”包括梧桐（青桐）与泡桐（白桐），但有时也兼指油桐、刺桐等。油桐种子具厚壳状种皮，宽卵形；种仁含油。油桐在湖北分布很广泛，湖北是中国的四大桐油产区之一（四大产区：四川、贵州、湖北、湖南）。油桐也具有木材轻软、纹理通直的特点，易于加工利用。梧桐的文化内涵渗入影响了油桐。

王史凤《普宁丧葬习俗》记载：“父亡子手执竹杖，母亡子手执桐杖，意为哀痛同于丧父。”[①]普宁位于广东潮汕平原西部，是客家人的聚居之地。仡佬族民俗专家蔡正国在《仡佬族丧葬之俗》中则记载：

> 仡佬族老人死后，门楣上要贴“当大事”三个大字，对联有如“手执竹杖（母亲为桐杖）三冬冷，身披麻衣五更寒”等字样，都用黄色纸书贴（石阡县政府网站“民俗文化”栏目）。

此外，广东梅县客家人也有手持桐杖的丧俗。[②]

“情动于中而形于外”，通过对桐杖的分析，我们可以从一个切入点认识中国传统的孝道、慎终思想。

第二节　桐鱼·桐马

《毛传》云：“梧桐，柔木也。”清代陈启源《毛诗稽古篇》卷二十八云：“《定之方中》之桐，白桐也……名泡桐。”《桐谱·器用第七》对泡桐的材性更有翔实的介绍。泡桐易生速长、材质细腻、纹理通直，取材

① 方烈文《潮汕民俗大观》，汕头大学出版社 1996 年。
② 杨豪《客家葬俗渊源考》，《客家研究辑刊》2002 第 1 期。

方便，易于加工，桐人、桐马、桐鱼均是桐木雕品。桐人已见上节，本节专论桐鱼、桐马。桐鱼为鱼形桐木雕刻品，在古代比较常见，如赵抃《桐木为鱼寄名山主》："森森乔木得诸邻，雾锁云埋不记春。报得看看鳞角就，为君惊起梦中人。"桐鱼可以用来祭祀，体现了中国古人的太阳崇拜。桐鱼又是击鼓用具，是浙江临平的当地风光，文人常常借以抒发知音意识、政治愿望。桐鱼也是寺庙法器，年深日久的桐鱼可以用来制琴。此外，桐鱼还特指产于安徽广德境内的桐花鱼，味美珍稀；桐鱼在宋代见诸记载，是地方贡品。桐马则是殉葬之品，后又指"秧马"。另外，所谓的"桐马酒"其实跟梧桐没有关系。

一、桐鱼：鱼形祭品；鱼形击鼓用具；僧寺木鱼；安徽广德"桐花鱼"

（一）桐木鱼为鱼形祭品；东方之神、太阳崇拜

董仲舒《春秋繁露·求雨》："为四通之坛于邑西门之外，方九尺，植白缯九，其神太昊。祭之以桐木鱼九。"《春秋繁露》的这条材料在历代政书、类书、杂记中广为征引，然而都是"引"而不"发"，并未阐发董仲舒以"桐木鱼"为祭品之意。我们从"太昊"与"桐木"的关联上加以分析或许可以窥见端倪。

太昊即伏羲，或记为"太皞"，是上古东夷部族的祖先和首领。"昊"为会意字，从日从天，体现了中国先民的太阳崇拜意识；山东大汶口文化（B.C3500—B.C2500）遗址所出土的陶尊上就刻有"昊"字。太昊被尊为太阳神。《孔子家语·五帝》："天有五行，水火金木土，分时化育，以成万物，其神谓之五帝。""是以太皞配木，炎帝配火，黄帝配土，少皞配金，颛顼配水。""五行用事，先起于木，木东方，万物之初皆出焉，是故王者则之，而首以木德王天下。其次则以所生之行，转相承也。"《春秋内事》亦云："伏羲氏以木德王。"按照五行的方位

对应，“木”对应的是东方。

综上，董仲舒所祭祀的“神太昊”是东方之神、太阳之神、木之神；而我们如果要在中国树木谱系中寻求东方、太阳的对应物，则非梧桐莫属。《山海经》卷四“东山经”记载：“又南水行七百里，曰孟子之山，其木多梓桐。”谭其骧先生《论〈五藏山经〉的地域范围》中认为：“总括《东山经》地域范围，北起莱州湾，东抵成山角，西包泰山山脉，除二经南段大致到达今苏皖二省北境外，其余三经首尾全在今山东省境内。”[①]《东山经》的范围大致和太昊所统领的“东夷”区域吻合;《东山经》中的“标志性”树木即为“桐”。我们再看一例，贾谊《新书 · 胎教》:

然后，为王太子悬弧之礼义。东方之弧以梧。梧者，东方之草，春木也。其牲以鸡。鸡者，东方之牲也……

中国古代家中生男，则于门左挂弓一张，后因称生男为“悬弧”。梧桐在中国古人心目中为东方之木。[②]

《大雅·卷阿》云:“梧桐生矣，于彼朝阳。”梧桐自古被称之为“阳木”，向阳而生。刘义恭《梧桐赋》:“挺修干，荫朝阳，招飞鸾，鸣凤凰。”袁淑《梧桐赋》:“贞观于曾山之阳，抽景于少泽之东。”而栖止于梧桐的凤凰也是东方神鸟，据《尔雅·释鸟》郭璞注：“出于东方君子之国，翱翔四海之外。”

总之，以产于东方的桐木制品去祭祀东方之神，这是董仲舒“感应”学说的一种表现方式;而用“鱼”为祭祀用品，则体现了古人的生殖崇拜，“鱼”为沟通帝人之具。闻一多先生《说鱼》一文对“鱼”的原型意义

---

① 谭其骧《长水粹编》，河北教育出版社 2000 年版。

② 贾谊《新书 · 胎教》所记载的“南方之木”为柳，“中央之木”为桑，“西方之木”为棘，“北方之木”为枣。

有详细的阐释。

（二）桐鱼指用桐木制成的鱼形击鼓用具；蜀桐；知音；临平

《水经注·浙江水》引南朝宋刘敬叔《异苑》卷二：

> 晋武帝时，吴郡临平岸崩，出一石鼓，打之无声，以问张华。华云："可取蜀中桐材刻作鱼形，打之，则鸣矣。"于是如言，音闻数十里。刘道民诗曰："事有远而合，蜀桐鸣吴石。"

这种"小叩"而"大鸣"的记载难以坐实，但是张华之所以选择"蜀中桐材"还是"事出有因"的。蜀中多山，桐材木质较为紧密，更适合制琴，当然也适合制桐鱼。白居易《夜琴》"蜀桐木性实"，李贺《听李凭箜篌引》"吴丝蜀桐张高秋"，李商隐则有《蜀桐》诗。

《乐书》卷一百五十阐释了以桐鱼击打石鼓的声学原理，并以同类事例佐证：

> 古者撞钟击磬必以濡木，以其两坚不能相和故也。海中有鱼曰鲸，有兽曰蒲牢。蒲牢素惮鲸鱼，击鲸则蒲牢鸣。犹晋有石鼓不鸣，取蜀中桐材，斫为鱼形，击之则鸣矣。后世由是作蒲牢于钟上，而状鲸鱼以撞之；则石磬之器，亦上削桐为鱼形以击之。

"濡"即柔软、柔弱之义，如《庄子·天下》："以濡弱谦下为表。"

石鼓本是冥顽不灵，桐鱼激发了其灵性。没有桐鱼，石鼓只是一块无用之"石"；有了桐鱼，石鼓就变成了一面有用"鼓"。桐鱼可以说是石鼓的知音，"点石成金"；中国文人往往借桐鱼、蜀桐之典抒发友朋往还、命运改变之志愿：

> 桐鱼击石鼓，可以求声音。嗟夫世之人，不知方寸心。（陈襄《天道不可跻》）

铜鼓遇时思发响，蜀椎须待刻桐鱼。（王庭珪《和李巽伯少卿见怀》）

每至两人论诗，如石鼓扣桐鱼，声声皆应。（袁枚《小仓山房尺牍·答王梦楼侍讲》）

自惭石鼓顽，忽被桐鱼叩。（袁枚《小仓山房诗集》卷二十二《送刘石庵观察之江右》）

竟于丰狱以沉埋，谁以蜀桐而激发。（黄滔《谢试官启》[①]）

《浙江通志》卷三十三记有“桐扣桥”：“在临平山西山。因张华取桐鱼扣石鼓而名，桥亦以此名。”石鼓、桐鱼是浙江临平的地域文化。明末清初沈谦《石鼓亭晚步》：“桐鱼焉可问，博物愧张华。”沈谦即为临平人；其弟子潘云赤亦为临平人，词集名为《桐鱼新扣词》。厉鹗《临平湖竹枝词》：“双鬟十五荡舟徐，不见清波锦鲤书。侬似湖中石鼓样，望郎望似蜀桐鱼。”三四两句则是“本地风光”，风神骀荡，妙传小女子心曲。

（三）桐鱼还指僧寺用的木鱼

木鱼为体鸣乐器，通常为团鱼状，中空，张口，以利共鸣，用小木槌击奏，为佛教法器，用于礼佛或诵经。《桐谱·器用第七》：“今之僧舍有刻以为鱼者，亦白花之材也。”陈翥说得很清楚，木鱼是用白花泡桐雕刻而成的。木鱼又为集合大众所用，称之为鱼梆、饭梆，系做

① 董诰《全唐文》卷八二三，中华书局1991年版。“丰狱”典故也与张华有关，《晋书·张华传》：“初，吴之未灭也，斗牛之间常有紫气，道术者皆以吴方强盛，未可图也，惟华以为不然。及吴平之后，紫气愈明。华闻豫章人雷焕妙达纬象，乃要焕宿……焕曰：‘宝剑之精，上彻于天耳。’……焕到县，掘狱屋基，入地四丈余，得一石函，光气非常，中有双剑，并刻题，一曰龙泉，一曰太阿。其夕，斗牛间气不复见焉。”后遂以“剑沉丰狱”比喻英才埋没。

成长鱼形，平常悬挂于斋堂、库房之长廊，饭食时敲打之。木鱼又称桐鱼，宋代毛滂《陪曹使君饮郭，别乘舍夜归奉寄》云：“回头一笑堕渺茫，卧听桐鱼唤僧粥。”《清凉山志》中释镇澄所撰写《帝王崇建》也有“桐鱼茶饭，仍流清响于山椒”之句。

图33　木鱼（图片来自网络）。

寺庙中的桐鱼尚有“妙用”，即制琴。沈括《梦溪笔谈》卷五“乐律一”：“琴虽用桐，然须多年木性都尽，声始发越。”所以，年深桐材往往是制琴之良材。以白花桐制成的木鱼年深日久，木液尽失，色泽泛紫，亦是良材。梅尧臣《鱼琴赋并序》载：

丁从事获古寺破木鱼，斫为琴，可爱玩，潘叔治从而为赋，余又和之，将以道其事，而寄其怀。赋曰：“……呜呼琴兮！遇与不遇，诚由于通室，始其效材虽甚辱兮，于道无所失，今而决可以参金石之春天焉，无忘在昔为鱼之日。”①

《六研斋笔记》卷四则记载了寺庙中的巨型木鱼改制为三十余具古

① 梅尧臣《宛陵集》（《影印文渊阁四库全书》）卷六十，上海古籍出版社1987版。

琴的轶事：

> 黄州五祖山寺有桐木鱼，长二丈，晋物也，斋时击以会僧。一夕忽失去，迨旦复还，腹有苹藻。知其飞入江湖，白之官。时陕西曹濂知府事，鉴其为琴材，令匠斫三十余具，私其十七而余悉以徇求者，声清越异常。成化年间事也。

虽然言之凿凿，但从“晋”至明朝的“成化年间”，跨越千年，木鱼殆成“朽木”，能否制琴值得怀疑。

（四）桐鱼指桐花鱼；广德；泡桐；宋代

《江南通志》卷八十六：“桐鱼，桐花开时出，故名。”桐花鱼又名桃花鱼、七色鱼，是安徽省宣城市广德县山区所产的珍稀鱼类，仅产于杨滩乡的桐河。桐花鱼为鲤形目鲤科，野生，体长而侧扁，鱼体较小，体型很像小白条鱼；[①]肉质鲜美，刺骨柔韧，看似有刺，食时若无刺。桐花鱼的时令、地域性均很强。王声瑜《桐花鱼考证及资源利用》有实地考证，并引《广德州志》：“哀公十五年，楚子西子期伐吴及桐河，见桐花随溪流下，爰有桐河之称”；“出阳滩，三月桐花开时捕之，味肥美，可连骨食，士人炙之以远饷，十里之外骨硬，不异常鱼矣。”[②]桐花指泡桐花，清明时节开放。皖中、皖南泡桐分布很广；中国以泡桐为市树的两个地级市铜陵、桐城均在安徽境内；宣城与铜陵毗邻。

《广德州志》将桐花鱼的得名追溯到鲁哀公之时，这尚缺乏佐证。北宋钱时《宣城琴高之名甚著，转送四方，甚珍品也。比得之，乃乡间桐鱼耳，一笑而赋二首》：“春网琴高长藋茅，宣城风物剩浮夸。”“琴高乘鲤”典故出自《列仙传》卷上，后以琴高指鲤鱼。钱时戏谑宣城

① 曾再新《皖南特产桐花鱼》，《美食》2008 年第 2 期。

② 王声瑜《桐花鱼考证及资源利用》，《水产科技情报》1995 年第 6 期。

人的“敝帚自珍”，但这条材料可以证明，最起码在宋朝时期已有桐鱼之名了。

《新元史》卷一百八十九“列传第八十六”录有程钜夫上奏给元世祖的条陈：

> 夫凡物各有所出所聚处，非其处而谩求，如缘木求鱼，凿冰求火，无益于官，徒扰百姓。如纻丝、邵绎、木锦、红花、赤藤、桐鱼、鳔胶等物，非处处皆出，家家俱有者也。

桐鱼是宣城“所出所聚”，在元代是珍贵的贡品。[①]

二、桐马：殉葬品；秧马；“桐马酒”为“挏马酒”之误

（一）桐马是古代的殉葬品

《盐铁论·散不足》篇云：

> 古者，明器有形无实，示民不用也。及其后，则有醯醢之藏，桐马偶人弥祭，其物不备。今厚资多藏，器用如生人。

“明器”，即冥器，陪葬之用。这段文字描述了丧葬“由俭入奢”的变化。“桐马”是桐木雕成的马，是殉葬之品；“偶人”即为桐人，《淮南子·缪称训》云“鲁以偶人葬，而孔子叹”，宋本许注云“偶人，桐人也”。可以参看上一节关于“桐人”的论述。

（二）桐马是秧马的别称

秧马是古代的一种农具，农学史研究考论颇多，如王颋、王为华《宋、元、明农具秧马考》，详细论述了秧马的出现、使用地域及其推广、形制和用途。[②]秧马又称桐马，其背部用质地较轻的桐木制成。

① 在《招远县续志》卷之一中也有一条“桐花鱼”的材料：“桐花鱼，类鮎鲫，状如桐花，又桐花开时，时出，故名。”招远县在今天的山东省烟台市。这么看来，“桐花鱼”似又不是安徽宣城所独有了。

② 王颋、王为华《宋、元、明农具秧马考》，《中国农史》2009年第1期。

苏轼的《秧马歌》记载了秧马的材质、形制、功用等，是珍贵的文献：

予昔游武昌，见农夫皆骑秧马。以榆枣为腹欲其滑，以楸桐为背欲其轻，腹如小舟，昂其首尾，背如覆瓦，以便两髀，雀跃于泥中，系束藁，其首以缚秧。日行千畦，较之伛偻而作者，劳佚相绝矣……春云濛濛雨凄凄，春秧欲老翠剡齐。嗟我妇子行水泥，朝分一垄暮千畦。腰如箜篌首啄鸡，筋烦骨殆声酸嘶。我有桐马手自提，头尻轩昂腹胁低。背如覆瓦去角圭，以我两足为四蹄……

图 34　秧马（图片来自网络）。

徐瑞《田园》其四“斫桐作秧马，断木刳泥船”，也说明秧马是以桐木制成。元代王祯《王氏农书》卷十二有秧马图谱。我们再看《钦定岁时通考》卷五十一《秧马》：

清和四月新秧绿，一垄分来千垄足。桐马平驰碧浪轻，鬃鬣森森稻苗束。北人使马南人船，两蹄踏破横塘烟。畦东畦西来往速，插罢侬家几顷田。戢戢青针波欲没，载驱终日何曾歇。草壁高悬睡老农，好与吴牛同喘月。

两首秧马作品中都出现了“分”，据此推断，秧马的主要功能应该是拔秧。清代陆士仪《思辨录》云：“秧马……今农家拔秧时宜用之。可省足力，兼可载秧，供拔莳者甚便。”

（三）**“桐马酒”辨正**

明代冯时化《酒史》在“诸酒名附”中附录了十二种名酒，桐马酒为其中之一。《汉书》卷二十二“其七十二人给大官桐马酒”，这是桐马酒的最早文献。桐马酒其实就是马奶酒，和梧桐没有任何关系，“桐”乃“挏”之形近而误。《说文》:“挏，推引也。从手，同声。汉有挏马官，作马酒。按，取马乳汁挏治之，味酢可饮。”后代望文生义、强作解人者历代有之，我们看两则辨正材料：

《礼乐》志云:“给太官挏马酒。”李奇注:“以马乳为酒也，撞挏乃成。”二字并从手。撞挏，此谓撞捣挺挏之，今为酪酒亦然。向学士又以为种桐时，太官酿马酒乃熟。其孤陋遂至于此。(《颜氏家训·勉学第八》)

《留青日札》:“桐马酒，汉给大官，以马乳为酒，采桐叶时乃成。”李奇曰:“汉武有桐马官作酒，‘桐’合作‘挏’，音动，推引也。韦革为皮兜，受数斗，盛马乳撞挏之。”(《艺林汇考》“饮食篇”卷六)

用马奶做酒，必须摇晃推引，除去浮在表面的奶油，留下奶酪发酵。宋代的葛立方虽未明言，但应该也是误以为桐马酒与梧桐有关，《韵语阳秋》卷十九：

大抵醪醴之妙，藉外而发其中，则格高而味甘，如大宛之葡萄、大官之桐马，皆藉他物而成者。赵德麟以黄柑酿酒，东坡尝作《洞庭春色赋》遗之，所谓“命黄头之千奴，卷震泽而俱还”。坡亦以松明酿酒，所谓“味甘余而小苦，叹幽姿之独高”。二酒至今有用其法而为之者。

葡萄、黄柑、松明均是特殊的酿酒原料，即“他物”；而桐马酒却是与梧桐无关，是借助于撞击，也就是“他力”，与前者不可同日而语。

要言之，“桐马酒”应为“挏马酒”之误，但相沿已久，我们看几例：

凝于白獭髓，湛似桐马乳。（皮日休《太湖诗，游毛公坛》）

仗前桐酒进琼脂。（柳贯《次伯长待制韵》[1]）

革囊桐酒醺人醉，芦叶吹笳动客愁。（袁华《直沽即事》[2]）

第三节　桐帽小考

桐帽是中国古代隐士的“行头”。一般认为，桐帽是以桐木为支架的幞头。笔者认为，桐帽更有可能是用梧桐树皮所制成的帽子，受到“树皮布文化”的影响。桐皮宽阔、柔软，且少有节疤，可以有各种用途，制帽是其一。桐皮帽是宋代文人所钟爱的树皮帽子的一种。树皮帽子在宋代的流行，是原始遗习与时代心理的交荡、作用下，文人的自觉选择。树皮帽子既“古”且“雅”，是宋代文人对抗流俗的精神意趣载体，其“文化符号”更胜于其“实用功能”。

一、幞头与桐木巾子

桐帽与棕鞋是古代隐士的“行头”，一头一脚，往往联袂出现，如

① 柳贯《待制集》（《影印文渊阁四库全书》）卷五，上海古籍出版社 1987 年版。

② 袁华《耕学斋诗集》（《影印文渊阁四库全书》）卷十一，上海古籍出版社 1987 年版。

黄庭坚《次韵子瞻以红带寄王宣义》“白头不是折腰具，桐帽棕鞋称老夫”、俞德邻《病愈出游》“桐帽棕鞋破晓烟，落花飞絮暮春天”、石安民《西江月》“山翁笑我太丰标，竹杖棕鞋桐帽”。《山堂肆考》卷二百三十五“棕鞋”:“桐帽棕鞋，皆隐士之服。”

任渊引黄庭坚《答蜀人杨明叔简》作为“桐帽”注释:“桐帽，本蜀人作，以桐木作而漆之，如今之帽，三十年前犹见之。棕鞋本出蜀中，今南方丛林亦作，盖野夫黄冠之意。”[①]桐帽与棕鞋适合南方多雨潮湿的气候。棕鞋是用棕草编织而成的鞋子，曹庭栋《养生随笔》卷三:

> 陈桥草编凉鞋，质甚轻，但底薄而松，湿气易透，暑天可暂着。有棕结者，棕性不受湿，梅雨天最宜。黄山谷诗云“桐帽棕鞋称老夫”，又张安国诗云“编棕织蒲绳作底，轻凉坚密稳称趾”，俱实录也。

这项编织技艺在民间仍未绝迹。

桐帽是以桐木为骨子做成的幞头，这是通行的看法。幞头，相传始于北周，用软帛垂脚，至隋始以桐木为“巾子”，使顶高起成形，唐以后沿用。“巾子”是一种薄而硬的帽子坯架，唐封演《封氏闻见记》卷五:“幞头之下别施巾，象古冠下之帻也。”1964年在新疆吐鲁番阿斯塔那唐墓中发现了这种“巾子”，就是一种帽子坯架，可以决定幞头的造型。桐木轻柔而有韧性，适合做“巾子”，赵彦卫《云麓漫钞》卷三:

> 幞头之制……制度不一。隋大业十年吏部尚书牛宏上疏曰:“裹头者，内宜着巾子，以桐木为内，外黑漆。”

郭若虚《图画见闻志》卷一亦云:“隋朝用桐木黑漆为巾子，裹于幞头之内。”

① 刘尚荣校点《黄庭坚诗集注》第342页，中华书局2003年版。

不过，笔者怀疑的是，黄庭坚诗中的“桐帽”与“桐木巾子幞头”实为两物。桐木巾子幞头的制作是朝廷礼制，上下通行，何来“野夫黄冠之意”“本蜀人作”？作为隐士“文化符号”的桐帽与作为服饰礼制的桐木巾子幞头应该是源出两途，桐帽是指用梧桐树皮制作成的帽子。

二、“树皮布文化”与梧桐树皮帽子

“树皮布”的出现在纺织品、纸张之前，是古老原始的文化。“中国古代文献中常常提及中国南部和西南部所出的树皮布，名曰‘答布’‘拓布’‘谷布’。”[①]最常见、最通用的是楮树皮。“树皮布”很有可能起源于中国：

> 楮树一直在中国广泛栽植，自远古时代起中国南部就有将楮树皮捶制成布并用于衣着的事。世界各地温带及热带地区的原始民族也曾将捶成极薄一张的楮皮用于做衣服，及覆盖和帘幕等用途。有人认为树皮布起源于中国，制造树皮布的方法可能是由中国南部经南中国海各岛屿向东传至太平洋及中美洲的广远区域，并经由印度洋向西传至非洲中部，传播所及包括了赤道沿线各个地区。[②]

《韩诗外传》卷一即有“楮冠”的记载：

> 子贡乘肥马、衣轻裘，中绀而表素，轩车不容巷，而往见之。原宪楮冠、藜杖而应门，正冠则缨绝，振襟则肘见，纳履则踵决。

原宪也是孔子弟子，衣冠简陋，和子贡的锦衣华服正好形成对比。

黄庭坚的书信中提到，桐帽“本蜀人作”，而“蜀”恰恰是树皮布

① 钱存训著、郑如斯编订《中国纸和印刷文化史》第 57 页，广西师范大学出版社 2004 年版。

② 钱存训著、郑如斯编订《中国纸和印刷文化史》第 37 页，广西师范大学出版社 2004 年版。

文化的发祥、流行区域。在南方的一些少数民族地区，仍然承传着树皮布的制作技艺。海南大学教授周伟民、唐玲玲致力于黎族文化研究，研究结果：

在几千年前人类的无纺时代，黎族人民就掌握了高超的树皮布制作技术，并在此基础上加工成树皮衣、树皮帽等衣物。（《保护历史“活化石”：黎族服饰》，《海南日报》2008 年 9 月 11 日）

无独有偶，主要生活于云南滇河和澜沧江一带的哈尼族人也传承了这项技术：

哈尼族人穿树皮衣约有 1000 年历史。“张树皮”于 1995 年恢复制成了第一件树皮衣。最近又恢复制成了树皮帽、鞋、裙、裤、包等 11 个品种共 100 余件树皮制品。用这种“布”缝制的衣服质地柔软，轻盈透气，可穿三五年。（《哈尼族村寨展览树皮布衣服》，《人民日报》海外版 2009 年 8 月 1 日）

台湾的阿美族长者，也会制做树皮衣、树皮帽等；李亦园等所撰的《马太鞍阿美族的物质文化》一书中，亦提到阿美族人以构树制做树皮布的过程与方法。[①]

当然，伴随着人类从蒙昧时代进入文明时代，伴随着纺织、造纸的渐次发明，在实用领域，树皮渐渐退场。然而，树皮帽却始终是返璞归真、“贫贱不能移”的隐士“文化符号”。宋代文人的“行头”很丰富，有竹杖、藤杖、芒鞋、葛巾等。

这些“行头”的一个突出的共同点，就是它们无不具有

① 李亦园等著《马太鞍阿美族的物质文化》，“中央研究院”民族学研究所 1962 年。

浓郁的野逸、休闲气息，是飘然、淡然、自在、遗俗、简朴的装束，代表着冠带袍笏、拘束刻板的官府生活以外的另外一种人生。[1]

而树皮帽子始终是“行头”中重要的一个类别，宋无《赠皖山道士》：“世人曾不识，头带树皮冠。”[2]

宋代诗歌中经常出现的树皮帽子有：“松皮冠”，晁说之《谢曾迪功松皮冠》“松皮冠赠松山客，惭愧红尘赤日中”；“竹皮冠”，毛滂《访郑叔详回得花满盘作短诗以寄》“已遣小蛮歌送酒，故教乱插竹皮冠”；“桦皮冠”，释慧远《禅人写师真请赞》“十九”“奇哉王道士，头戴桦皮冠”。以类相求，桐帽也很有可能是树皮帽子序列中的一种。而且，梧桐与松树、竹子一样，都是中国文化中的“比德”树木，精神意趣相近；桐帽也具有其原材料的精神质素。与松皮、竹皮相比，梧桐树围、树皮阔大，而且平滑无节，容易剥离、加工。我们看后代诗歌中的一例，清代吴绮《夏晚》“屈指几朝秋渐爽，桐冠蕉帔竹匡床”。[3]“帔”是披于肩背的服饰。“桐冠”与“蕉帔”都是就地取材，经过“粗加工”，保持“原生态”的衣饰。“桐”为桐皮，“蕉”则为蕉叶。这些例子其实是远祖屈原作品中“荷盖”“荷屋”的“香草”比兴传统，我们没必要去胶柱鼓瑟地去坐实。

① 沈金浩《“一枝藤杖平生事”——宋代文人的杖及其文化蕴涵》，《中国社会科学》2007 年第 1 期。

② 宋无《翠寒集》（《影印文渊阁四库全书》），上海古籍出版社 1987 年版。

③ 吴绮《林蕙堂全集》（《影印文渊阁四库全书》），上海古籍出版社 1987 年版。

第四节 梧桐角（兼论“乌盐角”）

“梧桐角”“乌盐角”是宋元时期在浙东农村流行的土制乐器，春耕时吹响，具有浓郁的乡土特色；二者的文献记载寥寥，认识也存在分歧。“梧桐角”收录在元代《王氏农书》中，然而并未说明其材质。白寿彝《中国通史》以及“百度百科”都认为“梧桐角”是梧桐树叶制成。事实上,“梧桐角”是用梧桐树皮所卷制的乐器。宋代江休复《嘉祐杂志》记载了“乌盐角”，但略带荒诞；古人多认为“盐”就是曲子之名。刘彩霞《“乌”族词的文化内涵》则更认为“乌盐角”是由乌鸦粗糙的叫声所引申的曲子名。[①]事实上，“乌盐角”是用乌盐树皮所卷制的乐器。“梧桐角”“乌盐角”展示了江南风情、田园乐事，对于它们的探讨可以在一定程度上“还原”宋元时期的浙东农村生活场景。

一、“梧桐角”的时期、地域与材质：宋元；浙东；梧桐皮

元代王祯《王氏农书》是中国古代重要的农业著作，其第十三卷收录的农业器具图谱能够帮助我们直观地认识古代的耕作方式；但也偶有并非劳动器具的农村事物杂入其中，如“梧桐角”：

> 浙东诸乡农家儿童以春月卷梧桐为角吹之，声遍田野。前人有“村南村北梧桐角，山后山前白菜花”之句，状时景也，则知此制已久，但故俗相传，不知所自。盖音乐主和，寓之于物以假声韵，所以感阳舒而荡阴郁、导天时而达人事，则

① 刘彩霞《“乌”族词的文化内涵》，《阴山学刊》2009 年第 4 期第 45 页。

人与时通、物随气化，非直为戏乐也。[1]

王祯第一次全面描述了“梧桐角”的区域、时令、制作、起源等，是弥足珍贵的材料。

“梧桐角”是流行于浙东农村的土制乐器，相沿已久，是春天的感召、春耕的“号角”，宋、元时期在民间相当流行。“村南村北梧桐角，山前山后白菜花”出自南戏《张协状元》第二十三出；再如《张协状元》第十九出：

久雨初晴陇麦肥，大公新洗白麻衣。梧桐角响炊烟起，桑柘芽长戴胜飞。

白菜花开、桑柘芽长均是春天景象；“戴胜”栖息在开阔的田园、园林、郊野的树干上，是有名的食虫鸟，有利于保护作物。南戏，又称“南曲戏文”，大约在北宋末年产生于浙江东部的温州（永嘉）地区的农村，故有“温州杂剧”“永嘉杂剧”之称。《张协状元》是现存的“永乐戏文三种”之一。[2]南戏带有鲜明的地域特征，而“梧桐角”则是浙东土物。再如释行海《南明道中》：“酒旗犹写天台红，小白花繁绿刺丛。蜂蝶不来春意静，日斜桐角奏东风。”“天台”在浙江省中东部；“南明”是新昌的古称，也在浙江省东部。

明代王圻《三才图会》沿用《王氏农书》中的材料，而将“梧桐角”收录于卷三的“乐器”。《王氏农书》虽然有图谱，但我们只能约略地看出“梧桐角”的形制，头大尾小，类似于牛角，但是对于其材质却无法明了。白寿彝主编《中国通史》第八卷“中古时代·元时期（下）”

① 王祯《王氏农书》（《影印文渊阁四库全书》）卷十三，上海古籍出版社 1987 年版。

② 钱南扬《永乐大典戏文三种校注》，中华书局 1979 年版。

介绍“梧桐角”是“用梧桐叶卷成角形的哨子”。这是似是而非的解释，“梧桐角”其实是用梧桐树皮卷成的小号角。

宋代林景熙《桐角》:“田家无律吕，声寄始华桐。碧卷春风老，清吹野水空。客心寒食后，牛背夕阳中。不惹梅花恨，年年送落红。”中华书局 1960 年版的林景熙《霁山集》以清代《知不足斋丛书》本为底本，里面有元代章祖程的注释；卷一收录此诗，题下小注云：

楚间山家每季春截桐皮，卷而吹之，谓之“桐角”。

“梧桐角”是宋、元时期流行的乐器,章祖程所言应为可信。清代《御选宋金元明四朝诗·御选宋诗》卷四十三选录林景熙《桐角》，题下亦有章祖程小注。可见，“梧桐角”应该是用梧桐皮卷制的。

二、“乌盐角”的时期、地域与材质：曲子；宋元；浙东；乌盐皮

“梧桐角”的制作方式、地域特点等可以和“乌盐角”互相参证。王祯《王氏农书》第十三卷“梧桐角”引用了戴复古《乌盐角行》：

凤箫鼍鼓龙须笛，夜宴华堂醉春色。繁声缓响荡人心，但有欢娱别无益。何如村落卷桐吹，能使时人知稼穑。村南村北声相续，青郊雨后耕黄犊。一声催得大麦黄，一声唤得新秧绿。人言此角只儿戏,孰识古人吹角意？田家作劳多怨咨，故假声音召和气。吹此角，起东作；吹此角，田家乐。此角上与邹子之律同宫商，合钟吕。形甚朴，声甚古，一吹寒谷生禾黍。

“梧桐角”吹起之时，春耕即将开始。“东作”就是春耕的意思，如李白《赠从弟冽》诗：“日出布谷鸣，田家拥锄犁。顾余乏尺土，东作谁相携。”

《乌盐角行》一诗描述了梧桐角的时令、音乐特点，堪称古风古韵，可以和《王氏农书》中的记述互相参照。一首作品有点“奇怪”，题目与内容不符；题目是“乌盐角”，所写的却是“梧桐角”。这两者之间有何关联，是否有“同质”性？

《乌盐角》是宋、元时期流行的民间曲调，名字朴野古怪，其起源已无法确考。杨慎《词品》卷一：

曲名有《乌盐角》，江邻几《杂志》云：“始教坊家人市盐，得一曲谱于角子中。翻之，遂以名焉。”戴石屏有《乌盐角行》。元人月泉吟社诗：“山歌聒耳《乌盐角》，村酒柔情玉练槌。”

江邻几即江休复，北宋时人，为欧阳修之友，著有《嘉祐杂志》。江邻几的说法看似无稽，但却颇为流行，《逸老堂诗话》卷上、《山堂肆考》卷一百六十一都有引述。“月泉吟社”是南宋遗民诗社。南宋末年，吴渭担任义乌县令，入元之后隐居吴溪，创立此社，请遗民诗人方凤、谢翱、吴思齐等主持。“月泉吟社”的诸多作品也带有浙东地域文化特点。

南宋的张端义《贵耳集》则认为“盐”是曲子名称：“所谓‘盐’者，吟、行、曲、引之类。”清代秦巘《词系》进而云：“古乐府有‘乌盐角’，或取名于此……‘盐’即曲也，古曲有《昔昔盐》《黄帝盐》《突厥盐》，皆以‘盐’名，《嘉祐杂志》之错，恐不足据。”[1]

以上的两种看法其实均有误。“乌盐”之“盐”既不是柴米油盐之“盐”，也不是曲子名称之“盐”，“乌盐”是一种树。

“乌盐角”不仅是一个曲调，而且是一种乐器，“乌盐”是乐器的材质，“角”是乐器的形制；作为曲调的“乌盐角”应源自作为乐器的“乌盐角”。舒岳祥《乌盐角行》：

山中一种乌盐树，剥皮为角开春路。牧童把去上牛吹，

① 马兴荣《读词五记》，《楚雄师专学报》2001年第4期第17页。

烟草茫茫没远陂。一声两声兮桑青柘绿，三声四声兮麦綻秧肥。山花如火遮眉目，吹此田家太平曲。三年不听此曲声，卷却地皮人痛哭。[1]

“乌盐角”也是在春天吹响，舒岳祥作品中的“桑青柘绿”“麦綻”与前面所引《张协状元》中描述“梧桐角”的“桑柘芽长”“陇麦肥”很相似。

舒岳祥是浙江宁海人，宋末元初著名作家，其生活、交游也主要在浙东一带。“乌盐角”的制作方式与“梧桐角”相同，都是卷皮为角。徐似道《句》:“牧童出卷乌盐角，越女归簪谢豹花。”既然是“卷”，那么“乌盐角”应该是具有物理形状的乐器无疑，而不可能是曲子。

问题的关键在于：制成“乌盐角”的“乌盐树”是什么？遍检《全宋诗》，除了舒岳祥这首作品外，再无他作提到乌盐树。“乌盐树”其实是浙东的方言称呼。宋代庄绰《鸡肋编》卷上：

剑川僧志坚云：“向游闽中，至建州坤口，见土人竞采盐麸木叶，蒸捣置模中，为大方片。问之，云作郊祀官中支赐茶也，更无茶与他木。”然后知此茶乃五倍子叶耳，以之治毒，固宜有效。五倍子生盐麸木下叶，故一名盐麸桃。衢州开化又名“仙人胆”。陈藏器云:“蜀人谓之酸桶，又名醋桶。吴人呼乌盐。”

可知,乌盐树是盐肤木的别称。盐肤木又称“五倍子树”,属小乔木，漆树科漆树属，在长江以南较适宜生长；五倍子为医药、鞣革、塑料及墨水工业的重要原料。在中药里,“五倍子”又有“乌盐泡”之别称，是倍蚜科昆虫角倍蚜或倍蛋蚜在盐肤木、青麸杨或红麸杨等树上寄生

① 舒岳祥《阆风集》(《影印文渊阁四库全书》)卷二,上海古籍出版社 1987 年版。

形成的虫瘿；“五倍子树”“乌盐树”都是盐肤木的别名。南宋福州的地方志《淳熙三山志》卷四十一亦云：

> 盐麸子，叶如桔子，秋熟为穗，粒如小豆。上有盐似雪，食之酸咸，止渴。蜀人谓之“酸桶”，吴人谓之“乌盐”。[1]

“乌盐角”最初是一种乐器，后来成为南方的山歌小调，樵夫可以即兴填词、随意演唱，如田雯《城西溪上》：“春水泱泱鸭头绿，桃花树树胭脂红。岸声高唱乌盐角，沙阵斜飞白勃公。”自注云：“乌盐，山歌名；勃公，水鸟。”[2]查慎行《题泰州宫氏春雨草堂图》：“樵去唱乌盐，渔来歌欸乃。”[3]“乌盐”为山歌，“欸乃”为渔歌。

概而言之，“梧桐角”“乌盐角”都是宋、元时期流行于浙东民间的土制乐器，都是截取树皮卷制而成。两者形制、材质相似，故乐声也相似。两者都具有时令性，亦即是属于春天的乐器。梧桐树、盐肤木树围宽阔，春天树皮青嫩、柔韧，易于剥离，也易于卷曲。

三、“梧桐角”“乌盐角”的音乐内涵：农家乐；高士情怀；春归；祭祀；乡情

“梧桐角”“乌盐角”具有浓郁的乡土风味，往往是儿童放牧时就地取材、信口无腔的遣兴，如赵友直《牧》“相呼相唤出烟堤，冒雨前

---

① 我们再看两个例子。《通志》卷七十六：“盐麸子曰叛奴盐，蜀人曰酸桶，吴人曰乌盐。其实秋熟为穗，着粒如小豆，其上有盐如雪，可以调羹。戎人亦用此，谓之木盐，故有叛奴盐之名。”《广东新语》卷二十四“蚺蛇”：“缉妇人裙裾以为旗，斩乌盐以为枪，葛藤以为缆。”古代的枪杆是用硬木制成的，这里的“乌盐”也应该是盐肤木。

② 田雯《古欢堂集》（《影印文渊阁四库全书》）卷十四，上海古籍出版社 1987 年版。

③ 查慎行《敬业堂集》（《影印文渊阁四库全书》）卷四十一，上海古籍出版社 1987 年版。

村膝没泥。万斛愁怀人不解，呜呜桐角倚牛吹”、释智愚《牧童》“烟暖溪头草正肥，尽教牛饱卧晴曦。卷桐又入深深坞，吹尽春风不自知”。

在“梧桐角”声、“乌盐角”声中所次第铺展的是陇麦、秧针、菜花、青草、绿原、细雨、牛、牧童、农夫、村妇等一派江南风情、田园乐事。前引戴复古《乌盐角行》、舒岳祥《乌盐角行》分别有“田家乐”“田家太平曲”之语。“月泉吟社”诗人陈舜道《春日田园杂兴十首》之六亦是这种风调：“春来非是爱吟诗，诗是田园寄兴时。稼穑但凭牛犊健，阴晴每付鹁鸪知。托寻花去将予乐，借卷桐吹写所思。抚景寓言良不浅，春来非是爱吟诗。”“兴”是陈舜道这一组作品的基调，“村声荡漾《乌盐角》”则是出自同组作品之二。

“梧桐角”“乌盐角”形制、声音古朴，与世俗追骛的丝竹之乐迥异其趣；高士、山人往往藉此以抒发高蹈尘外、独立世表的情怀，如王逢《山居杂题七首》：“偶从道士饮碧螺，手把桐角吹山歌。千壑万谷响应答，天风黄鹄双飞过。”[①]乌斯道《王山人桃花牛歌》：“王山人，王山人，更办乌盐角，高吹《紫芝曲》，五湖四海春茫茫，桃源市上千山绿。”[②]《紫芝曲》或《紫芝歌》等，泛指隐居避世之曲，据《乐府诗集·琴曲歌辞二》记载，相传为秦代末年的商山四皓所作。

林景熙《桐角》“声寄始华桐”，梧桐角是桐花开放时节的梧桐皮卷制而成，而桐花是清明的物候、表征。桐花是清明之“色”，梧桐角即清明之“声”。清明是季春节气，至此，春天已经过去“三分二”，所以，“梧桐角”是春归之“声”。葛绍体《惜春二首》“其二”：“桐角声中春

① 王逢《梧溪集》（《影印文渊阁四库全书》）卷五，上海古籍出版社 1987 年版。

② 乌斯道《春草斋集》（《影印文渊阁四库全书》）卷二，上海古籍出版社 1987 年版。

欲归，一番桃李又空枝。杨花好与春将息，莫被东风容易吹。”“乌盐角”与“梧桐角”“声”气相通。

在鸟类中，送别春天的则当属杜鹃，杜鹃又名子规、谢豹。“梧桐角”“乌盐角”声音低沉，是“低声部”；杜鹃声凄厉，是“高声部”。川野之间，“梧桐角”“乌盐角”的声音与杜鹃声“合奏”，为春天饯行，如释文珦《即景》“青山陇麦与人齐，莓子花开谢豹啼。牛背牧儿心最乐，缓吹桐角过前溪”、蒋梦炎《寒食》“桐角唤回前嶂晓，子规啼破隔江烟”。

寒食、清明是中国传统节日，唐宋时期已经有祭扫之俗。“梧桐角”“乌盐角”声因之而染有这一特定民俗节日的清冷、孤寂，如蒋梦炎《寒食》“桐角唤回前嶂晓，子规啼破隔江烟。麻裙素髻谁家女，哭向墦间送纸钱”、王舫《春日郊行次平野韵》“风回别墅闻桐角，烟冷荒郊挂纸钱”。

“梧桐角”“乌盐角”是“乡土社会”的乡音，而寒食、清明节日又具有慎终追远的文化内涵，所以，角声就成为引发游子愁绪的“触媒”，这几乎是两种角声最主要的音乐功能。

客心寒食后，牛背夕阳中。（林景熙《桐角》）

不知何处吹桐角，独立天涯泪欲零。（善住《舟次江亭》[①]）

一声牛背乌盐角，铁作行人也断魂。（释宝昙《郊外即事》）

半村晴日乌盐角，十里春溪雀李花。饼饵风来香冉冉，教人那得不思家。（舒岳祥《安住寺道中》）

行李萧萧明日发，乌盐角外转凄凉。（李孝光《客孤山》[②]）

① 顾嗣立《元诗选》（《影印文渊阁四库全书》）“初集”卷六十七，上海古籍出版社 1987 年版。

② 李孝光《五峰集》（《影印文渊阁四库全书》）卷十，上海古籍出版社 1987 年版。

从以上的分析可以看出,“梧桐角”与“乌盐角”的音乐内涵是“复调”的，触绪多端，既有欢愉，亦有悲苦；或者我们可以借用嵇康的“声无哀乐论”,“梧桐角”“乌盐角”的“调子”完全是依据各人的心境、处境而定。

本节所做的梳理是一项音乐考古工作，亦是文学考古、文化考古工作。值得补充的是，在福建畲族居住地，制作“梧桐角”的技艺仍然保存着，《福建日报》2007 年 8 月 14 日有李隆智的摄影报道《树皮做号角，嘹亮畲乡情》：

> 日前，笔者来到政和县畲族文化村后布村，看到畲民雷帮金和堂弟雷帮弟在小心翼翼地剥桐树皮。他们将剥下的桐树皮卷起来，不一会儿就做成了一支长 50 厘米、口径 15 厘米的号角……

思想史有精英思想史，亦有“一般思想史”；“一般的知识、思想与信仰真正地在人们判断、解释、处理面前世界中起着作用”。[①]同样，音乐除了丝竹“雅乐“之外，更有民间品类繁多的“俗乐”；而这些鲜活的“俗乐”扎根于中国传统的乡土社会,它们真正地与我们血脉相连。“梧桐角”“乌盐角”是农村文化、“生态农业景观”的构成部分，这正是我们考述它们的意义所在。

第五节　梧桐与茶叶

梧桐应用广泛,桐叶也有“妙用”。清香适口的树叶嫩芽均可采摘、

① 葛兆光《中国思想史》“导论”第 13 页，复旦大学出版社 2002 年版。

焙制为茶，旧时民间“柳叶茶”比较流行。桐叶茶流行度不及柳叶茶，但是更为清雅。

一、青桐芽与“女儿茶”

明代李日华《紫桃轩杂缀》卷四：“泰山无好茗，山中人摘青桐芽点饮，号女儿茶。”清代陆廷灿《续茶经》援引李日华记载。《红楼梦》第六十三回，林之孝家的带人夜巡怡红院，催促大家早睡，宝玉说：“……今儿因吃了面怕停住食，所以多顽一会子。”林之孝家的又向袭人等笑说：“该沏些个普洱茶喝。”袭人、晴雯二人忙说：“焖了一铫子女儿茶，已经喝过两碗了……”很多红学专家、泰山文化研究者认为这里的“女儿茶”即青桐茶[①]。

泰山地方志中多有青桐及女儿茶的记载：

> 茶，薄产岩谷间，山僧间有之，而城市皆无，山人采青桐芽，号女儿茶。（明末查志隆等编《岱史》卷十二上）
>
> 泰山西麓扇子崖之北，旧多青桐，曰青桐涧。（清代聂鈫《泰山道里记》）
>
> 女儿茶……清香异南茗。（清唐仲冕辑《岱览》“第三十”[②]）

称其“薄产”，可见泰山“女儿茶”产量不高；口感上，女儿茶和南方茶叶也不一样。

---

① 从冲泡方式而言，《红楼梦》中的“女儿茶”很可能并非青桐茶。青桐茶为不发酵茶，比较鲜嫩，饮用方式为“点饮”；而《红楼梦》中的“女儿茶”是“焖”的，这应该是红茶（全发酵）、乌龙茶（半发酵）的饮用方式。

② 以上三种泰山地方志均有现代整理、点校本，可以参考：马铭初、严澄非《岱史校注》，青岛海洋大学出版社 1998 年版；孟昭水《岱览校点集注》，泰山出版社 2007 年版；岱林等点校《泰山道里记》，山东友谊出版社 1987 年版。

袁爱国《泰山茶文化》一文引用了明代万历年间泰安人宋焘的诗作，《我思泰山高》之三："携我寻真者，酌彼以青桐。至味元无味，恬然自不穷。"[1]桑调元《泰山集》卷中《女儿茶》诗云："阴崖摘且焙，片片青桐芽。携将圣母水，烹取女儿茶（原注:玉女池名圣母水）。"《泰山集》卷上《白鹤泉》诗云："青桐芽自春前采（原注：惟岳中岩谷有此茶），试汲铜瓶活火煎。"[2]

从前面的材料来看，至迟在明朝时候，"女儿茶"已经在泰山地区流行。"女儿茶"的原料为青桐芽,其生长环境有两个特点:一为"岩谷"之间、山涧之旁；一为山崖北面。因为是生于山涧，空气湿润，所以芽叶鲜嫩;因为生于崖北,所以芽叶较小。这两点都是优质茶叶的成因、特点。女儿茶味道清淡,所以宋焘评价"至味元无味"。青桐分布广泛，以青桐芽制茶应该不是泰山"女儿茶"的"专利"。宋代刘弇《莆田杂诗二十首》其四:"桐叶谁新汲,葵芽好问津。端堪事杯酌,泠汰客襟尘。"从诗意来看，这里的"桐叶"很可能就是茶叶的替代品。

女儿茶为野生，产地在泰山，产量亦有限，主要见于明清文献。我们今天所说的"泰山女儿茶""桐叶茶"其实均与青桐无关。1966 年起，泰安开始引种茶树；泰山脚下的女儿茶园成为目前我国最北方的茶叶种植基地。因纬度与海拔高、昼夜温差大，"泰山女儿茶"叶体肥厚，耐冲泡，汤色碧绿。"桐叶茶"之"桐叶"则有臭梧桐叶与胡桐叶两种，均有清凉降压的药用价值。胡桐即胡杨。

二、梧桐与茶叶：共生状态；桐花熏茶；桐子点茶

梧桐与茶叶的关系尚可补缀三点。

---

① 《民俗研究》1995 年 02 期。

② 《泰山集》收入《弢甫五岳集》，清乾隆钱塘桑氏修汲堂本。

其一，桐树与茶树适合“共生”。古人往往会清除茶树边的杂草、茂树，谓之“开畬”，但桐树例外，宋代赵汝砺《北苑别录》：

草木至夏益盛。故欲导生长之气、以渗雨露之泽，每岁六月兴工。虚其本、培其土，滋蔓之草、遏郁之木，悉用除之，政所以导生长之气而渗雨露之泽也，此之谓“开畬”。唯桐木则留焉，桐木之性与茶相宜尔。又，茶至冬则畏寒，桐木望秋而先落；茶至夏而畏日，桐木至春而渐茂，理亦然也。

《续茶经》“卷上之一”引用此条。[①]宋代徐玑《监造御茶，有所争执》开头即描述了桐树与茶树的共生状态：

森森壑源山，娲娲壑源溪。修修桐树林，下荫茶树低。桐风日夜吟，桐雨洒霏霏。千丛高下青，一丛千万枝……

茶树“畏日”，而梧桐树身高大、树阴清圆，正可庇护、养育茶树，如释文珦《春谷》：“竹地偏生菌，桐阴正养茶。”大概在宋代的时候，农户已经将桐树与茶树“间种”，如释文珦《建溪青玉峡云际寺》：“野竹樊蕉径，修桐间茗畦。”

其二，桐花还可以用来熏茶，这和莲花茶的制作工艺仿佛。桐树开花与春茶采摘为同一时令，均为清明、谷雨之间，如王禹偁《茶园十二韵》“采近桐花节，生无谷雨痕”、戴复古《田园行》“桐树著花茶户富”。取桐花熏茶既新且美，《续茶经》卷上之三：

宗室文昭《古瓻集》：“桐花颇有清味，因收花以熏茶，命之曰‘桐茶’。”有“长泉细火夜煎茶，觉有桐香入齿牙”之句。

其三，梧桐子可以用来“点茶”。《长物志》卷二“花木”：“青桐……

---

① 今天的共生“桐茶”则通常指油桐与油茶，这是两种经济植物，均可榨油。

其子亦可点茶”；《花镜》卷三“花木类考”：

梧桐……其仁肥嫩而香，可生啮，亦可炒食点茶。

此外，文人雅士还以桐叶为饮茶之具。车万育《声律启蒙》卷二“六麻”：“闲捧竹根，饮李白一壶之酒；偶擎桐叶，啜卢仝七碗之茶。”竹根、桐叶分别为酒具、茶具；新鲜的桐叶气味清新，叶片阔大，这种饮茶方式很容易让人想起“碧筒杯”。段成式《酉阳杂俎·酒食》：“历城北有使君林，魏正中，郑公慤三伏之际，每率宾僚避暑于此。取大莲叶置砚格上，盛酒三升，以簪刺叶，令与柄通，屈茎上轮菌如象鼻，传吸之，名为碧筒杯。”苏轼《泛舟城南会者五人分韵赋诗》之三：“碧筒时作象鼻弯，白酒微带荷心苦。”桐叶和荷叶有异曲同工之妙。

第六节　梧桐用途与制品杂考

桐叶与桐花在古代用作饲料，可以饲猪或者养鱼。桐木取材方便、材质优良，桐木器具、制品应用于各个领域，古人的日常生活不可须臾离之。本节继续钩沉史料，考证桐木制品，虽然无法穷尽，却可以多侧面地了解古人的生活。此外，一些制品、名物虽然名为“桐”，但其实与梧桐无关，本节也做了一些甄辨。

一、桐叶饲鱼与桐花养猪

中国古人以桐叶喂鱼，宋代罗愿《尔雅翼》卷九“桐”：

其叶饲豕，肥大三倍。至秋后，亦用以饲鱼。乡人养鲩鱼者，每春以草养之，顿能肥大。秋后食以桐叶，以封鱼腹，则不复食，亦不复瘦，以待春复食也。

鲩鱼即草鱼。孙岩《秋晚园中》亦云:"菊花供麴尽,桐叶饲鱼稀。"桐叶可以作为饲料添加剂，广泛应用在家畜、家禽饲养中。[1]

古人还以桐叶来"藏茧"。宋代陈旉《农书》卷下介绍了"藏茧之法":

> 藏茧之法，先晒合燥；埋大瓮地上，瓮中先铺竹簀，次以大桐叶覆之，乃铺茧一重，以十斤为率，掺盐二两；上又以桐叶平铺，如此重重隔之，以至满瓮;然后密盖，以泥封之。

桐叶阔大、平整,所以适合铺垫作为"茧层"的间隔。元代王祯的《王氏农书》、明代宋应星的《天工开物》都沿袭了《农书》的记载。

中国古人很早就用泡桐花来喂猪,《神农本草经》:"桐花饲猪，肥大三倍。"《广群芳谱》卷七十三引明代李继儒《群碎录》记载："桐花可敷猪疮，饲猪肥大三倍。"试验表明，泡桐花对猪的生长具有明显的促进作用。在同期内，试验组比对照组多增重 21.3%~26.7%。[2]

桐花还可以作为添加剂用在家禽饲养中。泡桐花穗经晾晒风干粉碎，可以用来喂鸡[3]。

二、桐木甑子与桐木火笼、桐木风箱

甑是古代的蒸饭器具，底部有孔格以透蒸汽，原理略同于现代的蒸锅。甑,初为陶器,后为木器,《格物致原》卷五十二引《器用旨归》:

> 甑，所以炊饭之具。古者甑瓦器，陶者为之。今以木，后世之制也，其于捧挈尤轻且便。

① 孙克年《桐叶作畜禽饲料添加剂的研究和应用》,《饲料研究》1993 年 12 期；韩绍忠等《泡桐树叶粉饲喂生长育肥猪试验》,《中国饲料》1991 年第 2 期。

② 施仁波、习冬《饲料中添加泡桐花对猪增重效果的影响》,《畜牧兽医杂志》2006 年第 6 期。

③ 马玉胜《泡桐花穗粉代替部分麸皮饲喂蛋鸡的试验效果》,《江西饲料》1997 年第 4 期。

除了“轻便”之外，木甑饭还带有天然的木香。唐宋年间，木甑很流行，如韦庄《赠渔翁》“木甑朝蒸紫芋香”、陆游《宿彭山县通津驿，大风，邻园多乔木，终夜有声》“木甑炊饼香浮浮”。现在南方山区仍有使用木甑之习；在一些标榜复古、天然的都市饭店，也引入了木甑。木甑常以桐木制成，称为“桐甑”，如：

船头覆青幕，中有白衣人，与衲僧偶坐。船后有小灶，安桐甑而炊，丱角仆烹鱼煮茗。（《剧谈录》卷下“白傅乘舟”）

炊烟不动无桐甑，底处求僧与二童。（葛立方《操叶舟凌巨浪访道祖》）

桐甑饭香增意气，草堂灯影换精神。（王质《谢王巽泽新火》）

《桐谱》“器用第七”：

凡白花桐之材以为器燥，湿破而用之则不裂，今多以为甑杓之类，其性理慢之故也。紫花桐之材，文理如梓而性紧，而不可为甑。

白花泡桐密度较低，不易坼裂。《桐谱》“种植第三”又曰：

凡桐之茂大，尤速于余木，故鄙语云：“相讼好栽桐，桐树好做甑。”讼方兴，言其易大也。

可见，中国古代民间相沿，往往是用桐木来制作甑。

火笼是南方冬天的一种取暖工具。内有一个类似花盆的瓦盆器具，外用竹片等编织成灯笼形状，并在上方中间位置加一弯形手柄牵引。冬天可以在内瓦盆里加入烧红的火炭，以便取暖，故而得名。竹制火笼比较常见，如萧正德《咏竹火笼》、沈约《咏竹火笼》、沈满愿《咏五彩竹火笼》。桐木比较柔软，也可以削制成片、编织为笼，这就是“桐

图35　甑子（图片来自网络）。

木火笼”。《南史》卷七十:“范述曾……郡送故旧钱二十余万,一无所受,唯得白桐木火笼朴十余枚而已。”范述曾体现了“廉吏”风范，这则材料在中国古代的政书、类书中广为记载。

“风箱”是压缩空气而产生气流的装置,最常见的一种由箱体、活门、拉杆等构成，用来鼓风，使炉火旺盛。以前农村用灶火做饭，风箱是常见的助火工具。风箱的箱体一般采用桐木，桐木耐磨损，拉杆来回摩擦，箱板却不易磨损。有人选用桐木风箱的木板来制作板胡，这个原理和用桐木鱼、桐木柱来制作古琴一样。

三、桐木漆器与桐木家具

桐木漆器是以桐木作底胎、以中国大漆作涂料，沿用传统的民间技艺，制作成各种器具和各种工艺性很强的装饰品。桐木质轻，传热慢，它与天然大漆的粘合性能好。因此，桐木漆器具有不变形、不崩裂、耐酸碱、耐腐蚀、耐热性等特点。在高温的烧烫下，无异味，不走形；放入二甲苯溶液中浸泡不脱漆，耐磨耐用，防潮性能好。河南是泡桐的主产地，郑州漆器是地方名产。

我们以乐器为例。《元史》卷六十八“登歌乐器”：

> **柷一，以桐木为之，状如方桶，绘山于上，髹以粉。旁为圆孔，纳于椎中，椎以杞木为之，撞之以作乐。敔一，制以桐木，状如伏虎，彩绘为饰……**

“柷”与“敔”都是古代的打击乐器，都以桐木为之，都有漆饰。

桐木光洁、质轻、无异味，适宜制作家具。日本可以说是世界上唯一视桐木为珍贵家具材种的国度。日本人的卧室格局喜欢用榻榻米和摆上一套桐木家具。在有一亿二千万人口的日本，桐木家具的社会容量相当可观。据了解，日本每年消耗大量桐材，不足用量从我国、韩国、巴西、美国进口[①]。日本人喜爱“烧桐”。“烧桐”是一种桐木表面炭化工艺，将桐木表面用火烤出碳黑色，然后上透明漆。既能显示桐木原来的纹路，又有艺术感。烧桐家具、烧桐木屐、烧桐艺术品在日本均很流行。

桐木家具在中国也很常见，桐木交易中心也应运而生，山东曹县即有全国最大的桐木交易中心。

中国古代桐木家具应用也很广泛，兹举一例“桐木几”。《庄子·齐物论》：“昭文之鼓琴也，师旷之枝策也，惠子之据梧也，三子之知，几乎皆其盛者也。”“据梧”可以理解为倚靠在梧桐之上，但是也有别解，成玄英疏：“据梧者，只是以梧几而据之谈说，犹隐几者也。”明代彭大翼《山堂肆考》卷一八一引《神仙传》：

---

① 详参李工谦《日本人偏爱桐木家具》，《家具》1982 年第 3 期。

葛仙翁凭桐木几于女几山，学道数十年登仙，几化为白鹿，三足，时出于山上。

《广群芳谱》卷七十三也引用了这则材料。

四、桐棍、桐杵与桐柱

桐木纹理通直、木质轻软，只要经过简单加工即可制成长短、粗细，形制不一的棍子；而木棍无论是在礼制、劳作、生活，甚至在武术中都是广泛运用的。前面提到的"桐杖"其实就是一种比较细的棍子。《清史稿》卷一〇五"志第八十"关于官员的仪仗有着明细的规定，我们可以发现上自总督，下至县佐，桐棍都是不可或缺：

直省文官，总督……桐棍、皮槊各二……巡抚……桐棍、皮槊各二……各道……桐棍、皮槊各二……知府与道同。府倅、知州、知县……桐棍、皮槊各二，肃静牌二……县佐，蓝伞一，桐棍二。

桐木还可以制作枪身，即"桐木枪"，《册府元龟》卷一百九十七："三年四月……两浙节度使钱镠进……桐木枪二千条。"

杵是舂米或捶衣的木棒，有"微型"也有"巨制"。古人制作祭祀用的"郁鬯酒"时，以柏木为臼、梧桐为杵，盖取柏木之香、梧桐之洁。《礼记·杂记》："鬯臼以椈，杵以梧。"椈为柏的别称。孔颖达疏："捣郁鬯用柏臼、桐杵，为柏香桐白，于神为宜。"中国古代有"捣衣"民俗，"捣衣"就是将布帛铺在石砧上用木杵捶打，以期平整、松软，便于缝制衣服。"捣衣"一般在秋天进行，捣衣杵也常用桐木制成。庾信《夜听捣衣诗》："石燥砧逾响，桐虚杵绝鸣。虚桐采凤林，鸣石出华阴。"再如贺铸《拟南梁慧偘法师独杵捣衣》："峄阳桐杵鸣，莲岳石砧平。待谁相应节，要自不胜情。"

图 36　木杵（图片来自网络）。

柱，可以视为“巨制”棍子，柱是房屋的支撑，屋柱也常选用桐木，《桐谱》“器用第七”：

故施之大厦，可以为栋梁桁柱，莫比其固。但雄豪侈靡，贵难得而尚华藻，故不见用者耳。今山家有以为桁柱地伏者，诸木屡朽，其屋两易，而桐木独坚然而不动，斯久效之验矣。

桐柱称得上是价廉物美、经久耐用，扬州的园林、建筑中即大量采用桐柱，《扬州画舫录》卷十七“工段营造录”：“次之平台品字斗科做法：平台海墁下桐柱，即平台檐柱，法与下檐同……多桐柱、七五三架梁……其上檐单翘单昂斗科做法，用桐柱、大额枋……用桐柱，檐桁枋。”多年桐柱还另有“妙用”，可以制琴，这在“梧桐与音乐”一节中已有论述，可以参考。

五、桐车、桐轮、桐履与桐船

《齐民要术》卷五："青、白二材，并堪车板、盘合、木屧等用。"桐木不仅可以制作车身，亦可制作车轮。《史记》中有一则材料，事涉猥亵，其卷八十五：

始皇帝益壮，太后淫不止。吕不韦恐觉祸及己，乃私求大阴人嫪（lào）毐（ǎi）以为舍人，时纵倡乐，使毐以其阴关桐轮而行，令太后闻之，以啖太后。

《史记正义》曰："以桐木为小车轮。"宋代周弼《春浓曲》："麦门冬长柔堪结，桐轮碾尽棠梨雪。"桐车有特殊用途，即用为"明器"。"明器"即冥器，一般徒具器物之名，形制仿佛而不堪实用，所以傅玄《挽歌》云："明器无用时，桐车不可驰。"

《齐民要术》卷五记载桐木有"木屧"之用，木屧即为木质的鞋底。中国古人有穿木屐的习俗，而木屐也常常以桐木为选材，桐木具有轻便、疏松的优点。我们看唐宋诗歌中的例子：

桐履如飞不可寻。（许浑《赠李伊阙》）

石多桐屐啮。（贯休《寄景判官兼思州叶使君》）

懒出恐消桐屐蜡，醉吟忘上苎袍船。（仇远《和刘君佐韵寄董静传高士》[①]）

《本草纲目》第三十八卷收录了一条药方"屐屉鼻绳"：

屐屉，江南以桐木为底，用蒲为鞋，麻穿其鼻，江北不识也。久著断烂者，乃堪入药。

"屐屉"，即鞋窝。日本至今仍有穿着木屐之风，我国南方地区亦

---

① 古代有以"蜡"涂抹木屐的风俗，可以使之光亮，《世说新语 · 雅量》："或有诣阮（阮孚），见自吹火蜡屐，因叹曰：'未知一生当著几量屐！'神色闲畅。"

有此习。广州连州木屐用高山白花木、泡桐木做鞋底，面上钉上布、麻、皮、棕带，具有通风、透气、爽脚的特点，清朝时即已风行，至今已有几百年历史，在广东省各地及东南亚一带小有名气。

桐木除了“陆用”之外，还可以“水用”。《三辅黄图》卷之四：

昭帝始元元年春，黄鹄下建章宫太液池。成帝常以秋日与赵飞燕戏于太液池，以沙棠木为舟，沙棠木造舟不沉溺，以云母饰于鹢首，一名云舟。又刻大桐木为虬龙，雕饰如真，夹云舟而行。

《太平广记》卷七六九“舟部二”记载相似。这里的“桐木虬龙”是可以在水中骑行的。桐木还可以直接造船，即“桐船”；桐船的船身较轻，行驶迅疾。《台湾诗乘》卷三收录了《桐船行》：

《桐船行》为太仓萧子山明经所作，以吊胡将军振声者。将军福建人，为温台镇总兵，每乘桐船出海，轻疾如飞，胜则母喜、败则怒，故尤力战。蔡牵之乱，奉檄援台，所部二百人死伤略尽，遂遇害，投尸海中……永嘉城头角声咽，大星坠地光不灭。白头老母望儿归，不见桐船泪垂血。桐船轻疾如游龙，将军百战多威风；不知乃由阿母训，不杀贼归母须愠。桐船昨出时，别母换征衣……母勿哭，母教儿杀贼，儿死身不辱。桐船虽败鬼犹雄，森森直节谁能同？便是龙门百尺桐。

四川民间有一种“桐船”，则是船形的储水器具。《续资治通鉴长编》卷二五四：

梓夔路察访使熊本言：夔、峡州郡民间无井饮。夔州引三洞、三臂两溪水，分布之衢巷，贮以桐船木槛，年必一易，使汲者输钱以治之。

六、桐蕈、桐皮面、梧桐饼、桐叶粑、桐叶粽

“蕈”是生长在树林、草地上的高等菌类，能从土壤或朽木中汲取营养。宋代，台州的“台蕈”颇为有名，曹勋《山居杂诗九十首》其八十四：“台蕈甘擅名。”南宋陈仁玉撰有《菌谱》，这是世界上最早的食用菌专著，记载了浙江台州的11种菌菇。台州的“桐蕈”有盛名，周密《癸辛杂识》后集“桐蕈鳆鱼”条：

天台山所出桐蕈，味极珍，然致远必渍以麻油，色味未免顿减。诸谢皆台人，尤嗜此品，乃并舁桐木以致之，旋摘以供馔，甚鲜美，非油渍者可比。

桐皮面是宋代开封流行的一种小吃。《梦粱录》卷十六“面食店”、《都城记胜》都记载有“鱼桐皮面”。《东京梦华录》卷之四“食店”记有“桐皮面”“桐皮熟脍面”。赵万年《徐招干请吃鳜鱼桐皮》也有一则“桐皮”的资料：“檐外桃花片片飞，垂涎汉水鳜鱼肥。桐皮一作饥肠饱，似得精兵解虏围。”“桐皮”为何物，已难确知。伊永文先生案云：

桐皮面源自《齐民要术》卷九：酷似豚皮滑美之面。下桐皮熟脍面则为将制成豚皮切丝食用之面，或可备一说。[①]

“豚皮”即猪皮。按照伊永文先生的说法，“桐皮”为“豚皮”之音转，早已有之，《齐民要术》卷九：“豚皮饼法”：

汤溲粉，令如薄粥。大铛中煮汤；以小杓子挹粉著铜钵内，顿钵著沸汤中，以指急旋钵，令粉悉著钵中四畔。饼既成，仍挹钵倾饼著汤中，煮熟。令漉出，著冷水中。酪似豚皮。臑、浇、麻、酪任意，滑而且美。[②]

① 孟元老撰、伊永文笺注《东京梦华录》第432页，中华书局2006年版。
② “臑”通“胹”，煮烂的意思。

如果“桐皮”确实是“豚皮”之音转的话，那么“桐皮面”固然可以形容面皮光滑如“豚皮”，也很有可能就是今天很多人爱吃的皮肚面。

敦煌文献中记载了西北的面食，其中有“梧桐饼”。或以为“梧桐饼”象形梧桐树叶，高启安《释敦煌文献中的梧桐饼》一文则认为“梧桐饼”是用“胡杨泪”和面所制成的饼：

> 河西走廊以西都管胡杨称作梧桐树。胡杨喜欢生长在碱性的土壤里，它能分泌出从根部吸收的过多的碱，形成梧桐碱，人们形象地称作胡桐泪。在河西走廊的中部、西部，过去都分布有大片的胡杨林，现在还有零星的胡杨分布……生活在甘肃河西的敦煌、金塔、酒泉、民勤及内蒙古额济纳旗一带的人们，都有将梧桐泪采集来做饼的习惯。因为梧桐泪的主要成分为碱，而碱有中和酸和酥化面的作用，故不但做出来的饼味道相当好，而且起面的速度快，省去了不少发酵的时间。它的原理和用碱面或苏打面一样。至今，金塔及敦煌的部分人仍有以梧桐泪和面做饼的。因此，可以断定，敦煌文献P. 4909卷中“又造梧饼面壹斗”中的梧桐饼，只不过是用梧桐泪和面所造的饼。[①]

桐叶粑为湘西传统美食。此桐叶为油桐树叶而非梧桐树叶，梧桐易生速长，叶片虽大却单薄，而油桐树叶则比较肥厚。桐叶粑外裹桐叶，内为糯米等，蒸熟之后带有桐叶的天然清香。仫佬族的桐叶粽与桐叶粑原理相似。与苇叶、竹叶相比，桐叶宽厚且有韧性，易于折叠、捆扎。桐叶粽的制作略微复杂。首先把糯米浸泡、磨细，磨好后装进一布袋子中，用绳子吊挂起来，滤干水分。把芝麻舂碎成粉末，把桐叶和绑

① 高启安《释敦煌文献中的梧桐饼》，《敦煌学辑刊》1998 年第 1 期。

粽子的禾秆草用温水洗净、泡软。包粽子时先在桐叶上抹上一层猪油，撒一层芝麻粉，放上“糯米泥”，再撒上一层芝麻粉，根据个人口味加糖加盐后，用叶子四周包起来，用禾秆草绑紧，放到煮沸的锅里煮熟，捞起凉干，即可食用。桐叶粽形状扁长，形似狗舌，又称为狗舌糍粑，松软而有弹性，鲜美可口，是仫佬族的风味美食，在中秋、秋社时作为祭品及赠送佳品。

七、桐布

桐布是古代的一种棉织品，其实也与梧桐无关，“桐布”之“桐”又作“橦”，在古代是指木棉树。我们看三则材料：

《广群芳谱》卷七十三引《广志》:“骠国有白桐木，其华有白毳，取其毳，淹渍缉织以为布。”

常璩《华阳国志·南中志·永昌郡》:“永昌郡，古哀牢国……有梧桐木，其华柔如丝，民绩以为布，幅广五尺以还，洁白不受污，俗名曰桐华布，以覆亡人，然后服之及卖与人。”

《后汉书》卷八六：“哀牢人……有梧桐木华，绩以为布，幅广五尺，洁白不受垢污。”

哀牢国的范围大致与东汉所设全国第二大郡的“永昌郡”辖地基本一致，即东起哀牢山脉，西至缅北敏金山，南达今西双版纳南部，北抵喜马拉雅山南麓。石声汉先生《明末以前棉及棉织品输入的史迹》认为:

当时在今日云南、缅甸边境上的居民，已经用木本棉花织布，植物名称是“桐”（或“橦”，见左思《蜀都赋》）。[1]

木棉树是典型的南方树种，从云南到两广、海南，再到福建都有分布。木棉纤维短而细软，不易被水浸湿，且耐压性强、保暖性强。

① 石声汉《明末以前棉及棉织品输入的史迹》，《陕西农业科学》1985年第2期。

从上引文献来看，中国古人以木棉纤维纺织起源很早。唐诗中仍有桐布或橦布记载，如：

桐布轻衫前后卷，葡萄长带一边垂。（李端《胡腾儿》）

桐木布温吟倦后。（皮日休《醉中即席赠润卿博士》）

汉女输橦布。（王维《送梓州李使君》）

橦布作衣裳。（王维《送李员外贤郎》）

虽然木棉纤维很早就用于纺织，但是宋元时期的“木棉”（木绵），又名“吉贝”，一般另有所指，就是指今天相当普遍的经作物“棉花”[1]。宋代明代以后，棉花普及，“桐布”就更不为人所知了。

---

① 参考漆侠《宋代经济史》第四章第一节“棉花的种植及其向江西、两浙诸路的传播”，中华书局2009年。笔者更补缀两种“木棉”（木绵）之区别。“木棉花”为木本，树身高大；“棉花”为草本，植株矮小。“木棉花”之“花”为红色，如方信孺《甘溪》“春尽踏青人不见，桄榔老大木棉红”；“棉花”之“花”（裂开的“棉铃”）是白色。“木棉花”开放是在春天，是典型的南方春天景物，杨万里《二月一日雨寒五首》其四“却是南中春色别，满城都是木绵花”；“棉花”绽白是在秋天。诗歌当中，颇具审美价值的“木棉花”比较常见，以实用价值见长的“棉花”比较少见。两者的取用方法有别。“木棉”纤维是果实纤维，附着于木棉蒴果壳体内壁，由内壁细胞发育、生长而成；“棉花”纤维是种子纤维，由种子的表皮细胞生长而成的，纤维附着于种子上。“木棉”纤维是“内蕴”的，“棉花”纤维是可以“外见”的。宋自逊将“木绵”之“有用”与芦花、杨花之“无用”进行对比，为“木绵”之寂寂无闻鸣不平，《看人取木绵》：“绿杨有花飞作絮，黄芦有花亦为絮。此絮天寒不可衣，但解随风乱飞舞。木绵蒙茸入机杼，妙胜春蚕茧中缕。均为世上一草木，有用无用乃如许。木绵有用称者稀，杨花芦花千古传声诗。”作为“木绵”参照物的杨花、芦花均为白色、均外露，这里的“木绵”也当具有此特征，当为“棉花”。艾性夫《木绵布歌》描写了“木绵布”的制作工艺：“吴姬织绫双凤花，越女制绮五色霞。犀薰麝染脂粉气，落落不到山人家。蜀山橦老鹄衔子，种我南园趁春雨。浅金花细亚黄葵，绿玉苞肥压青李。吐成秋茧不用缫，回看春箔真徒劳。乌鏐笴滑脱茸核，竹弓弦紧弹云涛。挼挲玉箸光夺雪，纺络冰丝细如发……衣无美恶暖则一，木棉裘敌天孙织。”“浅金花细亚黄葵，绿玉苞肥压青李”句来是描写“棉花”的花、果特征。然而，艾性夫诗中的“蜀山橦老鹄衔子”却有点概念混乱，在古代“橦”为“木棉花”之简称。

第六章　梧桐"朋友"研究

在现实应用与文化象征中，梧桐与梓树、楸树、柏树、竹子结成了"盟友"，往往"联袂"出现。此外，刺桐、赪桐、油桐、杨桐、海桐、胡桐、臭梧桐、拆桐等都有"桐"名。无论是其"实"相类，或者是其"名"相似，它们都是梧桐的"朋友"。《荀子·性恶篇》"不知其子，视其友"，《史记·张释之冯唐列传》"语曰：'不知其人，视其友'"，研究梧桐的朋友及其关系也可借以观照梧桐[1]。

第一节　桐梓·梧楸·桐柏

梧桐与梓树、楸树、柏树四种树木都是材质优良、树姿伟岸，具有卓尔不凡的人格象征意义。中国传统文化中，梧桐与梓树、楸树、柏树常常组合出现，它们之间有着相似的实用功能、文化内涵，先秦时期即"物以类聚"。桐梓是常用的琴材，象征着美好的品质、本性，《孟子》用来比喻养身之道。全国"桐梓"或"梓桐"的地名很多。梧楸亦是良材、人才的代称；梧楸叶落是秋天的典型物候。桐柏则一为阳木，

① 本章的部分内容以单篇论文的形式发表过，详参俞香顺《碧梧翠竹，以类相从——桐竹关系考论》，《北京林业大学学报》（社会科学版）2011年第3期；《"刺桐·赪桐·油桐"考论》，《中国农史》2011年第2期；《"杨桐·海桐·拆桐"文献考论》，《北京林业大学学报》（社会科学版）2012年第2期。

一为阴木，暗合于道教阴阳和合的观念，河南桐柏山、浙江桐柏山都是传统的道教圣地。

一、桐梓：古琴；养身；行道树；梓桐神；梓桐山；地名

梓树，为紫葳科梓属乔木植物。《诗经·小雅·小弁》：“维桑与梓，必恭敬止。”朱熹《诗集传》卷十二：“桑、梓，二木。古者五亩之宅，树之墙下，以遗子孙给蚕食、具器用者也。”梓有“木王”之称，且有丰富的文化象征意义。[①]梧桐与梓树并联是自然的“物以类聚”，二者均材质优良、树身高直、用途广泛。汉代的识字课本《急就篇》中桐、梓就是并联的。

（一）桐梓与古琴

《诗经·鄘风·定之方中》：“椅桐梓漆，爰伐琴瑟。”桐树与梓树均是优质的琴材，纹理细腻而通直，桐梓亦遂为古琴（或筝、瑟）之代称，我们看诗例：

鸣筝斫桐梓。（梅尧臣《送刘成伯著作赴弋阳宰》）

幽愤无所泄，舒写向桐梓。（楼钥《谢文思许尚之石函广陵散谱》）

空山产桐梓，拟作膝上琴。（谢翱《拟古寄何大卿六首》）

不过，桐与梓分用于不同的部位：琴面用桐材，琴底用梓材，所谓“桐天梓地”；瑟也是如此。《宋史·乐志十七》：“夔乃定瑟之制，桐为背，梓为腹。”“夔”是舜帝时候的音乐官。梧桐有“柔木”之称，密度很小；梓木则是硬木之代表，密度较大。二者的结合虚实相生、刚柔相济。明代谢章铤《赌棋山庄诗话续编》卷三：“武林吴素江，名景潮，得古琴于土中……刮磨三日，铭刻乃露。其文曰：‘东山之桐，西山之梓，

① 陈西平《梓文化考略》，《北京林业大学学报》（社会科学版）2010年第1期。

合而为一，垂千万古。'" 著名乐器制作理论家关肇元先生从声学原理作出了解释，《听音说琴》：

再说制作古琴的用材，自古是"桐天梓地"，就是面板用桐木，背板用梓树木，这样的搭配是符合声学原理的。从物理力学性质上看，桐木质轻，传声性强，是良好的乐器共振木材，也不易翘裂，易干燥和加工。北京钢琴厂曾在三角钢琴上试用桐木做音板，声音效果也好。背板用较硬的梓树木制作，构成坚实基底，有利面板振动。正如古人说："盖面以取声，底以匮声，底木不坚，声必散逸。"梓木的性质：性固定，收缩小，不裂翘，较耐腐，易干燥加工。这样取材也是科学合理的。①

（二）桐梓与养身

桐梓可以作为美好品行、人才的象征，这是基于两者的树形、材质、功能，《孟子·告子上》将桐梓与樲棘对比，以种树之道来阐说养身之道：

拱把之桐梓，人苟欲生之，皆知所以养之者。至于身，而不知所以养之者，岂爱身不若桐梓哉？弗思甚也。

体有贵贱，有小大。无以小害大，无以贱害贵。养其小者为小人，养其大者为大人。今有场师，舍其梧槚，养其樲棘，则为贱场师焉。

"槚"，亦作榎，《说文解字》："槚，楸也……楸，梓也。"古人经常楸、梓混同，但楸、梓实为二物。"樲棘"则指矮小、多刺的酸枣树，不堪材用。后代诗文中遂以桐梓为"仁者自爱"的比喻之具，如姜特立《寄题杨先辈雾隐》"衣锦贵尚褧，桐梓恶戕贼"、阳枋《回陆主簿贺生日诗》

① 关肇元《听音说琴》，《乐器》2002年第10期。

"须使爱之若桐梓"。魏了翁《书小学之后序》云：

> 然则是不几于爱桐梓而不思拱把之养，恶牛山之濯濯而不护萌蘖之生，虽有存焉者，寡矣。由小以至大，是学之所以成始而成终者也。[①]

"牛山濯濯"同样出自《孟子·告子上》。孟子的存养善性之说契合宋代的理学思维，所以"桐梓"之喻在宋代很流行。

（三）桐梓共生

桐、梓常处于共生状态，《山海经·东山经》卷四："又南水行七百里，曰孟子之山，其木多梓桐。"《山海经》的记载很难一一稽考，不知此处的"孟子之山""梓桐"是否受到《孟子》"桐梓"的影响。有一点大致可以确定，"孟子之山"确实与孟子故乡、齐鲁之境关系密切。谭其骧先生《论〈五藏山经〉的地域范围》认为："总括《东山经》地域范围，北起莱州湾，东抵成山角，西包泰山山脉，除二经南段大致到达今苏皖二省北境外，其余三经首尾全在今山东省境内。"[②]

桐、梓森耸高直、冠幅舒展、叶大荫密，是古代常见的行道树，《日知录》卷十二"官树"：

> 古人于官道之旁必皆种树，以记里至，以荫行旅……《续汉·百官志》："将作大匠掌修作宗庙、路寝、宫室、陵园土木之功，并树桐梓之类，列于道侧。"

《日知录》所引材料亦见于《通典》卷二十七、《艺文类聚》卷第四十九等；可见在汉代，桐、梓已经用为行道树。园林中栽植桐、梓则别饶气势，李

---

① 魏了翁《鹤山集》（《影印文渊阁四库全书》）卷五十一，上海古籍出版社1987年版。

② 谭其骧《长水粹编》，河北教育出版社2000年版。

格非《洛阳名园记》“丛春园”:“岑寂而乔木森然，桐梓桧柏皆就其列。”

（四）梓桐、桐梓地名

梓桐神、梓桐山的得名正是因为梓树与桐树在文化心理、现实应用等方面的密切关系，而且与二者的树木属性、文化属性相应。梓桐神是意气轩昂，梓桐山是高人所居。我们各看典籍中的记载一则。《太平广记》卷三〇二：

> 卫庭训，河南人，累举不第。天宝初，乃以琴酒为事，凡饮皆敬酬之。恒游东市，遇友人饮于酒肆。一日，偶值一举人，相得甚欢，乃邀与之饮。庭训复酬，此人昏然而醉。庭训曰:“君未饮，何醉也？”曰:“吾非人，乃华原梓桐神也。昨日从酒肆过，已醉君之酒。故今日访君，适醉者亦感君之志。今当归庙，他日有所不及，宜相访也。”言讫而去。

此处的梓桐神已经充分的“人格化”，带有王维《少年行》“相逢意气为君饮，系马高楼垂柳边”的盛唐气概；《太平广记》记载的这则故事也恰好发生在“天宝”年间。司马光《渑水燕谈录》卷四：

> 王樵，字肩望，淄川人也。性超逸，深于《老》《易》，善击剑，有概世之志。庐梓桐山下，称淄右书生，不交尘务。山东贾同、李冠皆尊仰之……李冠以诗寄之曰：“霜台御史新为郡，棘寺廷评继下车。首谒梓桐王处士，教风从此重诗书。”

梓桐山与王处士相得益彰；梧桐、梓树高洁出尘，望其“山”就可以想见其人。

全国以桐梓或梓桐为地名的颇为不少，或为沿革，或为新创；桐、梓的关系以及文化内涵、历史影响通过这些地名而折射、显现。笔者制作简表如下：

序号	省	市	县区	镇乡
1	贵州省	遵义市	桐梓县	
2	四川省	宜宾市	江安县	桐梓镇
3	重庆市		武隆县	桐梓镇
4	湖北省	黄冈市	蕲春县	桐梓乡
5	湖南省		衡阳县	桐梓乡
6	湖南省		常宁县	桐梓乡
7	安徽省		桐城县	桐梓乡
8	浙江省		淳安县	桐梓镇
9	四川省	达州市	达县	桐梓乡
10	贵州省	泸州市		桐梓路

注：本表难以囊括所有地名，有的“县”或许已上升成“市”。

二、梧楸：嘉树；人才；秋天；墓地

楸树与梓树一样，同为紫葳科梓属乔木植物，二者是近缘树木。中国古代典籍中的梓、楸往往难辨彼此，[1]文化内涵也是重叠的。本文为了论述方便，以“名”度“实”，也就是说，名为“楸”的，就姑且认为是楸树，因为如对梓、楸进行一一考辨的话，往往是理丝愈纷。

楸树质地致密、木质优良，应用广泛。古代的棋盘即一般用楸木制成，称为“楸局”。《齐民要术》卷五“种槐柳楸梓梧柞第五十”中就将梧、楸并列。梧、楸并称，可作为“嘉树”之代表，《孟子·告子上》“梧槚”已见上文，又如江休复《秋怀》“嘉树有梧楸”。梧、楸也可作为人才之美称，苏辙《思贤堂》“稍存楸梧高，大剪菰蒲秽”，这里用的就是《楚辞》的比兴手法，用楸梧比喻所“思”之“贤”才。

楸树树干通直、枝叶伸展，有“美木”之称，直到现在仍然是重要的绿化树。梧、楸很早就被栽植于园林之中、路途之旁。《述异记》：“吴王别馆有楸梧成林焉。”《洛阳伽蓝记》卷第一“修梵寺”：“寺北有永和里……皆高门华屋，斋馆敞丽，楸槐荫途，桐杨夹植，当时名为贵里。”

---

① 李朝虹《古代梓、楸考异》，《北京林业大学学报》（社会科学版）2007年第4期。

梧、楸树荫茂密，可以遮挡烈日，苏辙《端午帖子词》:“自有梧楸障畏日。”

梧、楸更多的是作为秋天的物候标记而被联系在一起，《楚辞·九辩》:“白露既下百草兮，奄离披此梧楸。”朱熹集注曰:“梧桐，楸梓，皆早凋。”梧、楸树叶凋零、枝干光秃是秋天的萧瑟之景：

> 楸梧早脱，故谓之秋……董子曰：木名三时，草命一岁，若椿从春，楸从秋……（陆佃《埤雅·释木》）

> 此木能知岁时，清明后桐始华，桐不华，岁必大寒。立秋是何时，至期一叶先坠，故有“梧桐一时落，天下尽知秋”之句。（陈淏子《花镜》）

陆佃释词常有王安石《字说》一类的臆说怪谈，难以为据；陈淏子也是玄而又玄，梧桐叶落的时刻恐怕不会如此精准。不过，我们却可以从此得出这样的判断：梧、楸树叶枯黄、陨落是秋天到来的标志。

> 露色已成霜，梧楸欲半黄。（鲍泉《秋日》）

> 至若松竹含韵，梧楸蚤脱；惊绮疏之晓吹，堕碧砌之凉月。（刘禹锡《秋声赋》[①]）

> （韦世康）与子弟书曰：“……今耄虽未及，壮年已谢，霜早梧楸，风先蒲柳。”（《隋书》卷四七）

> 立秋日，太史局委官吏于禁廷内，以梧桐树植于殿下，俟交立秋时，太史官穿秉奏曰：“秋来。”其时梧叶应声飞落一二片，以寓报秋意。都城内外，侵晨满街叫卖楸叶，妇人女子及儿童辈争买之，剪如花样，插于鬓边，以应时序。（《梦

① 董诰《全唐文》卷五九九，中华书局1991年版。

梁录》卷四“七月”[1])

此外，梧、楸往往还被栽植于陵寝、坟墓之旁，明代谢肇淛《五杂俎》卷十："古人墓树多植梧、楸，南人多种松、柏，北人多种白杨。"方一夔《清明二首》其一："汉世诸陵已古邱，悲风摵摵老梧楸。"艾性夫《悼亡》："愁绝梧楸烟雨地，藁砧百岁拟同归。"松、楸并称，用以代指墓地也很常见[2]。

三、桐柏：正气；阳木与阴木；河南桐柏山；浙江桐柏山

梧桐为落叶乔木、柏树为常绿乔木，二者在树形、叶形等外观上反差较大。《史记·龟策列传第六十八》"松柏为百木长"，梧桐的地位亦稍逊于柏树。梧桐是东方之木，是"阳木"；柏树则是西方之木，是"阴木"。宋人陆佃《埤雅》云："柏之指西，犹针之指南也。"然而，桐、柏均为中国古老的常见树种，而且二者在"内美"上颇多契合，早在《尚书》中，桐、柏就已经缔缘。桐、柏一为阳木，一为阴木，暗合于道教的阴阳和合之说。中国古代，河南桐柏山、浙江桐柏山都是道教名胜；在道教文化中，河南桐柏声名早著，而浙江桐柏在唐代后来居上。

（一）桐、柏相契

古人制作祭祀用的郁鬯酒时以柏木为臼、梧桐为杵，盖取柏木之香、梧桐之洁。《礼记·杂记》："鬯臼以椈，杵以梧。""椈"为柏的别称。孔颖达疏："捣郁鬯用柏臼、桐杵，为柏香桐白，于神为宜。""郁鬯"是古代的一种香酒，祭祀或礼宾之用。

服食为道家修炼方式之一，柏子、桐子均为服食之方，可以求得

---

① 宋代在立秋这一天有佩戴楸叶的风俗，我们再看几则诗歌中的例子。晁说之《秋》："前日家人带楸叶，求身强健更何求。"范成大《立秋二绝》其二："折枝楸叶起园瓜。"王十朋《立秋》："年衰怯戴楸。"

② 许浑《金陵怀古》："松楸远近千官冢，禾黍高低六代宫。""松楸"亦作"楸梧"。

长生：

《太平广记》卷四〇引《传奇》："……曰：'余初饵柏子，后食松脂……不及旬朔，肌肤莹滑，毛发泽润。未经数年，凌虚若有梯，步险如履地。飘飘然顺风而翔，皓皓然随云而升。渐混合虚无，潜孚造化……'古丈夫曰：'吾与子邂逅相遇，那无恋恋耶？吾有万岁松脂，千秋柏子少许，汝可各分饵之。'"

张元干《醉蓬莱》亦云："柏子千秋，丹砂九转，今宵长醉。"梧桐子具有神话原型色彩，桐子在后代也顺理成章地成为神仙、方外之士的食物，具有延年益寿、轻身益气的功能。《艺文类聚》卷第七十八引庾信《道士步虚词》："归心游太极，回向入无名。五香芬紫府，千灯照赤城。凤林采桐实，春山种玉荣。"《广群芳谱》卷四十八引《神仙传》："康风子服甘菊花、桐实后得仙。"

柏树、梧桐虽则一为阴木，一为阳木，但都禀受天地淳正之气，《陆氏诗疏广要》卷上之下引用王逸少的观点：

木有扶桑、梧桐、松柏，皆受气淳矣，异于群类者也。松柏冬茂，阴木也。梧桐春荣，阳木也。扶桑，日所出，阴阳之中也。

《太平御览》卷九五六引文略简。正是因为均为"天地之正气"所钟，所以二者相反而相成，可以比喻君子之人格。陈棣《次韵葛教授新辟柏桐轩》："柏桐有正性，梁琴岂其天……方依植坛杏，不羡干云梗。日哦二木间，妙意遗言诠。霜枝半摧剥，月影相回旋。后雕岁寒见，始华春意全。比德君无愧，五柳徒自贤。"

从上面的分析，我们可以看出，柏、桐的特质与道教的理论主张、行为方式是合拍的；而且，柏、桐联缀也暗合于道教阴阳和合的思想。

所以，“桐柏”之名虽或源起偶然，但是在后代却往往与道教有关。河南桐柏山、浙江桐柏山均是道教兴盛之地。

（二）河南桐柏山

《尚书·禹贡》两次出现了“桐柏”这一地名：“熊耳、外方、桐柏，至于陪尾……导淮自桐柏，东会于泗、沂，东入于海。”虽然远古茫茫、无从考证，但是我们大致可以推想，桐柏山之得名应当缘于山上桐柏共生的状态。《尚书》中所提到的桐柏山位于河南省、湖北省边境地区，是千里淮河的发源地，位于秦岭向大别山的过渡地带上。先唐诗文中的桐柏山大多是指作为“淮河之源”的桐柏山，如：

淮源比桐柏，方山似削成。（沈炯《长安还至方山怆然自伤诗》）

桐柏山，淮之首。肇基帝迹，遂光区有。（沈约《桐柏山》）

桐柏真，升帝宾。戏伊谷，游洛滨。参差列凤管，容与起梁尘。望不可至，徘徊谢时人。（梁武帝《桐柏曲》）

梁武帝作品中的“真人”已有仙游道教之趣。唐宋时期，桐柏山也往往与河南、淮河有关。我们各举一例。徐彦伯《淮亭吟》：“君不见可怜桐柏上，丰茸桂树花满山。”郑獬《淮上》：“桐柏山中草木灵，淮源潏潏绕山鸣。”河南桐柏山是道教福地之一，《洞天福地纪》之“七十二福地”之第四十四：“桐柏山。在唐州桐柏县，属李仙君所治之处。”唐代唐州治所在河南泌阳。中国现代史上，桐柏山更是作为革命老区而声名远扬。

20世纪20年代，桐柏山区的鄂豫皖革命根据地连续遭受国民党四次“围剿”；解放战争时期，刘邓大军挺进大别山，开辟了桐柏解放区，解放军桐柏军区第一军区机关设在桐柏山下新城李家沟（今湖北省随州市

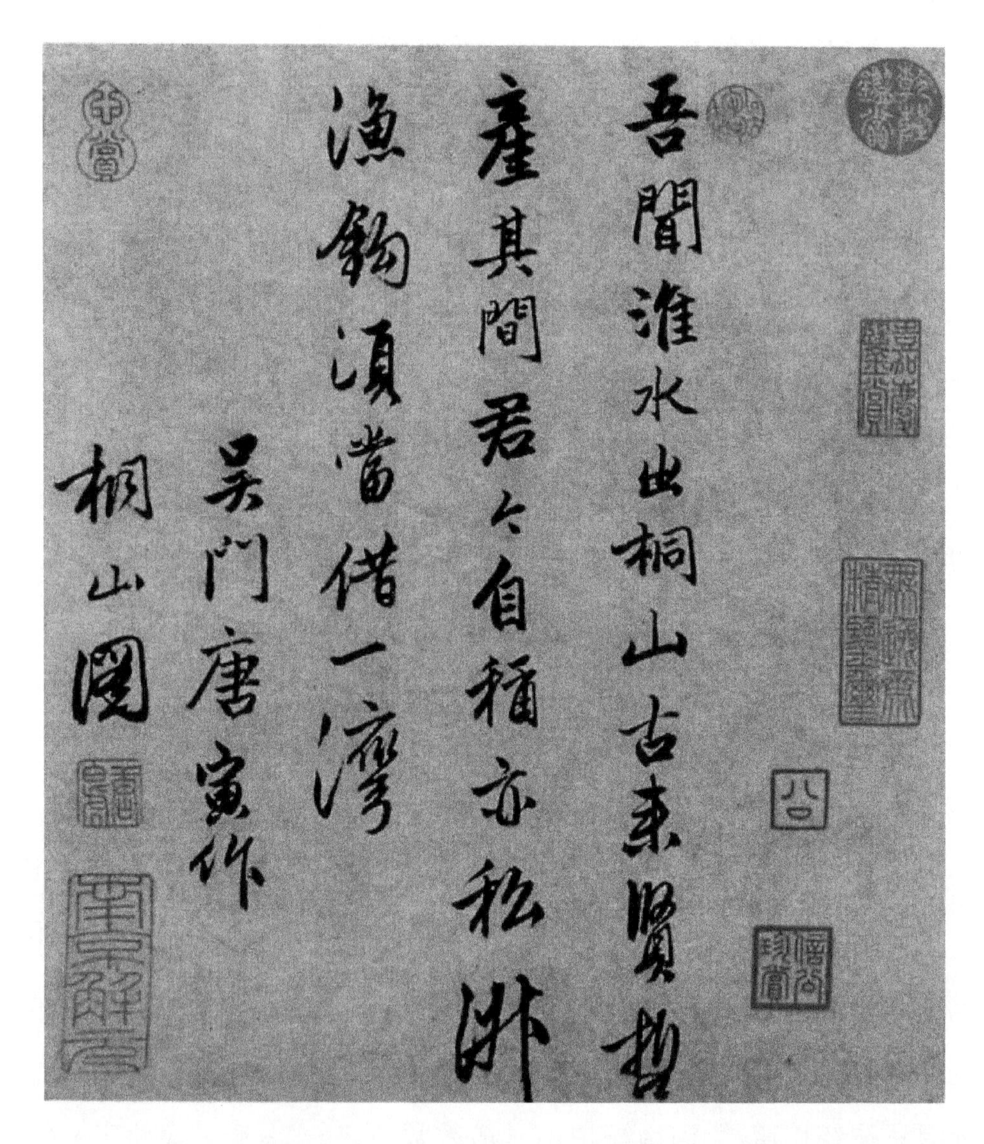

图 37 ［明］唐寅《桐山图》(局部)。《桐山图》为山水长卷,“桐山”即“桐柏山”。画面山川平远，近处崖壁数重，间植桐树，水流湍急；右边江面一望无际，远方一抹山峦。山为桐山，水为淮河。本幅左侧自题诗一首：“吾闻淮水出桐山，古来贤哲产其间。君今自称亦私淑，渔钩须当借一湾。吴门唐寅作桐山图。”原作现藏北京故宫博物院。图片及介绍文字来自《中国传世名画全集》(有声版)。

随县万和镇）。另外，河南桐柏县则有中共中央中原局、中原军区、中原行署驻地等旧址。

（三）浙江桐柏山

唐宋时期，浙江桐柏山的声望后来居上，尤其是在道教文化体系中，浙江桐柏的地位要远在河南桐柏之上。

浙江天台桐柏山因司马承祯而声名大著。司马承祯为道教上清派茅山宗第十二代宗师，与李白、贺知章、孟浩然、王维等人并称“仙宗十友”，曾隐居于天台山。唐睿宗景云年间，朝廷新筑桐柏观，桐柏山从此成为道教圣地。崔尚《唐天台山新桐柏观颂（并序）》记载桐柏山地形地势、历史沿革颇详：

> 天台也，桐柏也，释谓之天台，真谓之桐柏，此两者同体而异名……桐柏山高万八千丈，周旋八百里，其山八重，四面如一。中有洞天，号金庭宫……昔葛仙公始居此地，而后有道之士往往因之。坛址五六，厥迹犹在。洎乎我唐，有司马炼师居焉。景云中，天子布命于下，新作桐柏观。盖以光昭我元元之丕烈，保绥我国家之永祉者也……炼师名承祯，一名子徽，号曰天台白云。[①]

浙东观察副使元稹《重修桐柏观记》亦详细记述了桐柏观的历史、发展。[②]佛教谱系（“释”）中的“天台山”与道教谱系（“真”）中的“桐柏山”实质上是二位一体，析则为二，合则为一。唐代徐灵府《天台山记》是一篇珍贵的文献[③]，关于“桐柏”与“天台”的关

① 董诰《全唐文》卷三〇四，中华书局1991年版。
② 董诰《全唐文》卷六五四，中华书局1991年版。
③ 陆心源《唐文拾遗》卷五十，上海古籍出版社1990年版。

系论述颇详，不赘引。

唐宋诗歌中的桐柏山更多是指浙江天台境内之桐柏山：

桐柏山头去不归。（宋之问《送司马道士游天台》）

息阴憩桐柏，采秀弄芝草。（孟浩然《宿天台桐柏观》）

寄言桐柏子，珍重保之乎。（贯休《寄天台道友》）

兹山八百里，窈窕多奇迹。桐柏古洞天，金庭在其域。（左纬《次韵呈天台宰》）

未得归休桐柏去，每寻故老话台州。（曹勋《和双溪五首》其二）

非常遗憾的是，1958 年，随着桐柏水库建成蓄水，桐柏观址沉于水底。让人欣慰的是，2007 年，桐柏观在多方努力下举行了复建典礼。

不过，值得我们注意的是，浙江境内名为桐柏山者非止天台一处，宁海、会稽皆有。《太平寰宇记》卷九十六“桐柏山”条引夏侯曾先《志》云：“县有桐柏山，与四明、天台相连，属皆神仙之宫也。”这里的《志》是《会稽地志》之简称，鲁迅先生曾经辑入《会稽郡故书杂集》，并为之作序。《赤城志》卷四十：

是剡县、天台、宁海皆有桐柏。然《道经》云：“越有金庭、桐柏，与四明、天台相连。”《真诰》又云：“桐柏山，在剡、临海二县之境，一头在会稽东海际，其一头入海中。”然则山之绵亘如此，三邑接境，宜皆指为桐柏也。[1]

要言之，桐柏山位于浙江东南，与四明山、天台山相连，山脉绵延，难以断分，所以广义的桐柏山亦涵盖了部分的四明山、天台山。道教“洞天福地”体系中虽然没有明确出现浙江桐柏山，但与浙江东南、四明

① 陈耆卿《赤城志》（《影印文渊阁四库全书》）卷四十，上海古籍出版社 1987 年版。

天台相关者颇多。这一带以其群体优势而在道教文化中占有举足轻重的位置，如“十大洞天”之第六“赤城山洞”在唐兴县，即浙江天台；“三十六小洞天”之第九“四明山洞”在越州上虞县，第二十七“金庭山洞”在越州剡县；“七十二福地”之第六十“司马悔山”在浙江天台，因司马承祯而得名。[1]

“金庭山洞”应该就在桐柏山，崔尚《唐天台山新桐柏观颂（并序）》：“桐柏山高万八千丈，中有洞天，号金庭宫。”《太平寰宇记》卷九十六“桐柏山”条：“《灵柏经》云：‘上有桐柏合生，下有丹池赤水。’南岳真人云：‘越有桐柏之金庭，吴有勾曲之金陵。’”

可见，唐朝以后，在道教文化中，浙江桐柏山的声名其实要在河南桐柏山之上。

第二节　梧桐与竹子

梧桐具有丰富的实用价值与审美意义、象征意蕴。“物以类聚”，如果要在中国的植物谱系中为梧桐寻求一个“最佳拍档”的话，则非竹子莫属。竹子在中国分布非常普遍，英国的李约瑟称东亚文明为“竹子”文明。无论是在现实应用或还是在观念形态中，梧桐与竹子都密切相连，桐竹或梧竹已成为固定语词。

桐、竹在神话原型中并列出现，在日常生活中并列应用。桐竹是人格象征符号，从六朝到宋代，内涵渐趋丰厚、成熟。桐竹的人格象征意义不仅体现在文学作品中，也渗透于绘画、园林之中。桐竹是重

① 《读史方舆纪要》卷九十二：“县北十三里有司马悔山，为天台山后，《道书》以为第十六福地。唐时司马承祯隐此，就征而悔，因名。”

要的绘画题材、常见的园林景点。本节即围绕上述问题展开。

一、桐竹与凤凰

凤凰是中国的文化图腾，习性高洁，栖止于梧桐，以竹实为食。《艺文类聚》卷九十九引《韩诗外传》:“凤乃止帝之东园,集梧桐树,食竹食,没身不去。”《庄子·秋水》亦云：“南方有鸟，其名鹓雏，子知之乎？夫鹓雏，发于南海而飞于北海；非梧桐不止，非练实不食，非醴泉不饮。”成玄英疏：“练实，竹实也。”鹓雏是凤凰一类的鸟。

凤凰是祥瑞之征，“天下有道则现”，君王应该“修德以来之”。《魏书》卷二一下：

> 高祖与侍臣升金墉城，顾见堂后梧桐、竹曰：“凤凰非梧桐不栖，非竹实不食，今梧桐、竹并茂，讵能降凤乎？”勰对曰：“凤皇应德而来，岂竹梧桐能降？”高祖曰：“何以言之？”勰曰：“昔在虞舜，凤凰来仪；周之兴也，鸑鷟鸣于岐山。未闻降桐食竹。”高祖笑曰：“朕亦未望降之也。”

也就是说，桐竹是凤凰来仪的“必要条件”，而非“充分条件”。高祖其实是个明白人。

前秦的苻坚在灭掉后燕之后，慕容冲及其兄慕容泓在内的众多鲜卑慕容部人被迁往关中。慕容冲成了苻坚的娈童，与其姊清河公主同时被宠幸。《晋书》卷一一四：

> 初，坚之灭燕，冲姊为清河公主，年十四，有殊色，坚纳之，宠冠后庭。冲年十二，亦有龙阳之姿，坚又幸之。姊弟专宠，宫人莫进。长安歌之曰：“一雌复一雄，双飞入紫宫。”咸惧为乱。王猛切谏，坚乃出冲。长安又谣曰：“凤皇凤皇止阿房。”坚以凤皇非梧桐不栖，非竹实不食，乃植桐竹数十万株于阿

房城以待之。冲小字凤皇，至是，终为坚贼，入止阿房城焉。

这则记载有点谶纬色彩，总之，慕容冲并未逃脱苻坚之手。《北史》卷九十三、《魏书》卷九十五记载相似。

凤凰亦是贤才之喻。《豫章冠盖盛集记》："凤凰鹓雏翔于碧霄，非梧竹不下而食；贤人君子有四方之志，非乐国不适其土。"[1]崔珏《哭李商隐》其二："虚负凌云万丈才，一生襟抱未曾开。鸟啼花落人何在，竹死桐枯凤不来。"上面两个例子从正、反两个角度以凤凰与桐、竹的关系来比喻贤才与环境、条件之间的关系。

梧桐、竹子在中国文化中本就卓尔不凡，凤凰原型意义更是提升了其内涵与品格。借用索绪尔语言学的术语，梧桐与竹子共同构成了一个"能指"，其"所指"则是凤凰；借用中国古典哲学的概念，梧桐与竹子共同构成了一个"象"，凤凰则是"象外之象"。中国古人在居住地种植梧桐、竹子，除了营造清幽环境之外，也往往基于两者的"所指""象外"功能，有托物明志之意。

二、桐竹的广泛应用：音乐；子嗣；丧葬；祝寿

除了神话原型之外，桐、竹在现实应用、文化生活等方面都有着广泛的并联。本节不可能一一铺展，权且择取四个方面略作陈述，以窥一斑。

（一）桐竹与音乐

管乐与弦乐是中国传统乐器的两大类。管乐器多以竹子制成，弦乐器多以桐木制成。管乐、弦乐音声相合，桐、竹也以"乐"缔缘。

"孤桐"与"孤竹"分别出自《尚书》与《周礼》，指特生之桐与特生之竹，后遂为琴与笛之美称。在经典注疏中，"孤桐"与"孤竹"

① 《江西通志》（《影印文渊阁四库全书》）卷一二二，上海古籍出版社 1987 年版。

互为转注、互相印证。先看“孤桐”。《尚书·禹贡》:“峄阳孤桐。”孔安国传曰:“孤，特也。峄山之阳特生桐，中琴瑟。”《尚书全解》卷八:“孤桐者，特生之桐，可以中琴瑟也……必以孤桐者，犹言孤竹之管也。”再看“孤竹”。《周礼·春官·大司乐》:“孤竹之管，云和之琴瑟，云门之舞，冬日至，于地上圜丘奏之。”郑玄注:“孤竹，竹特生者。”贾公彦疏:“孤竹，竹特生者，谓若峄阳孤桐。”

葛洪《抱朴子·博喻》则以孤桐、孤竹共喻一理:“峄阳孤桐，不能无弦而激哀响；大夏孤竹，不能莫吹而吐清声。”我们再看音乐中桐、竹并称之例:

华筵鼓吹无桐竹，长刀直立割鸣筝。(李贺《公莫舞歌》)

舞席泥金蛇，桐竹罗花床。(李贺《感讽六首》)

嗟万物之殊观，莫比美乎音声。总众异以合体，匪求一以取成。虽琴瑟之既丽，犹靡尚于清笙。尔乃采桐竹，翦朱密……(《艺文类聚》卷第四十四引夏侯淳《笙赋》)

(二)桐竹与生殖崇拜

桐、竹都易生速长，桐枝的叉生名为“桐孙”，竹根的萌蘖名为“竹孙”，《周礼》郑玄注曰:“孙竹，枝根之末生者也，盖桐孙亦然。”带有笋芽的竹编则名为竹祖或竹母。桐孙与竹孙往往联类而及，如杜牧《川守大夫刘公早岁寓居敦行里肆，有题壁十韵》“林繁轻竹祖，树暗惜桐孙”、戴复古《思归二首》:、“是处江山如送客，故园桐竹已生孙”。

古人常用桐、竹以比喻子嗣繁衍，一则取喻于树枝，一则取喻于根系。这是植物崇拜与生殖崇拜的结合，如魏了翁《次韵黄侍郎生子》:“芝兰庭殖殖，梧竹厦渠渠。”上文所引的戴复古“故园桐竹”句也很有可能是语带双关。民间仍然孑遗桐、竹崇拜，马席绍《石海茶湾苗族礼俗》：

途中，押礼者还要在路边扯一株有根、有枝、有尖的小竹和取一根完整的桐枝带到男方家去，在交接礼仪时，作为象征物，预祝男女童子结发，百年共枕，养儿育女，大发其昌。(《兴文县文史资料》“风景旅游名胜专辑”第十七辑)

正是因为梧桐、竹子在本体之上不断叉生、萌蘖，如同新生，佛教常用来演说“不生不灭”的佛理：

非吾独了西来意，竹祖桐孙尽入玄。(释延寿《山居》)

竹祖摇风而自长，桐孙向日而潜荣。(《卍新纂续藏经》No. 1231《心赋注》卷一)

竹祖桐孙，世食其德；大劫不坏，缘缘空寂。(《卍新纂续藏经 》No. 1599《永明道迹》)

（三）桐竹与丧葬制度

古代在丧葬中有持杖之制，父丧持竹杖，母丧持桐杖。《礼记正义》卷三十二“丧服小记第十五”：“苴杖，竹也。削杖，桐也。”苴杖是未加工的竹杖，削杖是削制的桐杖。《仪礼》《白虎通义》记载类似，民间也有古风存留。前文已有关于“桐杖”的考述，此处不展开。

我们看一则小说中的材料，《太平广记》卷二七九引《大业拾遗记》：

大业中，有人尝梦凤鸟集手上，深以为善征，往诣萧吉占之。吉曰：“此极不祥之梦。”梦者恨之，而以为妄言。后十余日，梦者母死。遣所亲往问吉所以，吉云：“凤鸟非梧桐不栖，非竹实不食，所以止君手上者，手中有桐竹之象。《礼》云：‘苴杖竹也，削杖桐也。’是以知必有重忧耳。”

（四）桐竹与祝寿

寿词是宋词的一个重要类型，总体来看，文学价值不高，但却有社会风俗、文化心理方面的认识价值。寿词喜庆、祥和，桐、竹是寿词中的常见植物意象。桐、竹寿命均较长，而且老树新枝、繁衍生息，这切合祝寿时对长者的祝愿；桐、竹均有祥瑞色彩，与凤凰的“结缘”更为之增色加码,这切合祝寿时的场景气氛。此外,桐、竹均是人格象征，宋朝时，它们已经成为固定搭配，内涵亦已成熟。我们看宋代寿词（含一首寿诗）：

> 前庭梧竹，后园桃李，无限春风。（洪咨夔《眼儿媚》“寿钱德成”）
>
> 九帙元开父算，六甲更逢儿换，梧竹拥檀栾。（魏了翁《水调歌头》）
>
> 木兰归海北，竹梧侵户碧。（邓剡《霜天晓角》“寿文文溪，时守清江”）
>
> 临安记、龙飞凤舞，信神明有后，竹梧阴满。（刘过《四犯翦梅花》“上建康钱大郎寿”）
>
> 维此十月，物宝全富。雪梅在岭，霜菊盈圃。梧竹之高，椿松之固。剩馥郁芬，古根盘踞。我公之寿，此未足谕。峻峙精神，蜀江庐阜。（叶巽斋《十月》）

音乐在政治教化、精神世界、娱乐生活中都占有重要的地位。丧葬制度、生殖崇拜是“死生事大”，寿辰则是人生重要的纪念日。桐、竹在中国人的日常生活中几乎是无所不在地并存。

三、桐竹人格象征的内涵分析：风度；节操；儒道互补

梧桐与竹子都是中国文化中的“比德”植物，两者的“精神联盟”

基于生物共性。桐竹是清朗不俗、直节不屈人格的象征，具有“清”“贞”和合的特点。唐代白居易赋予梧桐、竹子以“孤直”内涵；宋人以桐竹为师友，陈翥则以“桐竹君”自号，桐竹完成了人格象征符号的铸塑；元代杨维桢另辟蹊径，发现桐、竹的互补性，用以指导人生。

（一）碧梧翠竹与潇洒风度

桐、竹的主干修直耸拔，枝叶疏朗通透，表皮光滑，颜色青翠，有着潇洒之姿、出尘之韵。《世说新语》常以自然树木类比人物的风姿神韵，《赏誉》篇中王恭以“清露晨流，新桐初引”赞美王忱，《任诞》篇中王子猷命人种竹，曰“不可一日无此君”。六朝时期，梧桐、竹子精神相应，唐代的韩愈则“成人之美”，顺理成章地将梧、竹并称，《殿中少监马君墓志》:“退见少傅，翠竹碧梧，鸾鹄停峙，能守其业者也。”梧桐与竹子在形、色方面具有相似性，而且在中国文化中“并驾齐驱”，由来已久，“碧梧翠竹”成为品鉴、评议人物的经典意象。

翠竹碧梧之韵度。（文天祥《贺前人改除湖北漕，兼知鄂州》[①]）

碧梧翠竹闻家子，琼树瑶林物外人。（洪朋《挽刘六咸临》）

久不见碧梧翠竹之姿，每于月白风清，辄深神往。（许思湄《与赵南湖书》[②]）

“碧梧翠竹”所展示的是桐、竹的“清”性，所拟似的也是“清流”人物的俊朗风神。我们发现，同一语境下的其他意象、典故也往往来自《世说新语》，洪朋诗作的下联即用《赏誉》篇典故：“王戎云：太尉神姿高彻，如瑶林琼树，自然是风尘外物。”

① 文天祥《文山集》(《影印文渊阁四库全书》)卷九，上海古籍出版社1987年版。
② 许葭村《秋水轩尺牍》，湖南文艺出版社1987年版。

我们再看两例。韩元吉《赵仲缜梅川》:“前松后梧竹,左桂右兰芷。”杨万里《豫章王集大成惠“我思古人，实获我心”八诗谢以五字》:“故家富彦士,梧竹映芝兰。”“兰芷”或“芝兰”用《世说新语·言语》典故:“谢太傅问诸子：‘子弟亦何预人事，而正欲使其佳？’诸人莫有言者，车骑答：‘譬如芝兰玉树，欲使其生于阶庭耳。’”

（二）**梧桐、竹子与品格节操**

桐、竹均高耸挺直,很少欹侧旁逸,象征士大夫挺立、端直的节操、人格：

结庐桐竹下，室迩人相深……奇声与高节，非吾谁赏心。（张说《答李伯鱼桐竹》）

赵师回……依正斋之西，辟小轩，手种梧竹，名以持节。（《浙江通志》卷四十六“持节轩”）

盘飧息万虑，竹梧凛相看。清阴交蔽芾，直节不可干。斯来结三友，欲去复盘桓。（林观过《游宝相院》）

有别于上面所论述的“清”性,这里所展示的是桐、竹的“贞”姿。特别值得一提的是白居易,他分别明确赋予了桐、竹“孤直”的人格内涵,这在“朋党”之患渐显的中唐时期具有警世意义;而且,他还由表及里,发现了桐、竹“虚心”的共性。白居易的发现与赋予加固了桐、竹之间的联系。《云居寺孤桐》:“四面无附枝，中心有通理。寄言立身者，孤直当如此。”《酬元九对新栽竹有怀见寄》:“昔我十年前,与君始相识。曾将秋竹竿，比君孤且直。中心一以合，外事纷无极。”

（三）梧桐、竹子人格象征的成熟：宋代陈翥自号“桐竹君”，文人以桐竹为师友

宋代，随着儒家思想的复兴、道德意识的高涨，花木“比德”达到了高峰。桐、竹集“清”性、“贞”姿于一体，文人或以为字号，或以为师友，体现了人格自砺与人伦相亲。

宋代陈翥著有《桐谱》，这是世界上最早的泡桐专著。他自号“桐竹君”，并以诗明志、宣言，《桐竹君咏》：

> 吾年至不惑，命乖强仕，埙篪不合，遂成支离。始有数亩之地于西山之南，乃植桐与竹。伯仲皆窃笑之，以为不能为农圃之事。而不知吾无锥刀之心，不迫于世利，但将以游焉而至其中，休焉而坐其下。可以外尘纷，邀清风，命诗书之交，为文酒之乐，亦人间之逸老，壶中之天地也。乃自号“桐竹君”，又为之咏云……高桐凌紫霞，修篁拂碧云。吾常居其间，自号桐竹君。不解伤俗利，所希脱世纷。会交但文学，启谈皆典坟。吁嗟机巧徒，反道胡足云。[1]

陈翥远离世俗，尚友同道，成为桐竹人格意义的“形象代言人”。

宋人花木审美的一个重要特点就是建立了亲和亲近的人、物关系，以花木为师为友，与花木如兄如弟，洪咨夔《挽章冠叟》:“梧竹自师友，梅矾皆弟兄。”上文所引的林观过《游宝相院》:“斯来结三友”则是置身桐、竹之列，忘形尔汝。再如汪莘《梧竹亭》：

> 君不见梧君昔在岐山上，开花与凤作屏障。又不见竹君昔在渭水阳，结实与凤充糇粮……君家甲第连朱扉，碧梧翠竹相因依。千年老凤叹何在，一旦下集增光辉。梧君竹君喜相遇，凤兮凤兮君且住……

① 埙、篪皆古代乐器，二者合奏时声音相应和，因常以“埙篪”比喻兄弟亲密和睦，《诗·小雅·何人斯》:“伯氏吹埙，仲氏吹篪”，“埙篪不合”则指兄弟不和。

作者采用呼告的方式直呼梧桐、竹子为“君”，桐、竹也充分拟人化。

（四）梧桐、竹子人格象征的流变：元代杨维桢以梧桐之“觉之灵”与竹子之“操之特”体现了儒道互补的理念

元代末年，昆山顾瑛建造“玉山草堂”，为东南文人聚集、酬唱之渊薮；“玉山雅集”是可以方驾东晋“兰亭集会”、北宋“西园雅集”的文人盛会。“碧梧翠竹堂”为“玉山草堂”的中心建筑，杨维桢、高明均有记文。此前的桐、竹并称多着眼于其共性，如色泽、姿态。杨维桢则另具只眼，发现桐、竹的“互补性”，这种“互补性”体现了元代文人儒道交渗的心理结构、错综复杂的心态特点，这在封建社会具有普遍性。杨维桢《碧梧翠竹堂记》：

> 仲瑛爱花木、治园池……而于中堂焉，独取梧竹，非以梧竹固有异于春妍秋馥者耶？人曰：“梧竹，灵凤之所栖食者，宜资其形色为庭除玩？”吁！人知梧竹之外者云耳。吾观梧之华始于清明，叶落于立秋之顷，言历者占焉，是其觉之灵者，在梧而丝弦琴瑟之材未论也。竹之盛于秋，而不徇秋零，通于春，而不为媚，贯四时而一节焉，是其操之特者，在竹而篴筒笙篪之器未论也。《淮南子》曰：“一叶落而天下知秋。”吾以《淮南子》为知梧。记《礼》者曰：“如竹箭之有筠。”吾以记《礼》者为知竹。然则仲瑛之取梧竹也，盍亦征其觉之灵、操之特者……子韩子美少傅之辞曰：“翠竹碧梧，能守其业者也。”徒取形色之外，而不得其灵与特者，未必为善守。①

桐花清明应期而开、桐叶立秋应期而落，是“觉之灵”者；竹子

① 杨维桢《东维子集》（《影印文渊阁四库全书》）卷十七，上海古籍出版社1987年版。

四时常青、不改其色，是“操之特”者。所谓“知几其神乎”，前者合于道家的“达生”之道；“独立不迁”，后者合乎儒家“吾道一以贯之”的精神气节。至于梧桐与竹子的形色，那只是“表象”者；至于梧桐与竹子的器用，那更是“粗浅”者。中国传统的士大夫一直在“仕”与“隐”之间纠结，由于政治因素、民族关系等，这一组矛盾在元代文人身上尤其凸显。元代文人的生活方式颇有吊诡意味，么书仪《元代文人心态》指出：

> 元朝文人……在不能“济世”时，仍然要捡起隐居以“励世”的破旗，于是创造了这种非隐非俗、半隐半俗、亦隐亦俗、名隐而实俗的隐逸形态。①

杨维桢对于“碧梧翠竹”的理解已经偏离了韩愈所赋予的风神俊朗之义，但却“反常合道”，折射了元代的时代精神，也丰富了桐竹的人格喻义。

四、桐竹人格象征的泛化体现之一：桐竹与绘画

桐竹不仅是文学意象，也是文化符号。桐竹的人格象征意义固然彰显于文学领域，但同时弥散于绘画、园林等艺术领域。宋元以来，中国绘画渐入“有我之境”，文人注重笔墨意趣，表现人格襟怀。②“诗画一律”，绘画也成为文人的陶写之具。

梅、兰、菊、荷等“比德”花卉都是绘画常见的题材、景物，桐、竹亦不例外。元代人特别喜爱“桐阴”题材，李日华《六研斋笔记·三集》卷三：“元人喜写《桐阴高士图》。子久、叔明、云林、幼文俱有之。”元代更是中国墨竹画的鼎盛期。赵孟頫、柯九思、吴镇等均是个中高手。

---

① 么书仪《元代文人心态》第 244 页，文化艺术出版社 2001 年。

② 李泽厚《美的历程》第 170—176 页，中国社会科学出版社 1992 年。

图 38 ［元］倪瓒《梧竹秀石图轴》（现藏北京故宫博物院）。

竹子除了与“岁寒三友”“四君子”中的花木搭配之外，桐竹组合也很常见。张丑之《书画舫》云:“倪元镇《碧梧翠竹图》，笔势苍劲，草草而成，绝不类其平时细描轻染，略施浅色点缀，乃知此老胸中无所不有耳。”“草草而成”即倪瓒《答张藻仲书》所云：“仆之所谓画者，不过逸笔草草，不求形似，聊以自娱耳。”[①]倪瓒有《梧竹秀石图》传世，现藏北京故宫博物院，也是笔墨疏疏而神气自全。画面自题：

贞居道师将往常熟山中，访王君章高士，余因写《梧竹秀石》奉寄仲素孝廉，并赋诗云：高梧疏竹溪南宅，五月溪声入坐寒。想得此时窗户暖，果园扑栗紫团团。倪瓒。

自题画作、诗画相得益彰也是文人画的一个标志。此外，他还有《梧竹草亭图》，《为潘仁仲写梧竹草亭》诗云：“翠竹萧萧倚碧梧，一亭聊以赋闲居。”[②]

明代“吴门四杰”中的沈周、仇英均有桐竹题材作品。《石渠宝笈》卷十七著录仇英《碧梧翠竹图》；江珂玉《珊瑚网》卷三十八有沈周自题“梧竹”诗：“画了梧枝又竹枝，绿阴如水墨淋漓。”从沈周的题诗

① 倪瓒《清閟阁全集》（《影印文渊阁四库全书》）卷十，上海古籍出版社 1987 版。
② 倪瓒《清閟阁全集》（《影印文渊阁四库全书》）卷七，上海古籍出版社 1987 年版。

我们即可判断，其画为水墨画。《御定历代题画诗》卷七十三目录则有《题浦人画梧桐竹石》《题梧竹奇石图》《题浦舍人梧竹图》等。梧桐的树身画法是侧笔“横皴”，竹子的竹竿画法是纵向勾勒，两者的用笔方式都和书法接近。赵孟頫在前人的基础之上提出了“书画同法”的观点，其自题《秀石疏林图》诗云：“石如飞白木如籀，写竹还应八法通。若也有人能会此，方知书画本来同。”元人关于“书画同法”的论述很多，而“桐竹图”则浅切著明地诠释了这一观点。“桐竹图”往往是一株梧桐、几竿修竹，笔致疏朗。桐、竹的枝叶集中在梢部，为了避免构图的“头重脚轻”，桐竹的根部往往点缀以“秀石”“奇石”。清奇、朴拙、灵秀的石头与桐、竹一样，也体现了文人不媚世俗的独立人格。

图 39　［明］仇英《梧竹书堂图轴》（现藏北京故宫博物院）。

五、桐竹人格象征的泛化体现之二：桐竹与园林

南朝时已有“规模化”的桐竹列种，或于土山之上，或于庄园之中，《南史》卷四十三：“豫章王于邸起土山，列种桐竹，号为桐山。武帝幸之，置酒为乐，顾临川王映：‘王邸亦有嘉名不？’”《梁书》卷二十五：“桃李茂密，桐竹成阴，塍陌交通，渠畎相属。”现代林学已经证明，桐、竹混种，能够提高产量。[1]豫章王列种桐竹为祈求嘉应；徐勉广栽桐竹或为绿化，或为经济效益，未必有深致、深意。

中唐以后，随着庶族官僚、文人地位的提升与“中隐”思想的流行，私家园林大量出现。梧桐、竹子是园林中不可或缺的景致，文人以此寄托尘外之思、修身自持的情志与理想，这是桐竹比德意义在生活、艺术领域的渗透、扩散。宋代刘敞在郓州营造的园林即有“梧竹坞”的景点，《东平乐郊池亭记》:“坞曰梧竹，亭曰玩芳，馆曰乐游……孟子曰:‘贤者而后乐此，不贤者虽有此，不乐也。’吾其敢自谓贤乎？抑亦庶几焉。”[2]作者引述先圣之言，充满了自信、自惬、自足。梅尧臣、刘攽均有酬和刘敞之作，梅尧臣《和刘原父舍人乐郊诗歌》“傍坞梧竹暗”、刘攽《和原甫郓州乐郊诗》“菱蕖乱幽芳，梧竹凝茂阴”。与刘敞在北方郓州修建“乐郊池亭”同时，苏舜钦则在南方苏州整治“沧浪亭”，其《郡侯访予于沧浪亭，因而高会，翌日以一章谢之》云:“荒亭俗少游，迁客心自爱。绕亭植梧竹，私心亦有待。”

宋代文人于园林庭院间、屋舍书斋旁普遍种植桐、竹，自有“远韵”“幽趣”。刘挚《寄题定州杨君园亭》:“隐不在山壑，名园抱南城。梧竹有远韵，泉石非世声。”葛胜仲《留二季父二首》:“虚堂梧竹饶幽趣，正好端居养智恬。”

元代文人依违于隐、俗之间，私家园林“于世间”“出世间”，正

① 梁仰贞《桐竹混交，桐荣竹茂》，《植物杂志》2000 年第 1 期；倪善庆《桐竹混交模式及栽培技术研究》，《江苏林业科技》1992 年 2 期；麻文礼《泡桐混交林混交效果分析及营造技术研究》，《福建林业科技》2002 年第 3 期。

② 《山东通志》（《影印文渊阁四库全书》）卷三十五之十九上，上海古籍出版社 1987 年版。

是他们最佳的归宿。若论在中国文学史上声名最著的元代私家园林，当推顾瑛的“玉山草堂”。“玉山草堂”具有强大的“向心力”，文人于此雅集、题咏、唱和。顾瑛将作品汇集成《玉山名胜集》等，《四库全书总目》提要评曰：

其所居池馆之盛，甲于东南，一时胜流，多从之游宴……元季知名之士，列其间者十之八九。考宴集唱和之盛，始于金谷、兰亭；园林题咏之多，肇于辋川、云溪；其宾客之佳，文辞之富，则未有过于是集者。

“碧梧翠竹堂”为“玉山草堂”的主要建筑之一，元末文人吟咏作品很多。杨维桢有记文，前文已经引用，此外，高明也有《碧梧翠竹堂后记》：

昆山顾君仲瑛，名其所居之室曰“玉山草堂”。筑圃凿池，积土石为丘阜，引流种树于中，为堂五楹，环植修梧、巨竹，森密蔚秀，苍缥阴润……乃名其堂曰“碧梧翠竹堂”……凡自吴来者，既夸仲瑛之美，则又必盛称梧竹之雅致……适袁君子英来自昆山，乃记其事以示子英，俾以遗仲瑛，且语之曰：“为我语仲瑛：君碧梧翠竹之乐，不易得也，第安之，他日毋或汩于禄仕，若余之不能久留也。”至正九年九月既望，永嘉高明则诚记。[①]

桐、竹所营造的静谧、清幽之境为文人钟爱，轩名“梧竹”者不

① 顾瑛《玉山名胜集》（《影印文渊阁四库全书》）卷三，上海古籍出版社 1987 年版。

图 40　［明］仇英《梧竹消夏图》。竹林中间有两人正在对话；近景是一凉亭，建于池塘之上，掩映于梧桐树阴之下，一人正持扇纳凉。原件现藏武汉博物馆，图片来自“昵图网”。

乏其人，如方氏、颜炳文、沈梦麟、徐兆英。[1]拙政园中有著名景点“梧竹幽居”。

明清时期，陈继儒、陈淏子等人对桐竹的景观效果进行了总结：

《小窗幽记》：“凡静室，须前栽碧梧，后种翠竹，前檐放步，北用暗窗，春冬闭之，以避风雨。夏秋可开，以通凉爽。然碧梧之趣，春冬落叶，以舒负暄融和之乐，夏秋交荫，以蔽炎烁蒸烈之气，四时得宜，莫此为胜。”

《花镜》：“藤萝掩映，梧竹致清，宜深院孤亭，好鸟间关。”

综上所述，神话原型中，梧桐与竹实分别为凤凰的栖止之所与食物。桐、竹在现实应用、文化生活等方面都有广泛的并联。桐、竹是弦乐与管乐的代称；桐孙、竹孙是生殖崇拜之物；桐杖、竹杖是母丧、父丧所持之杖；桐、竹是祝寿词中的常见意象。梧竹是“比德”意象，具有潇洒俊朗、节操高直的复合内涵，体现了“清”“贞”和合的特点。桐竹不仅是文学意象，而且是文化符号，是绘画的重要题材、园林的常见景点。

第三节　刺桐·赪桐·油桐

中国古代的“桐”是一个宽泛的概念，关于其分类一直是众说纷纭。一般而言，广义的梧桐主要是指泡桐（白桐）与梧桐（青桐）两类。

① 丁鹤年有《梧竹轩》“为凤浦方氏作”，见《鹤年诗集》（《影印文渊阁四库全书》）卷二；董佐材有《题颜炳文梧竹轩》，见《大雅集》（《影印文渊阁四库全书》）卷六；沈梦麟有《梧竹轩》，见《花溪集》（《影印文渊阁四库全书》）卷三；徐兆英有《梧竹轩诗钞》，光绪二十七年爱虞堂刻本。

前者为玄参科泡桐属，后者为梧桐科梧桐属，二者在形态上有诸多相似之处，最为常见。宋代陈翥《桐谱》则将“桐”分为六类：白花桐，紫花桐，梧桐，刺桐，油桐，赪桐。白花桐与紫花桐即为泡桐。从外部形态来看，后三者与泡桐、梧桐判然有别；从植物分类来看，后三者与泡桐、梧桐也是“风马牛不相及”。早在东晋时期，陶弘景《本草集注》即已将冈桐（油桐）与梧桐并列，陈翥则扩大了“阵营”。陈翥的分类法在后代被沿用，《佩文斋广群芳谱》卷七十三即将后三者附录于梧桐之后。简而言之，刺桐、油桐、赪桐与梧桐只是“名分”上的同类关系，而不具备亲缘关系。

刺桐是南方树木，刺桐花与大象、孔雀等组成了南国风情图；宋代，福建泉州已有“刺桐城”之名。刺桐花春末开花，颜色深红，形如鹦鹉之嘴，有“鹦哥花”的别称。刺桐先叶后花，民间用以预测年成。赪桐亦产于南方，赪桐花的花冠、花梗均为红色，形如珊瑚；花期从夏天一直延续到秋天，有“百日红”的别称。油桐是经济树种。油桐又名荏桐，但是荏油未必就是桐油。桐油可以防水，可以与石灰制成黏合剂。宋代开始，桐油烟被广泛用于制墨业。

一、刺桐：南国风情

刺桐，豆科刺桐属，落叶乔木，花形大，如蝴蝶，呈深红色，春季开花，适合做行道树或景观树，广东、广西、福建、海南、云南、四川、贵州等地均有栽植，是典型的南方树种。

《南方草木状》卷中：

> 刺桐，其木为材，三月三时布叶繁密，后有花赤色，间生叶间，旁照他物，皆朱殷然。三五房凋，则三五复发。如是者竟岁，九真有之。

言简意赅地介绍了刺桐的花色、花期以及先叶后花、接续开花的特点。“九真”即九真郡，中国古代地区名，在今天越南的中北部。《桐谱》“类属第二”：

一种，文理细紧而性喜裂，身体有巨刺，其形如梡树，其叶如枫，多生于山谷中，谓之刺桐。晋安《海物异名志》云：“刺桐花，其叶丹，其枝有刺。”凡二桐者，虽多荣茂，而其材不可入器用，乃不为工匠之所瞻顾也。

图41　刺桐花（网友提供）。

进一步描述了刺桐的树形、叶形。陈翥重实用而轻物色，所以对刺桐颇有不屑，“二桐”者另外还指油桐。

（一）刺桐的花期：上巳、春末夏初

苏轼《海南人不作寒食……》：“记取城南上巳日，木棉花落刺桐开。”“上巳”为三月初三，与《南方草木状》的记载契合。刺桐舒叶、开花是春末夏初季节，如马子严《孤鸾》“蓦地刺桐枝上，有一声春唤”、陈允平《有感》“燕子不归春渐老，东风开尽刺桐花”。这一时节也正是菜花盛开、麦子青绿之时，刺桐与它们共同组成了一幅田园风光图，如黄公绍《望江南》“思晴好，日影漏些儿。油菜花间蝴蝶舞，刺桐枝上鹁鸠啼。闲坐看春犁”、徐玑《永春路》“路行僻处山山好，春到晴时物物佳。秀色连云原上麦，清香夹道刺桐花”。

（二）刺桐的花色与花形：红色；鹦哥；蝴蝶

刺桐花色深红、光艳照物，王毂《刺桐花》有“林梢簇簇红霞烂”“秾英斗火欺朱槿”之句。刺桐树身高大、花势壮观，诗人常用烧、燃等字眼来形容视觉感受，如李畋《句》“烧眼刺桐繁”、黄公度《送陈应求推官》“刺桐古城花欲燃”。

屈大均《广东新语》卷二十五：

> 刺桐，花形如木笔，开时烂若红霞，风吹色愈鲜好，绝无一叶间之。有咏者云：“一林赤玉琢玲珑，艳质由来爱著风。日暮海天无暝色，满山霞作刺桐红。”

木笔即辛夷花，其未开之时，苞上有毛，尖长如笔，所以称“木笔”；刺桐花苞又如鹦哥的尖喙，所以刺桐花又有“鹦哥花”之别称。明代杨慎《升庵诗话》卷一：

> 近日云南提学彭纲《咏刺桐花》云：“树头树底花楚楚，风吹绿叶翠翩翩，露出几枝红鹦鹉。”亦风韵可爱也。刺桐花，云南名为鹦哥花，花形酷似之。

他还作有《刺桐花行》，小序云：

> 刺桐花……滇中名鹦哥花，花形酷似之。开以夏秋之交，

酒边率尔命篇云。[1]

不过，杨慎对于刺桐花的花期的认知可能有偏差，刺桐花开于春夏之交，而非“夏秋之交”。《云南通志》卷二十七“刺桐”则云：

> 一名苍梧树，高数丈，花开丹红，形如鹦嘴，俗名鹦哥，元江产者尤多。

刺桐花铺展开放时又如蝴蝶，风吹之下如蝶舞轻盈，而刺桐花的花形、花色、花香也吸引着蝴蝶。吴处厚《青箱杂记》卷六：

> 刘昌言……极有才思，尝下第作诗，落句云：“唯有夜来蝴蝶梦，翩翩飞入刺桐花。”后为商丘主簿，王禹偁赠诗曰：“年来复有事堪嗟，载笔商丘鬓欲华。酒好未陪红杏宴，诗狂多忆刺桐花。”盖为是也。刺桐花，深红，每一枝数十蓓蕾，而叶颇大，类桐，故谓之刺桐，唯闽中有之。

又如谢逸《虞美人》：“雁横天末无消息，水阔吴山碧。刺桐花上蝶翩翩，唯有夜深清梦、到郎边。”蝴蝶遁入刺桐花丛、飞舞刺桐花上可谓“得其所哉”，所以刘昌言、谢逸分别用来比喻乡思、相思。

（三）南国风情与南迁悲情：大象；孔雀；鹧鸪

刺桐花是典型的南方景物，对于北方人来说有着“陌生化”的审美效应。朱庆余《南岭路》：“越岭向南风景异，人人传说到京城。经冬来往不踏雪，尽在刺桐花下行。”刺桐花与大象、孔雀等同为南国风情，如李珣《南乡子》：“相见处，晚晴天，刺桐花下越台前。暗里回眸深属意，遗双翠。骑象背人先过水。”李郢《孔雀》：“越鸟青春好颜色，晴轩入户看咕衣……刺桐花谢芳草歇，南国同巢应望归。”

---

① 杨慎《升庵集》（《影印文渊阁四库全书》）卷三十九，上海古籍出版社 1987 年版。

南方虽美，对于北方人而言是“虽信美而非吾土兮”，李郢《送人之岭南》即云：“回望长安五千里，刺桐花下莫淹留。”“境由心造”，对于南迁之人来说，刺桐花等南方景物却是“触绪还伤”。陆粲《送陈太仆谪教海阳六首》：“大庾岭头日欲低，曲江祠前行客迷。一过韶阳倍惆怅，刺桐花里鹧鸪啼。”[①]所谓“恨别鸟惊心”，古人把鹧鸪的叫声拟为“行不得也哥哥”。鹧鸪与刺桐花的组合堪称“哀艳”。吕造《刺桐城》抒发怀古之幽情，也出现了鹧鸪、刺桐花，“闽海云霞绕刺桐，往年城郭为谁封。鹧鸪啼困悲前事，豆蔻香销减旧容”。

（四）刺桐与年成：“先叶后花”

《广群芳谱》卷七十三引《温陵郡志》：

> 温陵城，留从效重加板筑，植刺桐环绕之，其树高大而枝叶蔚茂，初夏开花，极鲜红，如叶先萌而花后发，主明年五谷丰熟。

刺桐“先叶后花”的特点正好和泡桐“先花后叶”相反。以刺桐花叶的展露顺序来推断年成是福建一带的民俗，苏颂《送句都官倅建阳》即云：“龙焙枪旗争早晚，刺桐花叶候灾穰。”[②]

有趣的是，在宋代王十朋与丁谓“隔空”唱起了“对台戏”。丁谓“入乡随俗”，借民俗以忧民，其《咏泉州刺桐》：“闻得乡人说刺桐，叶先花发始年丰。我今到此忧民切，只爱青青不爱红。”而王十朋《刺桐花》则云：“初见枝头万绿浓，忽惊火伞欲烧空。花先花后年俱熟，莫道时人不爱红。”不过，王十朋可能是故作翻案文章，在其潜意识里，对这

① 陆粲《陆子余集》（《影印文渊阁四库全书》）卷八，上海古籍出版社1987年版。

② 枪旗，茶叶嫩尖，芽尖细如枪，叶开展如旗。宋代建溪一带是著名的产茶区，所产茶叶称为“建茶”。茶叶制成小茶饼，往往印有龙凤团案，成为“龙凤团茶”。

一民俗还是“宁可信其有”的，其《夏四月不雨……》云：“刺桐抽叶张青盖，紫帽蒙霞丽锦笼。今岁家家定高廪，多苗宁复羡吴侬。”

（五）刺桐与泉州、苍梧郡

刺桐在南方分布很广，但是从花势来看，广西及广东的刺桐要逊色于福建刺桐。《太平广记》卷四〇六引《岭南异物志》：

> 刺桐，南海至福州皆有之，丛生繁茂，不如福建。梧州子城外，有三四株，憔悴不荣，未尝见花……

卷四〇九又引《投荒杂录》：

> 刺桐花，状如图画者不类，其木为材，三四月时，布叶繁密，后有赤花，间生叶间，三五房，不得如画者红芳满树。谪掾陈去疾，家于闽，因语方物。去疾曰：“闽之泉州刺桐，叶绿而花红房，照物皆朱殷然，与番禺者不同。乃知此地所画者，实闽中之木，非南海之所生也。”

刺桐是泉州的市花，最迟到晚唐时期，泉州刺桐就已经声名极盛，曹松《送陈樵书归泉州》云：“帝都须早入，莫被刺桐迷。”陈陶更是写了六首《泉州刺桐花咏兼呈赵使君》，其中有“只是红芳移不得，刺桐屏障满中都”之句。五代时期的留从效扩建泉州，踵事增华，遍植刺桐。黄仲昭《八闽通志》卷一《地理八》：“五代时，留从效重加版筑，绕植刺桐。”《温陵郡志》：“温陵城，留从効重加板筑，植刺桐环绕之。”而到了宋代，泉州就有“刺桐城”之名：

> 曾会《寄泉僧定诸》：“赤城山去刺桐城，还往都无一月程。”
>
> 赵令衿《泉南花木》：“偶然游宦刺桐城。”
>
> 黄公度《惜别行送林梅卿赴阙》：“刺桐城边桐叶飞，刺桐城外行人稀。”

刺桐是泉州人的骄傲，黄公度诗中的林梅卿就是“逢人说刺桐”（见林光朝《吏部尚书林公梅卿挽词》）。

前面已经提到，广西一带也有刺桐花。刺桐有“苍梧树”之别称，有人认为“苍梧郡”的得名即与刺桐有关，《岭南异物志》“刺桐”：

> 苍桐不知所谓，盖南人以桐为苍梧，因以名郡……梧州子城外，有三四株，憔悴不荣，未尝见花。反用名郡，亦未喻也。

这一说法很流行，如杨慎《刺桐花行》：“刺桐花，惟岭南及滇中有之。《异物志》曰：‘刺桐即苍梧，岭南多此物，因以名郡。’……”屈大均《广东新语》卷二十五：“或谓刺桐即苍梧。”《云南通志》卷二十七：“刺桐：一名苍梧树。”屈大均用语较谨慎，“或”未置可否。

作者赞同屈大均的态度。苍梧郡虽然设置于汉武帝元鼎六年（公元前111年），但苍梧地名却是古已有之，先秦典籍中经常出现，如《离骚》：“朝发轫于苍梧兮，夕吾至乎悬圃。”《山海经》中更是多次出现苍梧，《海内南经》：“苍梧之山，帝舜葬于阳，帝丹珠葬于阴。”《大荒南经》：“赤水之东，有苍梧之野，舜与叔均之所葬也。”又《海内经》：“南方苍梧之丘，苍梧之渊，其中有九嶷山，舜之所葬，在长沙零陵界中。”远古茫茫，难以稽考，很难断定苍梧就是刺桐。

二、赪桐：耐久红花

（一）赪桐之别名：贞桐、赭桐、山丹、山大丹

赪桐，马鞭草科赪桐属，又名贞桐，多年生或落叶小灌木，叶大柄长，分布于南方各省，适合盆栽。在刺桐、油桐、赪桐三种“桐”中，赪桐的“体型”最小，所以往往被视之为“草”；但是，其叶子却颇为阔大，“叶大柄长”正类似于“桐”，这大概也正是它有“桐”名的原因。我们看两则文献记载，《南方草木状》卷上：

贞桐花，岭南处处有，自初夏生至秋。盖草也，叶如桐，其花连枝萼，皆深红之极者，俗呼贞桐花，贞，音讹也。

《桐谱》“类属第二”：

一种，身青，叶圆大而长，高三四尺便有花，如真红色，甚可爱，花成朵而繁，叶尤疏，宜植于阶坛庭榭，以为夏秋之荣观，厥名真桐，亦曰赪桐焉。

赪桐是“夏秋之荣观”，《广群芳谱》卷四“天时谱”引用《瓶史月表》，赪桐是六月份的“使令”：

六月花盟主：莲花、玉簪、茉莉花；客卿：百合、山丹、山矾、水木樨；花使令：锦葵、锦灯笼、长鸡冠、仙人掌、赪桐、凤仙花。

赪桐亦为典型南方植物，尤其盛产于广东、福建，不过，早在中唐时期，李德裕即已在洛阳的“平泉山庄”中引种了赪桐，《平泉山居草木记》：“是岁又得钟陵之同心木芙蓉，剡中之真红桂，嵇山之四时杜鹃、相思紫苑、贞桐、山茗……”[①]

屈大均《广东新语》卷二十五记载的“山丹”“山大丹”或即赪桐：

山大丹……是花多野生，移至家园培养，乃益茂盛，故曰山丹。予诗：“山丹无大小，寸寸是珊瑚。”考宋徽宗赐此花名珊瑚林，黄圣年以为即“赪桐”。有句云：“花似彩丝堪续命，树惊榴火合中天。”其花开以端阳，开又最久，故云。

赪桐又名“赭桐”，“赪”与“赭”都是言其花色。丁谓《途中盛暑》：“满眼赭桐兼佛桑。”丁谓曾为福建采访使，“佛桑”与“赭桐”都为闽中景物。佛桑，即扶桑，唐段成式《酉阳杂俎续集·支植上》：“闽中多佛桑树。

① 董诰《全唐文》卷七〇八，中华书局1991年版。

树枝叶如桑，唯条上勾。花房如桐，花含长一寸余，似重台状。花亦有浅红者。”赭桐，即为赪桐。《广东新语》卷二十五：

> 山丹，一曰山大丹……予诗云：“愿君如山丹，花红至百日。”又云：“愿君似山丹，红颜得长保。一开三月余，黄落犹能好。”山丹或谓即赭桐，木棉即刺桐，盖岭南珍木多名桐，非桐而以为桐，亦犹水松非松以为松也。

而“山丹”即是赪桐之别名，从所描写的性状、花色来看，也大致与赪桐符合。

赪桐的花萼、花冠、花梗均为鲜艳的深红色，花期较长，《浙江通志》卷一〇四：“贞桐，《平泉草木記》：‘稽山之贞桐’，注：其花鲜红可爱，且耐久。”诗文描写大多以这两点为中心，赪桐也因之而有“珊瑚林”“百日红”之别称。

（二）“鹤顶”“珊瑚林”

《南方草木状》《桐谱》分别用“深红之极”“真红色”来形容赪桐花色，红、朱、丽等是描写赪桐的不二词选。即便是与石榴花、鹤顶等相比，赪桐也要胜出一筹，如：

> 守著赪桐不为香，翩如凤子往来忙。徘徊最爱真红色，摇曳偏垂五彩裳……（舒岳祥《同正仲赋赪桐彩蝶》）
>
> 厥草惟夭簇绛缯，新红初滴尚炎蒸。（方岳《赪桐花二首》）
>
> 朱草文明瑞，兹花上品朱……且贪颜色好，鹤顶似他无。（舒岳祥《咏赪桐花》）
>
> 石榴安敢拟柽桐，借问司花也不中。鹤顶丹砂猩血服，试评却有此来红？（张明中《柽桐二首》）

赪桐的更为特殊之处在于其花梗亦为红色。当花瓣即将凋落时，花梗的形色更为凸显，状如珊瑚，所以宋徽宗赐名为“珊瑚林”。舒岳祥《咏赪桐花》：“丽夺炎精盛，名霑御赐殊。”诗小注云：“此花徽庙赐名珊瑚林。”

我们再看《广群芳谱》卷七十三所引明代沈天孙的《赪桐》：“朱萼疑看九月枫，繁枝又借峄阳桐。丹须吐舌迎风艳，绛蜡笼纱照月空。西域应分安石紫，寝宫可作麦英红。绿珠宴罢归金谷，七尺珊瑚映水中。”“朱”“丹”“绛”“红”等字眼不厌其繁地描绘其颜色，“七尺珊瑚”则总体状其形色。

（三）“百日红”“耐久朋”

赪桐夏初开花，陆游《园中观草木有感》：“木笔枝已空，玉簪殊未花。赪桐时更晚，春尽始萌芽。”其花期一直延亘到秋天，几达半年之久，不仅远远超过了“十日红”，甚至达到了“百日红”。

张明中《柽桐二首》：“百花耐久说柽桐，选甚薰風秋雨中。谁道花无红十日，此花日日醉潮红。”“熏风”即为南风，指夏天。这首绝句和“竹溪雷公”的作品有相似之处，《娱书堂诗话》：

> 赪桐花，前辈少咏，竹溪雷公常赋云：“粲粲朱英叶似桐，熏风披拂到西风。迎秋送夏尝相见，谁道花无十日红。”器业远大，于此见矣。[1]

“百日红”是赪桐的别称，陆游《思政堂东轩偶题》：“唤起十年闽岭梦，赪桐花畔见红蕉。”自注：“赪桐，嘉州谓之百日红。”洪适《山居二十咏》“赪桐”亦云：“花涵百日红，色到三秋重。叶大好题诗，丛卑难集凤。”“叶大”为赪桐与梧桐的相似之处，“丛卑”则是与梧桐的不似之处。吕陶《绝句五首》“其一”也颇有相似之处：“可爱山花

① 赵与虤《娱书堂诗话》（《影印文渊阁四库全书》），上海古籍出版社 1987 年版。

百日红，南风开得到西风。一般颜色差长久，移取栽培后圃中。”此处的“百日红”亦当为赪桐，赪桐往往野生成片。

图 42　赪桐花（网友提供）。

正因为赪桐花期长，所以诗人引以为“耐久朋”[①]，方岳《赪桐花二首》:“西风坐阅芙蓉老，合是花中耐久朋。”

三、油桐：经济作物

油桐，大戟科油桐树。落叶乔木，4~5 月开花，果期 7~10 月；花后子房膨大，结球形核果；果内有种子 3~5 粒；种子具厚壳状种皮，宽卵形;种仁含油，高达 70%，桐油是重要工业用油。四川、贵州、湖南、湖北是今天中国的四大桐油产区，其他南方省份也多有油桐分布。油

① “耐久朋”指能够保持长期友谊的朋友，出自《旧唐书·魏玄同传》:“玄同素与裴炎结交，能保终始，时人呼为‘耐久朋’。”

桐是一种经济植物。

油桐之名在古代典籍、古典文学作品中比较少见，遍检《全宋诗》，只见一例，陈藻《归入古田界作》：“步步溪山胜，桥亭建剑风。土宜辞荔子，村坞尽油桐。”“古田”即今天的古田县，位于福建东北，为宁德市辖县；“建剑”即建瓯市一带，在福建省北部。油桐在福建分布比较广，明代《八闽通志》卷之二十五：

> 桐其种不一。今闽产大概有二：一种叶有三杈，结子如胡椒可食者曰“梧桐”；一种叶圆而末尖，二月开淡红花，子可压油者曰“油桐”。二种之中，惟油桐为多。梧桐间有之，然未见有结子？

《桐谱》“类属第二”简略描述了油桐的树形、果实以及实用价值：

> 一种，枝干花叶与白桐花相类，其耸拔迟小而不侔，其实大而圆，一实中或二子或四子，可取油为用。今山家多种成林，盖取子以货之也。

《佩文斋广群芳谱》卷七十三相对比较详细，介绍了油桐的别名、树形、花形、花色、花期以及毒性、具体应用：

> 冈桐，一名油桐，一名荏桐，一名罂子桐，一名虎子桐……树小，长亦迟，早春先开淡红花，状如鼓子花，实大而圆，每实中二子，或四子，大如大枫子，肉白味甘，食之令人吐。人多种之，取子作桐油，入漆及油器物舱船，为时所须……

油桐是“中国植物图谱数据库”收录的有毒植物，桐实尤甚。桐油在中国古代用途很广，今天有的方面已有替代品，有的方面则已鲜为人知。本文首先辨正“荏油”与桐油之别，然后简要介绍古代桐油的三种用途。

（一）荏油与桐油：荏油一般指白苏子油，而非桐油

油桐，又名荏桐；但是荏油未必就是桐油。程大昌《演繁录》续集卷五：

桐子之可为油者，一名荏桐。予在浙东，漆工称：当用荏油。予问荏油何种？工不能知，取油视之，乃桐油。

这条材料的可信度颇让人怀疑，或许在浙东民间，桐油确有荏油之俗称；但是，中国古代，荏油却历史更为悠久，另有所指。

"荏"是苏子的别称，属一年生草本植物，有紫苏和白苏之分，紫苏多药用，白苏可食用也可榨油。古代典籍中，单称"荏"一般指白苏，单称"苏"一般指紫苏。《尔雅》卷八"苏，桂荏"，《本草纲目·草三·苏》："曰紫苏者，以别白苏也。苏乃荏类，而味更辛如桂，故《尔雅》谓之桂荏。"

荏油即为白苏子油，可以食用，亦可为油漆，《名医别录》陶弘景注：

荏状如苏，高大白色，不甚香……笮（即榨）其子作油，日煎之，即今油帛及和漆所用者。

贾思勰著《齐民要术》卷三：

紫苏、姜芥、薰柔与荏同时，宜畦种……荏子，秋末成。收子压取油，可以煮饼。荏油色绿可爱，其气香美。为帛煎油弥佳。荏油性淳，涂帛胜麻油。

虽然陶弘景与贾思勰有"不甚香"或"香美"的细小分歧，但是对于其功用的认识却基本相同，熟荏油可以用作油料，制作油布。

（二）桐油可以防水，制作油布

中国古代的油布、油纸一般是在棉布、棉纸上涂上桐油，有防水作用，且干燥快、光亮、清香。油纸伞、轿子顶均是这种工艺，王质《栗

里华阳窝词》:“在我窝兮不可伤，竹竿瀌瀌桐油香，遮雨遮风遮夕阳。”自注：“山轿宜用紫竹、斑竹，以轻壮为良……纸、梧桐油为顶衣，以清滑为良。”此外，桐油也常常用于家具，由于其隔离效果好，更有防蛀作用：木材内的虫卵无法发育成型，外部的虫子也无法侵入其中。

（三）桐油与石灰可以制成黏合剂，填补缝罅

《广群芳谱》说桐油可以用于“艌船”，所谓“艌船”就是用桐油合石灰调制成黏合剂，填实船缝。《新元史》卷五四：

诸堰皆甃以石，范铁以关其中，取桐油，和石灰，杂麻枲，而捣之使熟，以苴罅漏。

《天工开物 · 石灰》：

凡灰用以固舟缝，则桐油、鱼油调厚绢、细罗，和油杵千下塞艌。

明朝初年，出于海运、防倭之需，造船业大兴，于是明太祖专门下旨在南京的钟山南麓圈建了漆园、桐园、棕园，《明一统志》卷六：“以上三园俱在钟山之阳。洪武初，以造海运及防倭，战船所用油、漆、棕悉出于民，为费甚重，乃立三园，植棕、漆、桐树各千万株以备用，而省民供焉。”同理，桐油、石灰黏合剂也被广泛地用于房屋建筑、家具制造等。

（四）桐油烟可以制墨

制墨的成分包括色料、胶合料与添加剂三种。从汉代到宋代，色料主要是松烟。而从宋代开始，桐油烟在制墨业中被采用，且颇受推崇[①]。宋代蜀中桐油烟制墨业比较发达，有名家“蒲舜美”。晁公溯《涪川寄蒲舜美桐烟墨来，试之良佳，因成长句》：

---

① 钱存训《中国纸和印刷文化史》第219—222页，广西师范大学出版社2004年。

西风吹林秋日白，修桐叶凋陨寒碧。霜余结实夙不至，野人取之出膏液。山中老翁颇喜事，买膏燃光归照室。旋收轻煤下玉杵，阴房掩翳烟不出。泽麋解角麝荐香，严冬折胶天与力。律灰吹尽无裂文，外干中坚介如石……[1]

介绍了桐烟墨的制作过程与质地。杨万里《试蜀中梁杲桐烟墨，书玉板纸》亦有一则关于蜀中桐烟墨的材料："子规乡里桐花烟，浣花溪头琼叶纸。"《全宋诗》中另有一则桐烟墨材料，产地则在安徽九华山，赵汝绩《墨歌》：

空山老桐劲如铁，英枝翦翦夜撑月。霜风著子涵玉膏，烈手崇朝剖融结……九华山下祝公子，颇以胶法成其名。相逢但问诗有几，以诗换墨两自喜。

《春渚纪闻》卷八"桐华烟如点漆"：

潭州胡景纯专取桐油烧烟，名"桐花烟"，其制甚坚薄，不为外饰以炫俗眼。大者不过数寸，小者圆如钱大。每磨研间，其光可鉴。画工宝之，以点目，瞳子如点漆云。

《云麓漫钞》卷十：

迩来墨工以水槽盛水，中列粗椀，然以桐油，上复覆以一椀，专人扫煤，和以牛胶揉成之，其法甚快便，谓之"油烟"。或讶其太坚，少以松节或漆油同取煤，尤佳。

从这两段材料我们可以看出桐烟墨具有取材方便、流程快捷、色彩光亮的优点，只是略嫌坚硬，但是小疵大醇，无妨其品质。陆友《墨

① 陆友《墨史》卷下："蒲大诏，阆中人，得墨法于黄鲁直，所制甚精，东南士大夫喜用。尝有中贵人持以进御，高宗方留意翰墨，视题字曰：'锦屏蒲舜美'。问何人，中贵人答曰：'蜀墨工蒲大诏之字也。'"

史》卷下采用了《春渚纪闻》中的这则材料。

图43　油桐花（网友提供）。

到了元代，桐烟墨更为普及，《清閟阁全集》中即有数则材料，卷三《赠陶得和制墨》："桐花烟出潘衡后"；卷三《题墨赠李文远》："义兴李文远，墨法似潘衡。麋角胶偏胜，桐花烟更清……"卷九《题荆溪清远图》："荆溪吴国良，工制墨，善吹箫，好与贤士大夫游……并以新制桐花烟墨为赠。"潘衡是北宋时的墨工，与苏轼有交往；"麋角胶"则是制墨的黏合剂。明代宋诩则将桐烟墨推为首佳，《竹屿山房杂部》卷七："墨取桐油烟为上，豆油烟次之。"

南宋时期，已有榨取桐油的小作坊。元代蒋正子《山房随笔》：

昔绍兴学正……至山中村舍，时暑行倦饥渴，入一野室，见数人捣桐油，一老下碓。

在油漆业发达的两浙、京西诸路，这类榨油作坊也是为数不少的，桐油也是市场上的一种商品[1]。

本节爬抉梳理了古代典籍中的相关记载，描述了刺桐、赪桐、油桐的物色、形状、功用，分析了其文化内涵。三者的地位固然不能方驾于梧桐，但或以审美价值，或以实用价值，皆有以自立。而且直到现在，刺桐、赪桐依然是重要的行道树、观赏树，尤其是在南方；桐油也是重要的工业植物油。“鉴古知今”，本文的论述对于更好地认识三者亦有一定的意义。

第四节　杨桐·海桐·臭梧桐 · 胡桐 · 折桐

正如谢弗在《唐代的外来文明》中所说：“在汉文中，将许多很重要但是却相互无关的树都称为‘桐’。”[2]中国古代的“桐”除了梧桐、泡桐之外，尚有不少。本节主要从古代诗文、植物志、花卉志中钩稽材料，简单论述杨桐、海桐、臭梧桐、胡桐、拆桐等桐类树木，辨正讹误，揭明价值。

一、杨桐：植物染料；祭祀用品

首先必须要辨正，古代所说的杨桐与我们今天所说的杨桐是两种植物，古代的杨桐虽曰“木”，其实更近于“草”。古代的杨桐树叶可以作为植物染料，明末清初方以智《物理小识》卷六：“凡栲、枫、桦、

① 漆侠《宋代经济史》第 673 页，中华书局 2009 年。

② 谢弗著、吴玉贵译《唐代的外来文明》第 402—403 页，中国社会科学出版社 1995 年。

乌桕、檗、杨桐皆可染。”不过，与栀子、杜鹃花、山矾以及上面所提到的其他植物染料的广泛应用不同，杨桐主要用于染饭。

杨桐叶饭起源于南方寒食民俗，融入了道家养生观念。杨桐染饭可能最早与清明、寒食的祭祀习俗有关，宋代范致明《岳阳风土记》即云“岳州四月八日取羊桐叶淅米为饭，以祠神及祖先”，“羊桐”即杨桐。道家赋予杨桐饭“青精饭”的美名，民间则因其颜色、材料，直呼为“乌桐饭”。而如果火候把握不好，“乌桐饭”还会成为烂饭，谢邁《青精饭三首》其二：“从来见说青精饭，晚遇真人隐诀中。长恨闻名不相识，那知俚俗号乌桐”；其三：“南人虽号乌桐饭，过熟翻成作淖糜。”明代彭大翼《山堂肆考》卷九引《零陵总记》：

> 杨桐叶、细冬青，居人遇寒食，采其叶染饭，色青而有光，食之资阳气，道家谓之“青精乾石䭀”，杜诗“岂无青精饭，使我颜色好”，郑畋诗“圆明青䭀饭，光润碧霞浆”。[①]

清代《广群芳谱》卷三引用《云阳杂记》：

> 蜀人遇寒食，用杨桐叶并细冬青叶染饭，色青而有光，食之资阳气，道家谓之“青精乾䭀食”。今俗以夹麦、青草捣汁和糯米作青粉团，乌桕叶染乌饭作糕，是此遗意。

明代高濂《遵生八笺》卷三记载与此相似。“云阳”在今天重庆境内，“零陵”在今天湖南境内。僧道以杨桐叶饭为布施，明代田汝成《西湖游览志》卷二十记载清明民俗：“僧道采杨桐叶染饭，谓之青精饭，以馈施主。”

关键问题是：古代的杨桐，今天的通称是什么？《本草纲目》认

① 关于“青精饭”，请参考阎艳《释“青精饭”》，《广播电视大学学报》（哲学社会科学版）2003 年第 2 期。

为杨桐就是“南烛”，“木部第三十六卷”：

图44　南烛（网友提供）。

（南烛）人家多植庭除间，俗谓之南天烛。不拘时采枝叶用……其种是木而似草，故号南烛草木……江左吴越至多……此木至难长，初生三、四年，状若菘菜之属，亦颇似栀子，二、三十年乃成大株，故曰木而似草也。其子如茱萸，九月熟，酸美可食。叶不相对，似茗而圆浓，味小酢，冬夏常青。枝茎微紫，大者亦高四、五丈，而甚肥脆，易摧折也……时珍曰：南烛，吴楚山中甚多。叶似山矾，光滑而味酸涩。七月开小白花，结实如朴树子成簇，生青，九月熟则紫色，内有细子，其味甘酸，小儿食之。按：《古今诗话》云：即杨桐也。叶似冬青而小，临水生者尤茂。寒食采其叶，渍水染饭，色青而光，能资阳气。又沈括《笔谈》云：南烛草木，本草及传记所说多端，人少识者。北人多误以乌臼为之，全非矣。今人所谓南天烛是矣。

“南烛”树叶长仅 2~6 厘米，符合古代关于杨桐“叶细”的描述，其功用也相吻合。“南烛”原属杜鹃花科，现属乌饭树科，为常绿灌木，有乌饭草、黑饭草等别称，而今天的杨桐则为山茶科杨桐属常绿乔木，叶革质，长圆形或长圆状椭圆形，树叶则达 8~15 厘米，杨桐广泛分布于华东、华南、西南。杨桐在中国民俗文化、宗教文化中具有特殊的功能，在日本有“神木”之称。捆扎成束、状如佛手的杨桐叶是祭祀供品，无论是寺庙或者家庭，都是常备品，需求量极大。近年来，中国东南沿海的农民把握商机，采摘、加工、出口杨桐叶已经成为产业。

二、海桐：造景绿化；“海桐”与“山矾”一般分指两物

海桐为海桐科海桐花属常绿小灌木或乔木，叶革质；主要产于中国江苏南部、浙江、福建、台湾、广东等地。海桐的根、叶和种子均可入药。海桐是著名的观叶植物，可以用作花坛造景、园林绿化，也可以作为篱障。海桐可以和杨梅嫁接，《物理小识》卷九：“海桐，可为藩障，可接杨梅，别一种也。”两者叶形相似，项安世《杨梅》：“吾家里曲修家木，叶如海桐实如谷。”

海桐初夏时节开花，如张孝祥《钦夫折赠海桐，赋诗，定叟晦夫皆和，某敬报况》“童童翠盖拥天香，穷巷无人亦自芳。能致诗豪四公子，不教辜负好风光”、陆游《初暑》“山鹊喜晴当户语，海桐带露入帘香”。海桐株形圆整，叶子聚生枝顶，张孝祥用“童童翠盖”形容非常贴切。此外，海桐花期为 5 月，陆游于“初暑”时节闻到“入帘”之“香”，恰逢其时。

在中国古代，植物命名比较混乱，名同实异者比比皆是。海桐有山矾、七里香之别名，但其实更多的情况下，山矾、七里香另有其花。“海桐皮”也不是海桐的树皮。下文就做一些辨正。

（一）海桐虽然别名“山矾”，但一般而言，山矾与海桐是两种花木

海桐，别名山矾，《广群芳谱》卷三十七引《春风堂随笔》：

> 辛丑南归访旧，至南浦，见堂下盆中有树婆娑郁茂，问之，曰：“此海桐花，即山矾也。”

《中国花经》在“海桐”条目下也收录了“山矾”这一别名。其实，山矾不仅仅是海桐的别名，更是另有“真身”。山矾花为山矾科山矾属，分布于江南诸地。所谓“来而不往非礼也”，山矾亦有海桐之别名，《广群芳谱》卷三十七引《学圃余疏》：

> 山矾，一名海桐，树婆娑可观，花碎白而香，宋人灰其叶，造黝紫色。

虽然山矾与海桐互为别名，但是在绝大多数情况下，古人所说的山矾与海桐显然是两种不同的花木，赵翰生《宋代以山矾染色之史实和工艺的初步探讨》一文已经作了辨正。[①]《春风堂随笔》《学圃余疏》分别是明代陆深、王世懋的著作，海桐、山矾混同很有可能是明朝才出现的情况；在山矾名气最大的宋朝，海桐、山矾并未混淆。本文钩稽宋代诗歌材料，在赵翰生论文的基础上再略作申说。

二者最显见的区分乃在于花期之不同，海桐的花期是在初夏，而山矾的花期是在春天。

---

① 赵翰生《宋代以山矾染色之史实和工艺的初步探讨》，《自然科学史研究》1999年第1期。

山矾为常绿灌木或乔木，生于山谷溪边或山坡林下。山矾之得名与扬名，黄庭坚厥功甚伟，《戏咏高节亭边山矾花二首》小序：

江湖南野中，有一种小白花，木高数尺，春开极香，野人号为郑花。王荆公尝欲求此花栽，欲作诗而陋其名，予请名曰“山矾”。野人采郑花叶以染黄，不借矾而成色，故名“山矾”。海岸孤绝处，补陀、落伽山，译者以谓小白花山，予疑即此山矾花尔。不然，何以观音老人坚坐不去耶？

这段文字交代了山矾的产地、树形、花色、花香、花期、异名、功用等。可见宋代之前，尚未有“山矾”之名。《王充道送水仙花五十枝欣然会心为之作咏》更为梅花、水仙、山矾叙昆仲：“山矾是弟梅是兄。”这成为宋代花木品评中重要的“话头”，附和、异议者皆有之。

宋诗中关于山矾的描写无不贴合于春天物候，罗椅《绝句二首》其一：“二月山矾九月桂，江南处处得闲行。”在通行的“二十四番花信风”之说中，山矾花为大寒第三候：“一候瑞香、二候兰花、三候山矾。”

山矾开于梅花之后、酴醾之前，是妆点春景的重要花卉。陈渊《归自郡城见道中山矾盛开》：“梅豆班班已满枝，暗香犹未吐酴醾。和风暖日江南路，正是山矾烂漫时。”滕岑《山矾》：“水仙委蛇江梅老，架上酴醾雪未翻。千斛妙香留不用，一时分付与山矾。”

可见，单纯从花期来分辨，海桐与山矾就是绝然不同的两种花木。清代徐珂编撰的《清稗类钞》就明确说将海桐指为山矾是讹误，其“植物类”云：

山矾为常绿灌木，野生，大者高丈许，叶椭圆有花，锯齿甚疏。春开白花，有清香。子大如椒，色黄，可为黄色染料。花与海桐花略相似，俗讹称海桐为山矾。

（二）海桐虽然别名“七里香”，但一般而言，“七里香”更多是指山矾

植物花卉著作中也大多将“七里香”列为海桐的别名之一，明代杨慎《升庵集》卷八十“四海亭”：

花名有海字者，皆从海外来，海棠、海榴是也。海红花即山茶也，海桐花即七里香也。亡友陆子渊欲以四花名为四词，然不知海红花即山茶也。

但笔者怀疑，海桐别名“七里香”是明代在将海桐等同于山矾的基础之上推演出来的；明代的海桐花其实往往就是指山矾花。在宋诗中，“七里香”是山矾的美称。也就是说，因为海桐等同于山矾，山矾等同于七里香，所以海桐等同于七里香。海桐主要是观叶植物，并不以花著名。山矾却是香气远播，请看诗例：

七里香风远，山矾满路开。野生人所贱，移动却难栽。（赵汝鐩《山矾》）

小白挼香传七里，繁英筛雪饯三春。（董嗣杲《山矾花》）

玉蕊花开触处芳，瓷瓶安顿细平章。怕渠不肯梅花弟，能趁春风七里香。（杨公远《旅寓岑寂中园丁送花四品因赋五绝》其二）

海桐之所以有“七里香”之别称，乃是假托于山矾花；海桐花气往往为人所轻慢、厌恶，以至于有“臭桐”之称，详见下文。

（三）“海桐皮”与海桐无关

海桐皮是常见的中药材，味苦、辛、性平。《本草纲目》卷三十五：“海桐皮能行经络，达病所。又入血分，及去风杀虫……苦平无毒。去风杀虫。

煎汤，洗赤目。”海桐皮为豆科植物刺桐的干燥树皮，[①]主要产于广西、云南、福建、湖北等地。刺桐原产于热带亚洲，如印度、马来西亚等地，后来传入中国。正如杨慎所云，凡是从“海外”来的物种，我们习惯冠之以“海”。这大概就是刺桐皮被称为海桐皮的原因了。在江苏、浙江等地，还以五加科植物刺楸的树皮作海桐皮使用。

此外，明代鲍山的《野菜博录》卷三还收录了一种名为“海桐皮”的野菜：“海桐皮，生山谷中，树高二三丈，叶如手大，味苦，性平无毒……食法：采嫩叶煠熟，水淘净，油盐调食。”

图 45　海桐花（网友提供）。

① “海桐皮”为刺桐树皮，这在中医药学中是常识，也可参看祁振声《关于“海桐”原植物的考证》，《植物学报》1985 年第 2 期。

三、臭梧桐：观赏花木；“百日红”

臭梧桐，又名海州常山，为马鞭草科大青属，落叶灌木或小乔木。花序大、花期长，植株繁茂，花果并存，红、白、蓝相映，是著名的观赏花木，根、茎、叶、花均可入药。臭梧桐在中国分布广泛，从东北到西南均有。

图 46 臭梧桐（网友提供）。

宋代苏颂《图经本草》“蜀漆（常山苗）”下有“臭梧桐”：“海州出者，叶似楸叶，八月开花，红白色，子碧色，似山楝子而小。”

《广群芳谱》“百日红”条目引《学圃余疏》：

臭梧桐者，吴地野生，花色淡，无植之者。淮扬间成大树，花微红者，缙绅家植之中庭，或云“后庭花”也。独闽中此花红鲜异常，能开百日，名“百日红”。花作长须，亦与吴地不同。园林中植之，灼灼出矮墙上。至生深涧中，与清泉白石相映，斐然夺目。永嘉人谓之“丁香花”。

这段文字描述了臭梧桐在不同地区的变异，臭梧桐可以作为篱障；“后庭花”为臭梧桐的别名之一。“百日红”下小注：“与紫薇名同物异。”

前面已经提到，赪桐的花期很长，也有“百日红”之名。赪桐与臭梧桐不仅同为“桐”族，而且花色、花期也很相近，明代叶权《贤博编》“粤剑编卷之三”云：“赪桐花，俗呼为百日红。茎叶绝似吾乡臭梧桐，花亦略似。”

《广群芳谱》卷七十三“臭桐”条：

臭桐，生南海及雷州，近海州郡亦有之。叶大如手，作三花尖，长青不凋，皮若梓，白而坚韧，可作绳，入水不烂，花细白如丁香，而嗅味不甚美，远观可也。人家园内多植之，皮堪入药，采取无时。

这是一段拼凑而成的文字，此处的“叶大如手，作三花尖”者不是臭梧桐，而是刺桐；“花细白如丁香”者也不是臭梧桐，而应该是海桐；臭梧桐的花为红色。清代陈元龙《格致镜原》卷六十五、清代《钦定授时通考》卷六十七的文字相似而略简，两书均称“海桐”。“海桐”之所以有“臭桐”之名当来自于其花气，《遵生八笺》卷十六“海桐花”：“花细白如丁香而嗅味甚恶，远观可也。”这是《广群芳谱》的叙述所本。

四、胡桐：“胡桐泪”；焊剂；和面

胡桐，更为我们所熟知的名字是胡杨，是杨柳科杨属胡杨亚属植物，常生长在沙漠中，耐寒、耐旱、耐盐碱。世界上绝大部分的胡杨分布在中国，而中国90%的胡杨则生长在塔里木河流域。胡桐树身高大，与梧桐、泡桐相埒。中国古代的植物分类往往依据于叶形，“桐”类植物大多具有大叶片、长叶柄，胡桐树叶却更与“杨”类似，而与“桐”较远；其名称起源或另有所据[1]。清代姚元之《竹叶亭杂记》卷八就分辨了胡桐叶子与桐叶的区别，并认为“胡桐”是“活同”的谐音：

> 胡桐泪，《本草》“此物出西域”，自叶尔羌至阿克苏千余里，所在皆有之。其本质朽腐不中材用，但可作薪。回人谓薪曰“活同”（不知其字，其音如是耳），故指此木曰“活同”。中国人不知其故，因以胡桐名之，实非桐类也。其根下初生条叶如细柳，及长则类银杏。

图 47　胡杨（网友提供）。

《汉书》卷九六已有胡桐记载：“鄯善国……国出玉，多葭苇、柽柳、

① 王守春《胡桐一词的起源与古代楼兰地区的生态环境》，《西域研究》2002 年第 1 期。

胡桐、白草。”鄯善本名楼兰，即在今天的新疆鄯善境内。颜师古注曰：

> 胡桐亦似桐，不类桑也。虫食其树而沫出下流者，俗名为胡桐泪，言似眼泪也，可以汗金银，工匠皆用之。流俗语讹呼“泪”为“律”。

胡桐流出的汁液称为“胡桐泪”，又因音近而讹为“胡桐律”。“胡桐”是西域特产，庾信《哀江南赋》云：“见胡桐于大夏，识鸟卵于条支。”[①]“胡桐树脂”在唐代传入中国内地，具有治疗毒热与焊接金银器的焊剂之用[②]。宋代钱易《南部新书》“辛”亦云：

> 胡桐泪，出楼兰国。其树为虫所蚀，沫下流出者，名为“胡桐泪”，言似眼泪也。以汁金眼，今俗呼为“胡桐律”，讹也。

此外，胡桐泪可以用来和面，制作“梧桐饼”。敦煌文献中记载了西北的面食，其中有“梧桐饼”，或以为“梧桐饼”象形梧桐树叶。高启安《释敦煌文献中的梧桐饼》一文则认为“梧桐饼”是用“胡杨泪”和面所制成的饼，前文已有引用，不赘述。

五、折桐（坼桐、拆桐）：泡桐的传讹

宋代诗词中，又经常有“拆桐”之名。其实，“拆桐”是后人误读、断取柳永词而创造的，就是泡桐树。柳永《木兰花慢》其二“拆桐花烂漫，乍疏雨、洗清明。正艳杏浇林，缃桃绣野，芳景如屏”，“共时性”地展现了清明时节桐花、艳杏、缃桃的交映生姿。桐花即泡桐花，“拆”就是开放的意思；但后人不晓词律、不懂词意，遂以为世间有一种花，

---

① “大夏”是张骞出使回来首次提及的西域古国之一。“条支”是西域古国名，《后汉书·和帝纪》：“安息国遣使献师子及条枝大爵。”李贤注引郭义恭《广志》曰：“大爵……举头高八九尺，张翅丈余，食大麦，其卵如瓮，即今之驼鸟也。”“师子”即狮子，“大爵”即大雀。

② 谢弗著、吴玉贵译《唐代的外来文明》403页，中国社会科学出版社1995年。

名为“拆桐花”。南宋沈义父《乐府指迷》即表示不解：

近时词人多不详看古曲下句命意处，但随俗念过便了。如柳词《木兰花》云：“拆桐花烂漫”，此正是第一句，不用空头字在上，故用“拆”字，言“开了桐花烂漫”也。有人不晓此意，乃云此花名为“拆桐”，于词中云“开到拆桐花”，“开”了又“拆”，此何意也？

语言学里有一个规律叫“积非成是”；柳词被广泛误读，“拆桐”遂成为一个固定词语。拆又与“坼”“折”或通用、或形近，坼桐、折桐也随之衍生。我们先看“拆桐”“坼桐”之例：

春色满山归不去，拆桐花里画眉啼。（高翥《春日北山二首》[①]）

所欠短栏晴景好，拆桐花下共扶疏。（高翥《小楼雨中》）

竞病推敲欲呕心，何如危坐拆桐阴。（宋伯仁《倦吟》[②]）

拆桐花上雨初干。（武衍《春日湖上》[③]）

拆桐开尽莺声老。（周密《鹧鸪天》“清明”）

东风开到坼桐花。（陈允平《醉桃源》）

《洞天清录》云：“有花桐，春来开花如玉簪而微红，号折桐花。”这里的“折桐花”其实也是泡桐花。玉簪是百合科多年生草本花卉，花蕾犹如发簪，花朵形似喇叭；泡桐花也形似喇叭，清明前后开花，

① 《菊磵集》（《影印文渊阁四库全书》）作“拆桐”，《两宋名贤小集》（《影印文渊阁四库全书》）卷三百十四作“折桐”。

② 《江湖小集》（《影印文渊阁四库全书》）卷七十二作“拆桐”，《西塍集》（《影印文渊阁四库全书》）作“折桐”。

③ 《江湖小集》（《影印文渊阁四库全书》）卷九十三作“拆桐”，《两宋名贤小集》（《影印文渊阁四库全书》）卷三百三十二作“折桐”。

白桐花的花心有微红。请看“折桐”诗例：

开尽群花欲折桐。(《全芳备祖后集》卷十八)

涧流清转佛仙家，雨歇春风水浪沙。得酒有诗人共逸，山腰初见折桐花。(韩滮《三月五日》)

泪竹斑中宿雨,折桐雪里蛮烟。(范成大《破阵子》“祓禊”)

我诗如折桐，经霜为一空……莫谓背于时，会在春风中。小雨洒清明，又是一番红。(陈芸《芸隐提管诗来依韵奉答》)

“祓禊”是上巳（三月三日）风俗,此时正是泡桐花期,详见“桐花”一节；泡桐经霜落叶、“清明”发花，陈芸诗中所描写的“折桐”物性也与泡桐吻合。“折”又因“折桐”之名而衍生出“开放”之意，如刘克庄《寒食清明二首》“过眼眼年光疾弹丸,桐华半折燕初还”[1]、施枢《晚望》“桐华折尽春归去”。[2]

总之，杨桐等树木虽然远不及“桐”类家族中的梧桐、泡桐煊赫，但也自有其实用与观赏价值。杨桐在中国古代可以作为植物染料，寒食、清明前后以杨桐叶染饭是南方民俗。海桐是常绿小乔木或灌木，株形圆整，是常见的园林观叶植物。明代以后，海桐与山矾、七里香往往混为一体，山矾春天开白色小花，香气弥远，有“七里香”之雅称。臭梧桐花期长、花序大，亦为著名园林花木。海桐、臭梧桐均有药用价值。胡桐即胡杨，胡桐树身高大，与梧桐、泡桐相埒，但因为产自西域、中土不见。胡桐树脂有药用价值，而且可以用作碱。“拆桐”是后人断取柳永词而生造出来的，“拆桐花”其实就是泡桐花。

---

① 刘克庄《后村集》(《影印文渊阁四库全书》)卷九，上海古籍出版社 1987 年版。

② 施枢《芸隐横舟稿》(《影印文渊阁四库全书》)，上海古籍出版社 1987 年版。

征引书目

说明：

1. 单篇论文未列其中。

2. 征引书籍目录以书名首字汉语拼音字母为序。

1.《北溪大全集》，〔宋〕陈淳著，《影印文渊阁四库全书》本，上海古籍出版社 1987 年影印。

2.《笔 · 剑 · 书》，梁羽生著，百花文艺出版社 2002 年版。

3.《沧溟集》，〔明〕李攀龙著，《影印文渊阁四库全书》本，上海古籍出版社 1987 年影印。

4.《槎翁诗集》，〔明〕刘嵩著，《影印文渊阁四库全书》本，上海古籍出版社 1987 年影印。

5.《长水粹编》，谭其骧著，河北教育出版社 2000 年版。

6.《长物志校注》，〔明〕文震亨著、陈植校注，江苏教育出版社 1984 年版。

7.《诚意伯文集》，〔明〕刘基著，《影印文渊阁四库全书》本，上海古籍出版社 1987 年影印。

8.《赤城志》，〔宋〕陈耆卿著，《影印文渊阁四库全书》本，上海古籍出版社 1987 影印。

9.《春草斋集》,〔明〕乌斯道著,《影印文渊阁四库全书》本,上海古籍出版社 1987 年影印。

10.《词话丛编》,唐圭璋编,中华书局 1986 年版。

11.《翠寒集》,〔元〕宋无著,《影印文渊阁四库全书》本,上海古籍出版社 1987 年影印。

12.《岱览校点集注》,孟昭水注,泰山出版社 2007 年版。

13.《岱史校注》,马铭初.严澄非校注,青岛海洋大学出版社 1998 年版。

14.《待制集》,〔元〕柳贯著,《影印文渊阁四库全书》本,上海古籍出版社 1987 年影印。

15.《道园学古录》,〔元〕虞集著,《影印文渊阁四库全书》本,上海古籍出版社 1987 年影印。

16.《定山集》,〔明〕庄昶著,《影印文渊阁四库全书》本,上海古籍出版社 1987 年影印。

17.《东京梦华录》,〔宋〕孟元老撰、伊永文笺注,中华书局 2006 年版。

18.《东维子集》,〔元〕杨维桢著,《影印文渊阁四库全书》本,上海古籍出版社 1987 年影印。

19.《东洲初稿》,〔明〕夏良胜著,《影印文渊阁四库全书》本,上海古籍出版社 1987 年影印。

20.《斗南老人集》,〔明〕胡奎著,《影印文渊阁四库全书》本,上海古籍出版社 1987 年影印。

21.《范德机诗集》,〔元〕范椁著,《四部丛刊初编》本,商务印书馆 1922 年版。

22.《方壶存稿》,〔宋〕汪莘著,《影印文渊阁四库全书》本,上海古籍出版社 1987 年影印。

23.《耕学斋诗集》,〔明〕袁华著,《影印文渊阁四库全书》本,上海古籍出版社 1987 年影印。

24.《谷城山馆诗集》,〔明〕于慎行著,《影印文渊阁四库全书》本,上海古籍出版社 1987 年影印。

25.《古欢堂集》,〔清〕田雯著,《影印文渊阁四库全书》本,上海古籍出版社 1987 年影印。

26.《管锥编》,钱钟书著,中华书局 1991 年版。

27.《广群芳谱》,〔清〕汪灏编纂,《影印文渊阁四库全书》本,上海古籍出版社 1987 年影印。

28.《圭峰集》,〔元〕卢琦著,《影印文渊阁四库全书》本,上海古籍出版社 1987 年影印。

29.《汉唐文学的嬗变》,葛晓音著,北京大学出版社 1999 年版。

30.《汉魏六朝笔记小说大观》,上海古籍出版社编,上海古籍出版社 1999 年版。

31.《鹤年诗集》,〔元〕丁鹤年著,《影印文渊阁四库全书》本,上海古籍出版社 1987 年影印。

32.《鹤山集》,〔宋〕魏了翁著,《影印文渊阁四库全书》本,上海古籍出版社 1987 年影印。

33.《花镜》,〔清〕陈淏子辑、伊钦恒校注,农业出版社 1979 年版。

34.《华阳集》,〔宋〕王珪著,《影印文渊阁四库全书》本,上海古籍出版社 1987 年影印。

35.《黄庭坚诗集注》,〔宋〕黄庭坚著、刘尚荣校点,中华书局 2003 年版。

36.《会昌一品集》，〔唐〕李德裕著，《影印文渊阁四库全书》本，上海古籍出版 1987 年影印。

37.《霁山文集》，〔宋〕林景熙著，《影印文渊阁四库全书》本，上海古籍出版社 1987 年影印。

38.《剑南诗稿》，〔宋〕陆游著，《影印文渊阁四库全书》本，上海古籍出版社 1987 年影印。

39.《景文集》，〔宋〕宋祁著，《影印文渊阁四库全书》本，上海古籍出版社 1987 年影印。

40.《敬业堂诗集》，〔清〕查慎行著，《影印文渊阁四库全书》本，上海古籍出版社 1987 年影印。

41.《可闲老人集》，〔明〕张昱著，《影印文渊阁四库全书》本，上海古籍出版社 1987 年影印。

42.《礼部集》，〔元〕吴师道著，《影印文渊阁四库全书》本，上海古籍出版社 1987 年影印。

43.《两宋名贤小集》，〔宋〕陈思编 .〔元〕陈世隆补，《影印文渊阁四库全书》本，上海古籍出版社 1987 年影印。

44.《林蕙堂全集》，〔清〕吴绮著，《影印文渊阁四库全书》本，上海古籍出版社 1987 影印。

45.《岭南风物记》，〔清〕吴绮著，《影印文渊阁四库全书》本，上海古籍出版社 1987 年影印。

46.《龙坡杂文》，台静农著，三联书店 2002 年版。

47.《陆子余集》，〔明〕陆粲著，《影印文渊阁四库全书》本，上海古籍出版社 1987 年影印。

48.《洛阳伽蓝记校释》，〔北魏〕杨衒之著、周祖谟校释，中华书局1963年版。

49.《马太鞍阿美族的物质文化》，李亦园等著，“中央研究院”民族学研究所1962年版。

50.《幔亭集》，〔明〕徐熥著，《影印文渊阁四库全书》本，上海古籍出版社1987年影印。

51.《眉庵集》，〔明〕杨基著，《影印文渊阁四库全书》本，上海古籍出版社1987年影印。

52.《梅村集》，〔清〕吴伟业著，《影印文渊阁四库全书》本，上海古籍出版社1987年影印。

53.《美的历程》，李泽厚著，中国社会科学出版社1992年版。

54.《梦粱录》，〔宋〕吴自牧撰，《影印文渊阁四库全书》本，上海古籍出版社1987年影印。

55.《南轩集》，〔宋〕张栻著，《影印文渊阁四库全书》本，上海古籍出版社1987年影印。

56.《佩文斋咏物诗选》，〔清〕汪霦等选，《影印文渊阁四库全书》本，上海古籍出版社1987年影印。

57.《屏山集》，〔宋〕刘子翚著，《影印文渊阁四库全书》本，上海古籍出版社1987年影印。

58.《曝书亭集》，〔清〕朱彝尊著，《影印文渊阁四库全书》本，上海古籍出版社1987年影印。

59.《七缀集》，钱钟书著，中华书局1994年版。

60.《清閟阁全集》，〔元〕倪瓒著，《影印文渊阁四库全书》本，上海古籍出版社1987年影印。

61.《曲阜集》，〔宋〕曾肇著，《影印文渊阁四库全书》本，上海古籍出版社 1987 年影印。

62.《全芳备祖》，〔宋〕陈景沂编，《影印文渊阁四库全书》本，上海古籍出版社 1987 年影印。

63.《全晋文》,〔清〕严可均辑、何宛屏等审订,商务印书馆 1999 年版。

64.《全梁文》,〔清〕严可均辑、冯端生审订,商务印书馆 1999 年版。

65.《全三国文》,〔清〕严可均辑、马志伟审订,商务印书馆 1999 年版。

66.《全宋词》，唐圭璋编，中华书局 1999 年版。

67.《全宋诗》，北京大学古文献研究所主编，北京大学出版社 1991—1998 年版。

68.《全宋文》,〔清〕严可均辑、苑育新审订,商务印书馆 1999 年版。

69.《全唐诗》，〔清〕彭定求等编，中华书局 1999 年版。

70.《全唐文》，〔清〕董诰等编，上海古籍出版社 1995 年版。

71.《清容居士集》，〔元〕袁桷著，《影印文渊阁四库全书》本，上海古籍出版社 1987 年影印。

72.《秋水轩尺牍》，〔清〕许葭村著，湖南文艺出版社 1987 年版。

73.《山家清供》，〔宋〕林洪撰，《丛书集成初编》本。

74.《尚书全解》，〔宋〕林之奇撰，《影印文渊阁四库全书》本，上海古籍出版社 1987 年影印。

75.《升庵集》，〔明〕杨慎著，《影印文渊阁四库全书》本，上海古籍出版社 1987 年影印。

76.《诗国高潮与盛唐文化》,葛晓音著,北京大学出版社 1998 年版。

77.《诗经注析》，程俊英、蒋见元著，中华书局 1991 年版。

78.《石田诗选》，〔明〕沈周编，《影印文渊阁四库全书》本，上海古籍出版社 1987 年影印。

79.《蜀梼杌》，〔宋〕张唐英撰，《影印文渊阁四库全书》本，上海古籍出版社 1987 年影印。

80.《宋代经济史》，漆侠著，中华书局 2009 年版。

81.《宋代咏梅文学研究》，程杰著，安徽文艺出版社 2002 年版。

82.《宋诗学导论》，程杰著，天津人民出版社 1999 年版。

83.《谈美》，朱光潜著，安徽教育出版社 1997 年版。

84.《泰山道里记》，岱林等点校，山东友谊出版社 1987 年版。

85.《唐代的外来文明》，〔美〕谢弗著、吴玉贵译，中国社会科学出版社 1995 年版。

86.《唐代园林别业考论》，李浩著，西北大学出版社 1996 年版。

87.《唐宋词社会文化学研究》，沈松勤著，浙江大学出版社 2000 年版。

88.《唐五代笔记小说大观》，上海古籍出版社编，上海古籍出版社 1999 年版。

89.《唐文拾遗》，〔清〕陆心源编，上海古籍出版社 1990 年版。

90.《宛陵集》，〔宋〕梅尧臣著，《影印文渊阁四库全书》本，上海古籍出版社 1987 年影印。

91.《王氏农书》，〔元〕王祯著，《影印文渊阁四库全书》本，上海古籍出版社 1987 年影印。

92.《望云集》，〔明〕郭奎著，《影印文渊阁四库全书》本，上海古籍出版社 1987 年影印。

93.《文山集》，〔宋〕文天祥著，《影印文渊阁四库全书》本，上海古籍出版社 1987 年影印。

94.《文毅集》，〔明〕解缙著，《影印文渊阁四库全书》本，上海古籍出版社 1987 年影印。

95.《文苑英华》，〔宋〕李昉等编纂，《影印文渊阁四库全书》本，上海古籍出版社 1987 年影印。

96.《梧溪集》，〔元〕王逢著，《影印文渊阁四库全书》本，上海古籍出版社 1987 年影印。

97.《五峰集》，〔元〕李孝光著，《影印文渊阁四库全书》本，上海古籍出版社 1987 年影印。

98.《西郊笑端集》，〔明〕董纪著，《影印文渊阁四库全书》本，上海古籍出版社 1987 年影印。

99.《夏氏尚书详解》，〔宋〕夏僎撰，《影印文渊阁四库全书》本，上海古籍出版社 1987 年影印。

100.《熊峰集》，〔明〕石珤著，《影印文渊阁四库全书》本，上海古籍出版社 1987 年影印。

101.《徐孝穆集笺注》，〔南朝陈〕徐陵著、〔清〕吴兆宜笺注，《影印文渊阁四库全书》本，上海古籍出版社 1987 年影印。

102.《雁门集》，〔元〕萨都剌著，《影印文渊阁四库全书》本，上海古籍出版社 1987 年影印。

103.《药房樵唱》，〔元〕吴景奎著，《影印文渊阁四库全书》本，上海古籍出版社 1987 年影印。

104.《尧峰文钞》，〔清〕汪琬著，《影印文渊阁四库全书》本，上海古籍出版社 1987 年影印。

105.《艺术哲学》〔法国〕丹纳著、傅雷译，人民文学出版社 1986 年版。

106.《庸庵集》，〔元〕宋禧著，《影印文渊阁四库全书》本，上海古籍出版社 1987 年影印。

107.《玉井樵唱》,〔元〕尹廷高著,《影印文渊阁四库全书》本,上海古籍出版社 1987 年影印。

108.《玉山名胜集》,〔元〕顾瑛编,《影印文渊阁四库全书》本,上海古籍出版社 1987 年影印。

109.《玉山璞稿》,〔元〕顾瑛著,《影印文渊阁四库全书》本,上海古籍出版社 1987 年影印。

110.《潏水集》,〔宋〕李复著,《影印文渊阁四库全书》本,上海古籍出版社 1987 年影印。

111.《娱书堂诗话》,〔宋〕赵与虤著,《影印文渊阁四库全书》本,上海古籍出版社 1987 年影印。

112.《御选宋金元明四朝诗》,〔清〕张豫章等选,《影印文渊阁四库全书》本,上海古籍出版社 1987 年影印。

113.《御制诗集》,〔清〕爱新觉罗 · 弘历撰、蒋溥等编,《影印文渊阁四库全书》本,上海古籍出版社 1987 年影印。

114.《元代文人心态》,么书仪著,文化艺术出版社 2001 年版。

115.《元诗选》,〔清〕顾嗣立编,《影印文渊阁四库全书》本,上海古籍出版社 1987 年影印。

116.《元音》,〔明〕孙原礼编,《影印文渊阁四库全书》本,上海古籍出版社 1987 年影印。

117.《永乐大典戏文三种校注》,钱南扬校注,中华书局 1979 年版。

118.《湛然居士集》,〔元〕耶律楚材著,《影印文渊阁四库全书》本,上海古籍出版社 1987 年影印。

119.《震泽集》,〔明〕王鏊著,《影印文渊阁四库全书》本,上海古籍出版社 1987 年影印。

120.《中国荷花审美文化研究》，俞香顺著，巴蜀书社 2005 年版。

121.《中国纸和印刷文化史》，〔美〕钱存训著，广西师范大学出版社 2004 年版。

122.《竹洲集》，〔宋〕吴儆著，《影印文渊阁四库全书》本，上海古籍出版社 1987 年影印。

123.《宗伯集》，〔明〕冯琦著，《影印文渊阁四库全书》本，上海古籍出版社 1987 年影印。

124.《宗子相集》，〔明〕宗臣著，《影印文渊阁四库全书》本，上海古籍出版社 1987 年影印。

125.《槜李诗系》，〔清〕沈季友著，《影印文渊阁四库全书》本，上海古籍出版社 1987 年影印。

后 记

我一直很喜欢《诗经·大雅·卷阿》中的四句“凤凰鸣矣,于彼高冈。梧桐生矣，于彼朝阳”，兴象高远。我后来申请博客、微博的时候，都是以“于彼高冈”为名。可以这么说,我有着根深蒂固的梧桐“情结”。2000年，我以“中国文学中的梧桐意象研究”为题申请到了南京师范大学文科青年基金项目,撰写发表了《红叶辨》等论文。这是我的“练笔”,后来就开始了博士论文的写作。2005年,拙著《中国荷花审美文化研究》在巴蜀书社出版，这是根据我的博士论文增饰而成。

然而2005年之后，我陷入了迷茫期，大概有点类似于陶渊明所说的“违己交病”，无所适从，以至于一事无成。加之2007年女儿出生,我又投入到了“奶爸”的角色，更为自己的荒疏找到了冠冕堂皇的理由。2009年暑假在一次同门的聚会上，程杰老师轻轻地说了一句：“你还是做你以前的梧桐研究、花木研究吧！”这如同醍醐灌顶。又想起清人所说的“不为无益之事，何以遣有涯之生”，也“不须计较与安排”了，由着自己的兴趣做点事情吧！聊胜于“行尸走肉”。

2009年至2011年，我发表了近20篇花木研究论文，主要集中于梧桐研究。感谢《北京林业大学学报》(社会科学版)《江苏社会科学》《明清小说研究》《农业考古》《中国农史》《阅江学刊》《中国韵文学刊》《南京林业大学学报》(人文社会科学版)《江苏教育学院学报》(社会科学版)《温州大学学报》(社会科学版)《南京师范大学文学院学报》等杂志刊登拙作;感谢何晓琦、李静、胡莲玉、陈文华、沈志忠、渠红岩、徐炼、张月红、吴春浩、朱青海、吴锦等老师的精心编辑。

尤其值得一提的是《北京林业大学学报》的何晓琦老师。2009 年，她给我发了一份“森林文化研究”的会议邀请函，此时的我已经离开古典文学研究、花木文化研究三年有余了。我很感念她还记得我，但实在无法与会。为了“塞责”，我寄了一份学生的作业《中国栀子审美文化研究》给她所在的学报。这篇论文很快通过了初审，并反馈了修改意见。我自知论文比较粗糙，能通过初审实属幸运。于是，我几乎是另起炉灶，花了一个多月的时间写作、打磨。论文顺利发表了，并被《中国人民大学复印资料》“美学卷”全文转载。这是我“复出”之后的第一篇论文。后来何老师得知我从事梧桐研究，又向我约稿；《双桐意象考论》《碧梧翠竹,以类相从——桐竹关系考论》等论文得以发表。倘若没有这么顺利的“开局”，我研究的积极性肯定会大减。

感谢程杰老师一直以来的鼓励，他的学术态度对我有“警顽立懦”之功，时时烛照自己的不足。感谢师弟卢晓辉、任群，他们为我装备了电子资源库,大大便利了我的工作。感谢师妹渠红岩,数次向我约稿。付梅、程宇静等诸位师妹在此次书稿整理过程中给予了技术方面的指导。独学无友则孤陋寡闻,参与这套丛书让我感受到了同门之间的切磋、琢磨之乐。也感谢我的研究生赵晓培,最后帮助我完善格式,目录制作、页码插入均由她完成。

感谢我的妻子凡燕，容忍我如此的“不务正业”。女儿俞非鱼伴随我的写作而成长，她很活泼、好动，给我带来了很多的快乐。但是，我的写作几乎是跟她打时间差，早晨她未起时我已起，中午她已睡时我未睡，这样锱铢积累，才有这部书稿。

《中国梧桐审美文化研究》的写作跨越了十年，甘苦自知。我在上一部《中国荷花审美文化研究》的后记中写道："在歧路纷出的年代，我已经走上了另一条研究之路，所有的想法只能搁置；这是我古典文学研究的第一部书，我不知道还有没有可能有后续之作。行笔至此，多少有点惘然与无奈。"

不过，《中国梧桐审美文化研究》之后，已有后续之作。"中国花卉审美文化研究丛书"尚收录了我的论文集《〈红楼梦〉花卉文化及其他》。我目前致力于《红楼梦》花卉文化研究，已撰写了约 10 篇论文。"红学"虽然热门，我做的却是"边缘"研究，也感谢《红楼梦学刊》《明清小说研究》等刊物的支持。假以时日，这项研究亦会汇为专著。此外，我又"重操旧业"，与南京师范大学出版社合作"中国文化植物经典读本丛书"，负责其中的"荷"，明年亦将问世，先此"广告"。总之，《中国梧桐审美文化研究》在我个人的学术历程上具有重要的意义，一方面是阐释了我少年时候的一个"情结"，另一方面，赓续了我中断数年的学术研究。所以，不虚饰地说，这是我个人很偏爱的一本书。

俞香顺

2018 年 4 月于南京龙江非鱼斋